北京高等教育精品教材
BEIJING GAODENG JIAOYU JINGPIN JIAOCAI

高等学校计算机基础教育教材

Database Principles and Applications（Third Edition）

数据库原理与应用
（第3版）

张俊玲　王秀英　主编
张俊玲　王秀英　孙睿霞　籍淑丽　编著

U0252935

清华大学出版社
北京

<h2 style="text-align:center">内 容 简 介</h2>

本教材的第 1 版于 2007 年被评为北京市精品教材。自出版以来得到广大读者的青睐,被数百所高校选为教材,两次再版。本书本着与时俱进的原则,根据数据库技术目前发展的前沿和教学需要,在多年教学、研究以及实际工程中积累的经验的基础上,借鉴了国外数据库课程的安排方法,采用了"应用、原理和提高的三段式"讲解法进行组织和编著的,书中内容由浅入深,便于学生对数据库学习的接受和理解。本教材以案例为线索,系统地介绍了数据库管理系统 Access 2010 的应用;数据库设计的理论和方法;以及以 SQL Server 2008 为背景,以 T-SQL 为重点介绍了 SQL 语言的使用。本书还对数据库安全和数据库的发展进行了较为详细的阐述。

本教材各章具有大量的习题,书后还提供了相应的上机实验和综合训练题,便于读者进一步理解和掌握各章所学到的知识,同时也便于组织教学。为了方便教学,本书配有电子课件(PPT)。

本教材内容丰富,讲解由浅入深、通俗易懂、重点突出、示例翔实。在内容编排上系统全面、新颖实用、可读性强,是高等学校"数据库原理与应用"课程的理想教材和参考书。也适合从事办公自动化管理人员和从事计算机软件设计的科技人员及其他有关人员自学、参考。

图书在版编目(CIP)数据

数据库原理与应用/王秀英,张俊玲主编. —3 版. —北京:清华大学出版社,2017(2024.8重印)
(高等学校计算机基础教育规划教材)
ISBN 978-7-302-44931-7

Ⅰ. ①数… Ⅱ. ①王… ②张… Ⅲ. ①数据库系统－高等学校－教材 Ⅳ. ①TP311.13

中国版本图书馆 CIP 数据核字(2016)第 212909 号

责任编辑:袁勤勇 薛 阳
封面设计:常雪影
责任校对:时翠兰
责任印制:刘 菲

出版发行:清华大学出版社
    网 址:https://www.tup.com.cn, https://www.wqxuetang.com
    地 址:北京清华大学学研大厦 A 座 邮 编:100084
    社 总 机:010-83470000 邮 购:010-62786544
    投稿与读者服务:010-62776969,c-service@tup.tsinghua.edu.cn
    质量反馈:010-62772015,zhiliang@tup.tsinghua.edu.cn
    课件下载:https://www.tup.com.cn,010-83470236
印 装 者:天津鑫丰华印务有限公司
经 销:全国新华书店
开 本:185mm×260mm 印 张:26.75 字 数:613 千字
版 次:2005 年 8 月第 1 版 2017 年 1 月第 3 版 印 次:2024 年 8 月第 8 次印刷
定 价:68.00 元

产品编号:061693-03

前言

感谢您阅读本教材！正因为有了您的支持和鼓励，《数据库原理与应用(第 3 版)》问世了。本教材第 1 版 2007 年被北京市教育委员会评为北京市精品教材；2010 年修订第 2 版。前两版教材使用过程中得到了很多专家、读者的青睐，268 所(次)高校选用了本教材。教材印刷 15 个印次，发行量超过 4 万册。"学以致用"是北京联合大学的校训，也是我们编著本教材的原则，经过对当前国内外数据库课程建设和改革的研究，随着大数据时代数据库技术的不断发展，根据课程建设的需要，《数据库原理与应用(第 3 版)》在参考计算机等级考试相关要求，结合大家提出的很多建设性的意见和建议，在原教材的基础上编写而成的教材。

《数据库原理与应用(第 3 版)》教材既秉承了第 1 版、第 2 版的优点，以 Access 2010 和 SQL Server 2008 为平台介绍数据库技术的应用；随着大数据时代的到来和数据管理技术的发展，对"绪论"和"数据库发展与展望"两章进行了重写；结合数据库技术的发展和对教学的要求对原来各章节的内容进行了调整，补充完善了个别章节的内容。

本教材的特点是内容上注重"实用为先"，精选最需要的知识，介绍最实用的操作技巧和典型的应用案例，同时考虑到读者参加计算机等级考试的需要；布局上注重"方便接受"，从实践到理论再到实践的内容安排，讲解循序渐进，由浅入深；方法上注重"活学活用"，用任务来驱动，根据用户需要取材谋篇，以应用为目的；写法上力求"方便教学"，讲解详细，以例题的方式介绍知识点和方法，通俗易懂，有利于培养学生解决实际问题的能力，在每章的最后都附有一定数量和类型的习题，便于学生复习和教师查看；最后给出了相应的上机题和综合训练题，读者可以根据自己的实际情况，选择适量的题目进行上机练习。本教材将配套《数据库原理与应用习题与辅导》一书。

本书作者团队精心组织，由具有二十多年从事数据库相关课程教学经验的一线教师、多年从事教材建设研究的专业人员和多年从事数据库应用系统设计和开发的业内专家组成。第 1、4、5(部分)、18 章由张俊玲编写；第 5(部分)、6、7、8、9、10、11、12、13、14、15、19 章由王秀英编写；第 16、17 章由籍淑丽编写，籍淑丽还设计了本教材中"期刊采编系统数据库"实例；第 2、3 章由孙睿霞编写。

本教材既适合作为高校数据库类课程的教材，也可供利用 Access 数据库管理系统和 T-SQL 语言进行数据库设计的工程技术人员参考。考虑到不同类型读者的需要，在教材编写的方式和内容的选取上做了一些特别的安排，读者可以根据自己的需要做一些取舍。

在此对曾经关心、指导和帮助过我们的北京市教委高教处的领导、北京联合大学的领导和老师们,以及使用本教材及提出宝贵意见的各高校的专家们表示由衷的感谢。

为了更好地服务于广大读者和计算机爱好者,如果您在使用本教材时有任何疑难问题,可以通过 zdhtxiuying@buu.edu.cn 邮箱与我们联系,我们将尽全力解答您所提出的问题,也欢迎您对本教材提出宝贵意见。

编者

2016 年 4 月

目录

第一部分   应用篇——Access 2010

第二部分　理论篇——数据库设计技术

第三部分　提高篇——SQL 语言

数据库原理与应用(第 3 版)

第四部分 实践篇——上机实验及综合训练

第一部分

应用篇——Access 2010

第 1 章

绪 论

数据库技术的出现是计算机应用的一个里程碑,它使得计算机应用从以科学计算为主转向以数据处理为主,从而使计算机得以在各行各业普遍使用。数据库技术从 20 世纪 60 年代中期诞生以来,有近 60 年的历史,但是数据库系统的理论、技术和方法发展迅速,并日益完善。

目前各种各样的计算机应用系统,绝大多数均以数据库为基础和核心。从小型的单项数据处理系统到大型信息系统,从联机事务处理到联机分析处理,从一般企事业单位的信息管理到办公信息系统、计算机辅助设计与制造、计算机集成制造系统、医学诊断、航空系统、电子商务以及地理信息系统等,越来越多的领域都普遍采用数据库存储和处理其信息资源。数据库技术已成为现代信息技术的重要组成部分。

对于一个国家来说,数据库的建设模型、数据库信息量的大小和使用频率已成为衡量这个国家信息化程度的重要标志之一。因此,掌握数据库的原理与应用是全面认识计算机系统的重要环节。

1.1 数据库系统概论

在系统地介绍数据库原理与应用之前,首先介绍一些数据库最常用的术语和基本概念,如:数据、数据库、数据库管理系统和数据库系统。

1.1.1 数据

数据(Data)是数据库中存储的基本对象。数据在大多数人的头脑中的第一反应就是数字,其实数字只是最简单的一种数据,这是对数据的一种传统和狭义的理解。广义上讲,数据的种类很多,包括:数字、文字、图形、图像和声音等。

为了了解世界、交流信息,人们需要描述某些事务。在日常生活中,人们可以直接用自然语言(如汉语)描述;在计算机中,为了存储和处理这些事务,就要抽出对这些事务感兴趣的特征,组成一个记录来描述。例如学生档案中,人们最感兴趣的可能是学生的姓名、性别、年龄、出生年月、籍贯、所在系别和入学时间,那么可以这样描述:

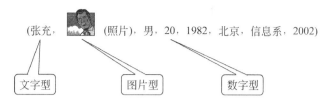

(张充, (照片), 男, 20, 1982, 北京, 信息系, 2002)

文字型　　　　图片型　　　　数字型

这就是描述一个学生特征的记录,因此这个学生信息所构成的记录就是数据,这个数据中包括文字、图像、数字等类型。

概括起来,可以对数据做如下定义:描述事物的符号称为数据。描述事物的符号可以是数字,也可以是文字、图形、图像和声音等,数据有多种表现形式,它们都可以经过数字化后存入计算机。

1.1.2　数据库

数据库(Database,DB),顾名思义,就是存放数据的仓库,只不过这个数据仓库是在计算机存储设备上。数据是按一定的格式存放的。

人们经常需要从现实世界中的一个事物中收集并抽取出一系列有用的数据之后,再将其保存起来,以供进一步加工处理,进一步抽取有用信息。在科学技术飞速发展的今天,人们的视野越来越广,数据量急剧增加。过去人们把数据存放在文件柜里,现在人们借助计算机和数据库技术科学地保存和管理大量的、复杂的数据,以便能方便而充分地利用这些宝贵的信息资源。

所以说,数据库是指长期存储在计算机内的、有组织的、可共享的数据集合。数据库中的数据按一定的数据模型组织、描述和存储,具有较小的冗余、较高的数据独立性和易扩展性,并可为各种用户共享。

1.1.3　数据库管理系统

了解了数据和数据库的概念,下一个问题就是怎么科学地组织和存储数据,如何高效地获取和维护数据。要完成好这个任务需要一个系统软件——数据库管理系统(Database Management System,DBMS)。数据库管理系统是位于用户与操作系统之间的一层数据管理软件。它的主要功能包括以下几个方面。

1. 数据定义功能

DBMS 提供数据定义语言(Data Definition Language,DDL),用户通过它可以方便地对数据库中的数据对象进行定义。

2. 数据操纵功能

DBMS 还提供数据操纵语言(Data Manipulation Language,DML),用户可以使用DML 实现对数据的基本操作,如查询、插入、删除和修改等。

3. 数据库的运行管理

数据库在建立、运用和维护时由 DBMS 统一管理、统一控制,以保证数据的安全性、完整性、多用户对数据的并发使用及发生故障后的系统恢复。

4. 数据库的建立和维护功能

它包括数据库中数据的输入、转换功能,数据库的转储、恢复功能,数据库的重组功能和性能监视、分析功能等。这些功能通常是由一些实用程序完成的。

数据库管理系统是数据库系统的一个重要组成部分。当前,数据库市场上有许多数据库产品,常用的有 Oracle(主要工作界面如图 1-1 所示)、Microsoft SQL Server(主要工作界面如图 1-2 所示)、Microsoft Access(主要工作界面如图 1-3 所示)等。

图 1-1　Oracle 数据库管理系统工作界面

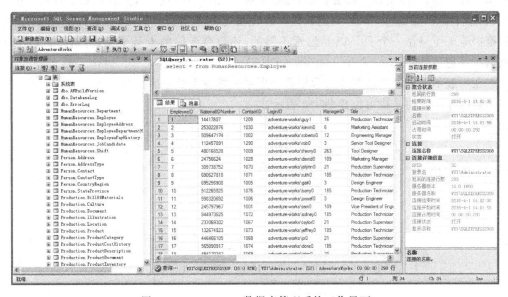

图 1-2　SQL Server 数据库管理系统工作界面

1.1.4　数据库系统

数据库系统(Database System)是指在计算机系统中引入数据库后的系统。仓库系

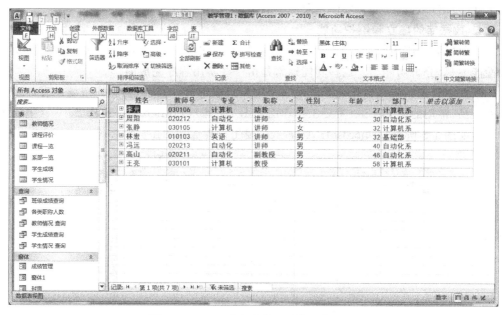

图 1-3 Access 数据库管理系统工作界面

统应包含仓库(含物资)、管理规章制度、领料手续(单据等)、仓库管理员、用户五部分,数据库系统类似,一般也由五部分构成,即数据库、数据库管理系统(及其开发工具)、应用系统、数据库管理员和用户。什么是数据库管理员呢? 应当指出的是,数据库的建立、使用和维护等工作只靠一个 DBMS 是远远不够的,还要有专门的人员来完成,这些人被称为数据库管理员(Database Administrator,DBA)。

在一般不易混淆的情况下常常把数据库系统简称为数据库。

数据库系统的结构可以用图 1-4 表示。

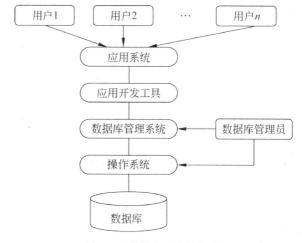

图 1-4 数据库系统的构成

1.1.5　数据库技术

数据库技术(Database Technology)是应数据管理任务的需要而产生的。

数据的处理是对各种数据进行收集、存储、加工和传播的一系列活动的总和。数据管理则是指对数据进行分类、组织、编码、存储、检索和维护,它是数据处理的中心问题。

人们借助计算机进行数据处理是近 40 年的事。研制计算机的初衷是利用它进行复杂的科学计算,随着计算机技术的发展,其应用远远地超出了这个范围。在应用需求的推动下,在计算机硬件、软件发展的基础上,数据管理技术经历了人工管理、文件系统、数据库系统三个阶段。

1.2　数据库技术的应用

现在,通过几个数据库系统应用的典型实例,介绍数据库技术的应用。

1.2.1　航空售票系统

航空售票系统可能是最早使用数据库技术的应用实例。在这个系统中,管理着很多数据,这些数据按用途可分为以下三类。

座位预定信息:座位分配、座位确认、餐饮选择等。

航班信息:航班号、飞机型号、机组号、起飞地、目的地、起飞时间、到达时间、飞行状态等。

机票信息:票价、折扣、是否有票等。

这种系统应该满足以下 4 个性能。

(1) 能够查询:①在某一段时间内从某个指定的城市到另一个指定的城市的航班,是否还有可以选择的座位;②是否有其他飞机型号;③是否有其他飞机票售票点;④票价是否打折等信息。

(2) 能够随时更新数据:对该系统的主要更新操作包括为乘客登记航班、分配座位和选择餐饮等。因为在任何时候都会有许多航空售票代理商访问这些数据。

(3) 要避免出现多个代理商同时卖出同一个座位的情况。

(4) 还可以自动统计出经常乘坐某一航班的乘客的信息,为这些常客提供特殊的优惠服务。

若要实现这些功能,其核心技术就是数据库技术。如果没有使用数据库技术,那么就会因为数据量庞大和更新缓慢,使航空部门无法提供及时、准确、有竞争力的服务。

1.2.2　银行业务系统

银行业务的繁忙状态是社会发展的标志。银行业务系统也是最早使用信息技术或数据库技术的系统之一。在银行业务系统中,管理的数据包括以下三类。

顾客信息:姓名、身份证号码、地址、电话等信息。

账户信息:账号、存款金额、余额、取款金额、日期等信息。

顾客与账户关系信息:身份证号码、账号等信息。

对银行业务系统的操作既可以通过各地的银行营业网点,也可以通过安装在各地的ATM(Automated Teller Machine,自动取款机)进行。该系统的主要查询操作包括询问顾客的账户、账户的余额以及更新账户的数据等。就像航空售票系统一样,银行业务系统允许对同一个账户进行并发,但不会出现任何错误,这是非常重要的。即使系统发生了故障,例如ATM突然断电,正在处理的账户数据也不会出现任何不一致的记录。当前的数据库技术已经完全可以解决这种表面简单而实质复杂的问题。

使用了信息技术和数据库技术的银行业务系统给人们的生活和工作带来了巨大的便利。例如,人们可以在任何银行网点存款和取款,避免随身携带大量的货币,保证安全;可以快速地汇兑和结算,减少资金的在途时间,提高企业的信誉,实现这项信息管理的核心技术也是数据库技术。

1.2.3　超市业务系统

现在,超市由于其种类繁多的商品、较低的价格、选物的便利,已经成为人们日常生活的一个重要组成部分。数据库技术是超市取得成功的重要技术基础。在超市的销售业务系统中,主要管理的数据为以下三类。

销售信息:连锁店、日期、时间、顾客、商品、数量、总价等。

商品信息:商品名称、单价、进货数量、供应商、商品类型、摆放位置等。

供应商信息:供应商名称、地点、商品、信誉等。

对超市销售业务系统的主要操作是记录顾客的购买信息,查询超市现有商品的结构,分析当天连锁店的销售情况,确定进货的内容和货物的摆放位置等。超市的经营决策主要是依赖营销业务系统中存储的大量数据,从这些表面似乎独立的大量数据,发掘出真正有效的销售规律,提高经营者的决策水平。

人们经历过了许多艰难的岁月,如商品短缺、服务态度恶劣、短斤少两、假冒伪劣等一度影响和扰乱了人们正常的生活秩序。信息技术,特别是数据库技术,推动了社会的前进,提高了人们的生活水平。

1.2.4　工厂的管理信息系统

工厂的管理信息系统(Management Information System,MIS)是最早依据数据库技术建立的一个比较完整的集成系统。在这种 MIS 系统中,主要包括下面一些数据。

销售记录:产品、服务、客户、销售人员、时间等。

雇员信息:姓名、地址、工资、津贴、所得税款等。

财务信息:合同、应收货款、应付货款等。

在这种系统中,典型的查询操作包括打印雇员的工资、应收或应付货款清单、销售人员的业绩、工厂的各种统计报表等。每一次采购和销售,收到的每一个账单和收据,雇员的聘用、解聘、提职和加薪等都将导致对数据库的更新。

一个典型的 MIS 系统应该包括进货、销售、仓库、账目、人事和系统维护等功能。使用这个导航系统,可以执行各种业务操作。在这种 MIS 系统的背后,是存储了大量业务数据的数据库管理系统。

如果没有 MIS 系统,那么许多企业就会陷入这种混乱的状态:货款迟迟没有到位却没有人及时发现,财务报表不能及时提供,领导不知道库存的零件、产品有多少,以及作业计划的安排不符合实际情况等。工厂的管理信息系统的核心技术也是数据库技术。

1.2.5 学校教学管理系统

学校教学管理系统主要涉及学生、教师、教室、课程、排课等信息的管理。该系统包括如下数据。

学生信息:姓名、学号、性别、班级、年龄、宿舍、电话、E-mail 地址等。

教师信息:姓名、工作证号、性别、年龄、学历、教研室、住址、电话、E-mail 地址等。

教室信息:教室号、位置、座位、类型等。

课程信息:课程名称、指定教材、学时、学分等。

排课信息:课程名称、教室、班级、教师名称等。

除了上面的信息之外,还包括学生选课、考试成绩等信息。典型的查询操作包括提供教室安排、学生成绩统计清单、教师工作量统计等;典型的更改操作包括记录学生选课,登记考试成绩,自动排课等。这种系统的关键在于保证正确存储和处理大量的教务数据,为学校各部门的工作安排及时提供数据支持,减少不必要的错误现象发生。实现上述功能的学校教学管理系统的核心技术也是数据库技术。

1.2.6 图书管理系统

图书管理系统也是数据库技术应用的一个典型实例。在该系统中,主要的数据如下。

图书信息:书号、书名、作者姓名、出版日期、类型、页数、价格、出版社名称等。

读者信息:姓名、借书证号、性别、出生日期、学历、住址、电话等。

借阅信息:借书证号、书名、借书日期、还书日期等。

图书管理系统中典型的查询操作包括查找某种类型的图书,浏览指定出版社出版的图书,检索指定作者的图书等。典型的更新操作包括登记新书信息、读者信息等。作为一个动辄存储几百万图书的大学图书馆,如果没有管理图书的信息系统,那么借阅一本书的

第 1 章 绪论 ⑨

时间就可想而知了。这种管理大量图书信息的管理系统的技术基础也是数据库技术。

1.3　Microsoft Access 2010 数据库系统简介

　　Microsoft Access 是一个常用的中小型关系型数据库管理系统。Access 2010 是 Microsoft 公司于 2010 年推出的办公软件包 Office 2010 的一部分,是一个面向对象的、采用事件驱动的新型关系型数据库,是优秀的桌面数据库管理和开发工具。Access 提供表、查询、窗体、报表、宏和 VBA 模块 6 种对象,用于建立数据库系统,用户可以很方便地使用它来编辑文字、图表和数据,从而制作图文并茂的电子表格。同时它还提供了表生成器、查询生成器、宏生成器、报表设计器等许多可视化的操作工具,以及数据库向导、表向导、查询向导、窗体向导、报表向导等多种向导,可以使用户很方便地构建一个功能完善的数据库系统。Access 还为开发者提供了 Visual Basic for Application(VBA)编程功能,使高级用户可以开发出功能更加完善的数据库应用系统。

　　Access 2010 还可以通过 ODBC 与 Oracle、Sybase、FoxPro 等其他数据库相连,实现数据的交换和共享。并且,作为 Office 办公软件包中的一员,Access 还可以与 Word、Outlook、Excel 等其他软件进行数据的交换和共享。

　　Access 2010 提供了经过改进的安全模型,该模型有助于简化将安全性应用于数据库以及打开已启用安全性的数据库的过程。

　　Access 2010 和 Access Services(SharePoint 的一个可选组件)为用户提供了创建可在 Web 上使用的数据库平台,用户可以使用 Access 2010 和 Share Point 设计和发布 Web 数据库,拥有 Share Point 账户的用户可以在 Web 浏览器中使用 Web 数据库。

　　此外,Access 2010 还提供了丰富的内置函数,以帮助数据库开发人员开发出功能更加完善、操作更加简便的数据库系统。

　　Access 在小型企业、大公司的独立部门得到了广泛使用,它也常被用来开发实用的 Web 应用程序。借助于 ASP 网络编程语言,网站开发者可以轻松开发基于 Access 的动态数据库网站系统。

1.3.1　Access 2010 的界面

　　将 Office 2010 光盘放入光驱,然后按照步骤提示进行安装。完成安装后,用户在"所有程序"(或"程序")菜单中就可以看到 Office 2010 家族的软件,选择 Microsoft Office/Microsoft Access 2010 命令,即可启动 Access 2010。其初始界面如图 1-5 所示。

　　Access 2010 的用户界面包含"功能区"、"导航窗格"和"Microsoft Office Backstage 视图"三个组件。这三个组件为用户提供创建和使用数据库的环境。

1. 功能区

　　功能区是 Access 2010 中的主要命令界面,如图 1-6 所示,位于程序窗口顶部区域,读者可以在功能区中选择命令。

图 1-5   Access 2010 初始界面

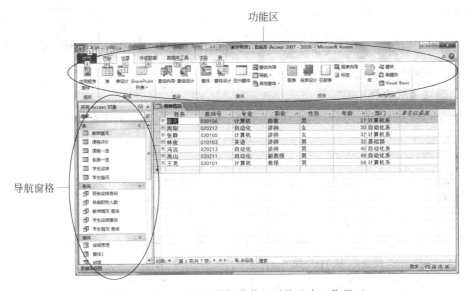

图 1-6   Access 2010 数据库管理系统基本工作界面

功能区以选项卡的形式,将各种相关功能组合在一起。使用 Access 2010 的"功能区",可以更快地查找相关命令组。例如,如果要创建一个新的窗体,可以在"创建"选项卡下找到各种创建窗体的方式。

2.导航窗格

导航窗格区域位于窗口的左侧,如图 1-6 所示,用以显示当前数据库中的各种数据库对象。单击导航窗格右上角的小箭头,可以弹出"浏览类别"菜单,可以在该菜单中选择查看对象的方式,例如选择"表和相关视图"命令进行查看时,各种数据库对象就会根据各自数据源表进行分类,如图 1-7 所示。

3. Backstage 视图

当从 Windows"开始"菜单中打开 Access 但未打开数据库时,可以看到 Backstage 视图,如图 1-5 所示。Backstage 视图占据功能区上的"文件"选项卡,包含"保存"、"打开"、"最近所用文件"、"新建"、"打印"等命令,以及适用于整个数据库文件的其他命令。通过这些命令可以创建新的数据库,打开现有数据库,通过 SharePoint Server 将数据库发布到 Web,以及执行最多文件和数据库的维护任务。Backstage 视图是根据命令对用户的重要程度和用户与命令的交互方式来突出显示某些命令的。

在 Backstage 视图中,除可以使用 Access 2010 附带的模板外,如图 1-8 所示,还可以从 Office.com 网站下载更多模板。其中的 Access 模板是预先设计的数据库,它们含有专业设计的表、窗体和报表。模板能够为用户创建新数据库提供极大的便利。

图 1-7 "浏览类别"菜单

4. 选项卡式文档

在 Access 2010 中,默认将表、查询、窗体、报表和宏等数据库对象都显示为选项卡式文档,如图 1-9 所示。

5. 状态栏

"状态栏"位于窗口底部,用于显示状态信息。状态栏中包含用于切换视图的按钮,如图 1-10 所示。

6. 上下文命令选项卡

除标准命令选项卡之外,Access 2010 还有上下文命令选项卡。可以根据上下文(即进行操作的对象以及正在执行的操作)的不同,标准命令选项卡旁边可能会出现一个或多个上下文命令选项卡。例如,打开数据库表视图时,会出现"表格工具"下的"字段"或"表"选项卡,如图 1-11 所示。

7. 样式库

样式库控件专为使用"功能区"而设计,并将侧重点放在获取所需的结果上。样式库控件不仅可显示命令,还可显示使用这些命令的结果。其目的是为用户提供一种可视方式,以便浏览和查看 Access 2010 执行的操作,从而将焦点放在命令的执行结果上,而不仅仅是命令本身上。例如,图 1-12 是一个报表对象的打印预览视图,在视图中,样式库提供了多种页边距的设置方式。

图 1-8 所有样本模板

图 1-9 选项卡文档

图 1-10 一个表的"设计视图"中的状态栏

图 1-11 上下文命令选项卡

图 1-12　样式库

1.3.2　Access 2010 中的数据库对象

在 Access 2010 中,创建一个数据库就是创建一个扩展名为.accdb 的数据库文件。Access 2010 数据库中有表、查询、窗体、报表、宏和模块 6 种数据库对象。打开数据库后,其数据库对象的名称便会显示在导航窗格中。例如,打开"教学管理"数据库,如图 1-3 所示,可以看到的表对象有"学生情况"、"教师情况"、"课程一览"、"学生成绩"、"课程评价"、"系部一览"等;查询对象有"班级成绩查询"、"各类职称人数"、"教师情况查询"、"学生成绩查询"、"学生情况查询"等;窗体对象包括"成绩管理"、"封面"、"各类职称人数"等;报表对象包括"课程成绩一览"、"课程一览"等;宏对象包括"班级成绩查询"、"成绩一览"等。

1. 表

表(Table)是数据库的基本对象,是创建其他数据库对象的基础。一个数据库中可以建立多个表,表中存放着数据库中的全部数据,它是整个数据库系统的数据源。

2. 查询

查询(Query)是数据库中对数据进行检索的对象,用于从一个或多个表中找出用户需要的记录或统计结果。例如,"查看学习数据库应用课程的学生的姓名及考试成绩"、"统计各类职称教师的人数"等。查询的数据来源是表或其他查询,查询又可以作为数据库其他对象的数据来源。

3. 窗体

窗体(Form)是用户与数据库应用系统进行人机交互的界面,通过窗体能给用户提供一个更加友好的操作界面。用户可以通过添加"标签"、"文本框"、"命令按钮"等控件,轻松直观地浏览、输入或更改表中的数据。窗体的数据源可以是表或查询。

4. 报表

报表(Report)的功能是对有关数据进行显示、分类汇总、求平均、求和等操作,然后将其打印出来,以满足分析的需要。报表的数据源可以是表或查询。

5. 宏

宏(Macro)是指一个或多个操作的集合,其中每个操作实现特定的功能。宏可以使某些普通的任务自动完成,以简化一些经常性的操作,同时方便对数据库进行管理和维护。例如,可设置某个宏,在用户单击某个命令按钮时运行该宏,以打开某个窗体。

在数据库的很多地方要用到宏,尤其是在窗体设计中。使用宏可以让用户非常方便地处理一些重复性操作。用户可以将一个宏命令按钮放在窗体上,每单击一次该按钮,就执行一系列操作。

6. 模块

Access 中的模块(Module)是用 Access 支持的 VBA 语言编写的程序段的集合,创建模块对象的过程也是使用 VBA 编写程序的过程。

不同的对象在数据库中起着不同的作用,它们之间的关系如图 1-13 所示。

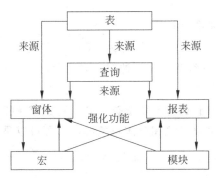

图 1-13　数据库对象之间关系示意图

1.4　启动和退出 Access 2010

成功安装 Access 2010 中文版后,就可以启动、使用它。安装 Microsoft Access 2010 的方法和安装其他 Microsoft Office 组件相同,我们在《计算机公共基础》课程中已经学习过,没有学习过这部分内容的读者,可参考其他书籍,本教材不再介绍。

1.4.1　启动 Access 2010 的方法

选择"开始"→"程序"→Microsoft Office→Microsoft Access 2010 命令,即出现 Access 2010 中文版的初始界面,如图 1-6 所示。

1.4.2 退出 Access 2010

当用户完成工作后,要退出 Microsoft Access 2010 的环境时,只需选择"文件"菜单中的"退出"命令,或单击控制按钮中的"×"即可。在退出之前应先将已经打开的数据库进行保存。如果没有执行保存命令,系统就会出现保存提示框,根据需要选择相应的操作。

此时,你已经对 Microsoft Access 2010 的操作界面有了一个认识,下面将分章介绍 Microsoft Access 2010 数据库管理系统的具体操作。

习　题

一、填空题

【1】常见的数据库管理系统有 ① 、 ② 、 ③ 、Microsoft Access。

【2】表像一个电子表格,其中每一行称为 ④ ,每一列称为字段。

【3】Access 2010 数据库包括 ⑤ 种对象,它们分别是表、 ⑥ 、 ⑦ 、 ⑧ 、 ⑨ 、 ⑩ 。

【4】Access 数据库中的查询对象要依据 ⑪ 对象或 ⑫ 对象而建立。

【5】Access 数据库中报表对象和窗体对象的数据源可以是 ⑬ 或 ⑭ 。

二、简答题

【1】试述数据、数据库、数据库管理系统、数据库系统的概念。

【2】使用数据库系统有什么好处?

【3】数据库管理系统的主要功能有哪些?

【4】Access 2010 数据库文件的扩展名是什么? 数据库中有哪些对象? 各对象间的关系如何?

【5】试述数据库系统的组成。

【6】数据库管理员的职责是什么?

【7】举例说明数据库技术的应用。

【8】如何启动和退出中文 Microsoft Access 2010?

第2章

创建数据库

本章以"教学管理系统"为例,介绍创建数据库的常见方法。

2.1 数据库应用实例——教学管理系统

在学校的教学管理过程中,有很多数据需要管理,学校规模越大,数据量就越大。手工管理这些数据已经不可能了,必须借助计算机管理。

在学校的教学管理中,通常需要进行学生信息的管理、学生成绩的管理、课程的管理、教师信息的管理、教师工作量及质量的管理等。这种系统的关键在于保证正确存储和处理大量的数据,为学校各部门的工作安排及时提供数据支持,减少不必要的错误发生;为学生提供可以查询的资料,为学校领导部门决策提供参考资料等。本章利用 Microsoft Access 2010 建立一个简单的教学管理系统,通过对它的展示介绍 Microsoft Access 2010 的基本功能。

图 2-1 所示为使用 Microsoft Access 2010 设计出的一个教学管理系统主界面。可以通过单击各个功能按钮,如学生管理、课程管理等,分别进入到各个子界面,逐步完成各项功能。

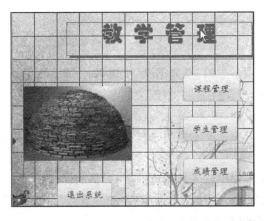

图 2-1 用 Microsoft Access 2010 设计出的教学管理系统主界面

2.2 建立数据库

本节介绍建立数据库的两种方法：一是利用启动 Microsoft Access 2010 新建一个空白数据库；另一种方法是根据系统模板建立与模板结构类似的数据库。

2.2.1 新建空数据库

例 2-1　在 D 盘"数据库"文件夹下，建立"教学管理"数据库文件。

操作步骤如下。

（1）运行"开始"→"程序"→ Microsoft Office → Microsoft Access 2010，启动 Microsoft Access 2010 数据库管理系统，屏幕出现如图 2-2 所示初始化界面。

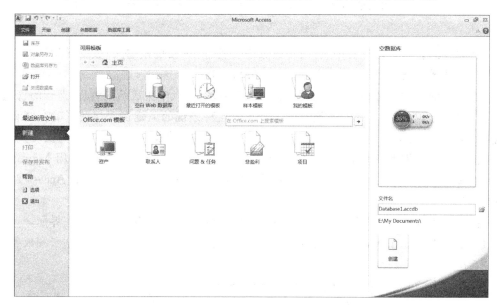

图 2-2　Access 2010 初始界面

（2）单击"新建"选项卡中的"空数据库"按钮，如图 2-3 所示。

（3）单击屏幕右下方"文件名"文本框旁的 📁 图标按钮，出现如图 2-4 所示的"文件新建数据库"对话框。

（4）在"保存位置"下拉式文本框中选择数据库将被保存的位置，如 D 盘的"数据库"文件夹。

（5）在"文件名"文本框中输入数据库的名称，如"教学管理"。

（6）单击"创建"按钮，即创建了一个名为"教学管理"的数据库，出现了如图 2-5 所示的"教学管理：数据库"窗口。

图 2-3 "新建文件"对话框

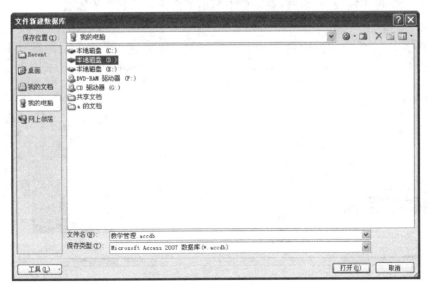

图 2-4 "文件新建数据库"对话框(一)

2.2.2 利用模板创建数据库

例 2-2 新建与系统中数据库模板"慈善捐赠 Web 数据库"类似的数据库"慈善捐赠 Web 数据库"。

操作方法如下。

图 2-5　"教学管理：数据库"窗口

（1）启动 Access 2010 中文版。

（2）单击 Access 2010 中文版窗口中的"新建"按钮，打开"可用模板"界面，出现如图 2-6 所示的"可用模板"对话框，对话框中列出了系统中的数据库模板。

图 2-6　可用模板对话框

（3）选择对话框中适合的模板，如"慈善捐赠 Web 数据库"后，单击屏幕右下方"文件名"文本框旁的 图标按钮，出现如图 2-7 所示的"文件新建数据库"对话框。

（4）按照对话框的提示，输入保存数据库的位置，单击"创建"按钮，屏幕出现新建数据库的主界面，并出现如图 2-8 所示的数据库向导。

按照数据库向导的提示，就可以设计出与模板类似的数据库了。

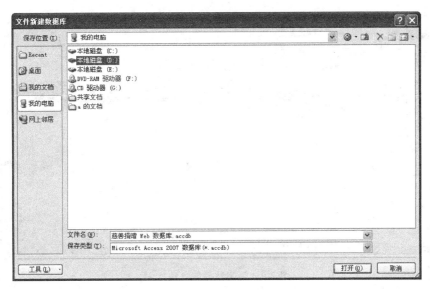

图 2-7 "文件新建数据库"对话框(二)

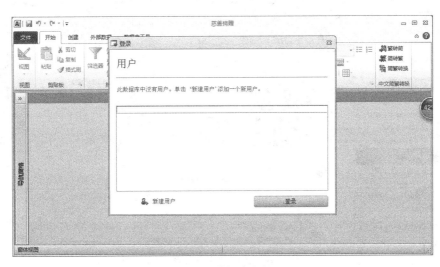

图 2-8 数据库向导

2.3 关闭数据库

在退出数据库管理系统或打开新的数据库之前,必须首先关闭正在打开的数据库。关闭数据库的方法有两种,一种是单击数据库主界面的"关闭"按钮,如图 2-9 所示;另一种方法为选择"文件"菜单中的"关闭数据库"命令,如图 2-10 所示。当然在关闭数据库之前,应先保存数据库,若不执行保存命令而直接关闭数据库,系统也会弹出"是否保存数据库"的提示对话框。

图 2-9　关闭数据库方法之一

图 2-10　关闭数据库方法之二

例 2-3　分别利用不同的方法关闭数据库"教学管理"和数据库 db1。

（1）单击主界面的"关闭"按钮，处于打开状态的数据库 db1 被关闭。

（2）在创建"慈善捐赠 Web 数据库"的同时，"教学管理"数据库已自动被系统关闭。系统同时只能有一个数据库处于打开状态。

2.4　打开数据库

下面介绍两种打开数据库的方法。

例 2-4　打开数据库"教学管理"。

操作方法如下。

（1）选择"文件"菜单中的"打开"命令，出现"打开"对话框，如图 2-11 所示。

图 2-11　"打开"对话框

（2）在"打开"对话框中选择数据库所存放的位置和需要打开的数据库的文件名"教学管理"后，单击"打开"按钮，即打开所选择的数据库。

例 2-5　打开前不久打开过的数据库。

通过"文件"菜单还可以打开前不久打开过的数据库，如图 2-12 所示，在"文件"菜单中显示了前不久打开过的"教学管理"数据库、"慈善捐赠 Web 数据库"、Database1 数据库。选择所要打开的数据库"教学管理"即可。

图 2-12　前不久打开的数据库

2.5　备份数据库

工作中经常需要给数据库进行备份。在 Access 2010 中，一个数据库就是一个文件。因此，可以采用文件复制的方法来复制数据库。

例 2-6　备份数据库"教学管理"。

操作方法如下。

（1）打开"我的电脑"，在"我的电脑"中找到需要复制的数据库所在的文件夹。

（2）选中所要复制的数据库文件"教学管理"，右击，选择其快捷菜单中的"复制"命令。

（3）打开所要复制到的文件夹，右击，选择其快捷菜单中的"粘贴"命令，结果即出现数据库文件的副本"复件 教学管理"，如图 2-13 所示。

图 2-13　复制数据库

习　　题

简答题

【1】Access 2010 数据库系统提供几种创建数据库的方法？分别是什么？

【2】简述打开数据库的方法。

【3】用实例说明有几种关闭数据库的方法。

【4】如何备份数据库？

第3章

数　据　表

数据表(或称表、表格)是数据库中最重要的组成部分之一。数据库只是一个框架,数据表才是其实质内容。根据信息的分类情况,在一个数据库中可能包含若干数据表。如"教学管理"数据库中包括课程一览(如表 3-1 所示)、课程评价(如表 3-2 所示)、学生情况(如表 3-3 所示)、学生成绩(如表 3-4 所示)、教师情况(如表 3-5 所示)、系部一览(如表 3-6 所示)和班级 7 个数据表,用来管理教学中学生、教师、课程等信息。如何设计出这些表所包含的信息,将在本书第二部分介绍,现在只需要知道一个数据库中管理的信息可能需要若干数据表,或一个数据库可以包含若干数据表即可。如果将制作数据库比喻为用零碎的布头缝制成漂亮的衣裳,各个数据表就如同编织好的布块。若想制成漂亮的衣服还需要用丝线将布头连接成漂亮的衣服,而"关系"就如同是缝合布块的丝线。各自独立的表经过建立关系,便成为可以交叉查阅,一目了然的数据库了。

表 3-1　课程一览

课程号	课　程　名	学时数	类别
G03	英语	64	公共课
J01	计算机基础	64	必修
J02	数据库原理与应用	48	必修
J23	操作系统	32	选修
Z01	自动控制原理	64	必修

表 3-2　课程评价

教师号	课程号	评价
010103	G03	V
030105	J01	V
030101	J23	V
020211	Z01	V
030106	J02	V

表 3-3　学生情况

学号	姓名	性别	照片	出生日期	专业	家庭地址	邮政编码
961101	李雨	男		1977 年 9 月 5 日	计算机	北京市东城区	100010
961102	杨玲	女		1978 年 5 月 17 日	计算机	北京市东城区	100012
961103	张山	男		1979 年 1 月 10 日	计算机	北京市石景山区	100021
961104	马红	女		1978 年 3 月 20 日	计算机	北京市朝阳区	100101
961105	林伟	男		1979 年 2 月 3 日	计算机	北京市西城区	100026

续表

学号	姓名	性别	照片	出生日期	专业	家庭地址	邮政编码
962101	蒋恒	男		1977 年 12 月 7 日	自动化	北京市西城区	100028
962102	崔爽	女		1977 年 2 月 24 日	自动化	北京市昌平区	100102
962103	刘静	女		1977 年 4 月 6 日	自动化	北京市朝阳区	100105
962104	郑义	男		1978 年 4 月 9 日	自动化	北京市海淀区	100101
962105	许路	男		1979 年 6 月 7 日	自动化	北京市顺义区	100102

表 3-4 学生成绩

学 号	课程号	分 数	学 号	课程号	分 数	学 号	课程号	分 数
961101	G03	85	961103	G03	76	961105	G03	70
961101	J01	90	961103	J01	85	961105	J01	78
961102	G03	73	961104	G03	80	962103	G03	90
961102	J01	94	961104	J01	80	962103	J01	86

表 3-5 教师情况

姓名	教师号	专业	职称	评定职称日期	性别	年龄	部门
林宏	010103	英语	讲师	2012-8-31	男	36	基础部
高山	020211	自动化	副教授	2007-8-31	男	43	自动化系
周阳	020212	自动化	讲师	2006-8-31	女	61	自动化系
冯远	020213	自动化	讲师	2010-8-31	男	51	自动化系
王亮	030101	计算机	教授	2008-8-31	男	45	计算机系
张静	030105	计算机	讲师	2013-8-31	女	58	计算机系
李元	030106	计算机	助教	2009-8-31	男	28	计算机系

表 3-6 系部一览

系 号	系 名	系主任	电 话
01	基础部	林宏	62148399
02	自动化系	高山	62148380
03	计算机系	王亮	62148392

3.1 创建数据表

创建数据表分为两步:第一步为定义表的结构;第二步为向表中输入数据。在 Microsoft Access 2010 中,通常,表的列称为字段,是表中不可再分的单元。数据表中的

26
数据库原理与应用(第 3 版)

每一行称为一个记录。定义数据表结构也就是定义数据表中的各字段的名称、字段的类型和字段的长度等。

3.1.1　定义字段

1. 字段名

如表 3-3"学生情况"表中包含 8 个字段,字段名分别为:学号、姓名、性别、照片、出生日期、专业、家庭地址和邮政编码。

字段名是用来标识字段的,字段命名应符合 Access 数据库的对象命名的规则。即

(1) 字段名称可以是 1~64 个字符;

(2) 字段名称可以采用字母、数字和空格以及其他一切特别字符(除句号、叹号、方括号以外);

(3) 不能使用 ASCII 码值为 0~32 的 ASCII 字符;

(4) 不能以空格为开头。

2. 字段类型

字段类型又称为数据类型,在 Access 2010 中,字段的类型共有 12 种:文本型、备注型、数字型、日期/时间型、货币型、自动编号型、是/否型、OLE 对象型、超级链接型、附件型、计算型和查阅向导型。

文本型:适用于文本或文本与数字的组合,也可以是不需要计算的数字,如地址、电话号码和身份证号码等,最长为 255 个字符。

备注型:用于注释或常见的说明等,长度超过 255 个字符,用户界面输入数据时最大为 65 535 字符,编程方式输入数据时最大为 2GB 字符。

数字型:用于数学计算的数字数据。

日期/时间型:从 100~9999 年的日期及时间值,可以进行时间计算,大小为 8 个字节。

货币型:货币值或用于数学计算的数字数据,可避免计算时的四舍五入,数据范围为小数点前 15 位、后 4 位,大小为 8 个字节。

自动编号型:在添加记录时,一次自动加 1 或随机编号,大小为 4~16 个字节,具体取决于"字段大小"属性值。

是/否型:存储布尔值,如 Yes/No、True/False、On/Off 等,大小为 1 个字节。

OLE 对象型:可以链接或嵌入其他使用 OLE 协议的程序创建的对象,例如 Microsoft Word 文档、Microsoft Excel 电子表格、图像、声音或其他二进制数据等,但只能在窗体或报表中结合对象来显示 OLE 对象;大小可达 1G 字节,主要取决于磁盘空间的大小。

超级链接型:用于保存超级链接的字段,可以是 UNC 路径或 URL 网址。

附件型:适用于将图像、电子表格、文档、图表等各种文件附加到数据库记录中,长度取决于附件。

计算型:计算的结果,可以用表达式生成器创建计算,需要引用同一表中的其他

字段。

查阅向导型：从表或查询中检索到的一组值，或显示创建字段时指定的一组值。查阅向导启动时，可以创建查阅字段，查阅字段的数据类型是"文本"或"数字"，具体取决于在该向导中所作的选择。

3. 字段长度

字段的长度是由字段所占的字节数来确定的。

如表 3-1 所示的"课程一览"表的字段设计结果如表 3-7 所示。

表 3-7 "课程一览"数据表字段

字 段 名	类 型	长 度	字 段 名	类 型	长 度
课程号	文本	6	学时数	数字	2
课程名	文本	18	类别	文本	8

3.1.2 建立数据表结构

在 Access 2010 中创建数据表结构的方法主要有三种：一是使用"数据表视图"创建数据表；二是使用"表设计"创建数据表；三是使用"SharePoint 列表"创建数据表。

1. 使用"数据表视图"创建数据表

例 3-1 以表 3-1"课程一览"为基础，使用"数据表视图"创建数据表"课程一览"。

操作步骤如下。

（1）打开"数据库"窗体，单击"创建"菜单中"表格"选项组中的"表"按钮，新建一个空白表，如图 3-1 所示。

图 3-1 数据表视图

（2）单击表中的"单击以添加"按钮，出现如图 3-2 所示的"选择数据类型"的下拉菜单。

（3）选择适当的字段类型，并输入字段名，如图 3-3 所示，完成"课程一览"表。

图 3-2 "选择数据
类型"的下
拉菜单

图 3-3 使用"数据表视图"创建"课程一览"表

2. 使用"表设计"创建数据表

例 3-2 使用"表设计"的方法创建"课程评价"表（以表 3-2 为基础）。

操作步骤如下。

（1）打开"数据库"窗体，单击"创建"菜单中"表格"选项组中的"表设计"按钮，进入"表设计"视图，如图 3-4 所示。

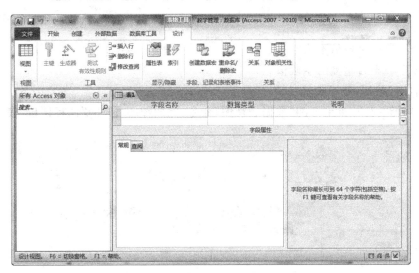

图 3-4 "表设计"视图

（2）在"字段名称"栏里输入字段名称，然后在"数据类型"的下拉菜单中选择相应的数据类型，如图 3-5 所示，完成"课程评价"表。

（3）单击工具栏中的"保存"按钮，在弹出的对话框中输入表的名称"课程评价"，再单击"确定"按钮。

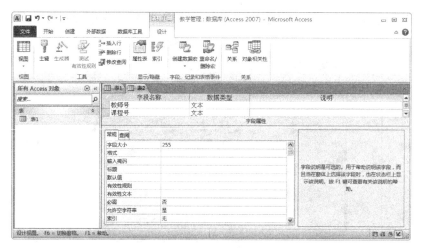

图 3-5　使用"表设计"创建"课程评价"表(一)

(4) 这时出现对话框(如图 3-6 所示),提示定义主键。什么是"主键"呢?"主键"又称"主关键字",是人们在数据库中查询数据时起"关键字"作用的字段,被设定为"主关键字"的字段,应该满足如下两个条件:

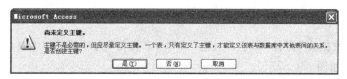

图 3-6　定义主键提示框

① 该字段的字段值不为空;
② 该字段不含重复的字段值。

单击"否"按钮,暂不定义主键。

(5) 选择"视图"菜单下的"数据表视图"命令,完成如图 3-7 的"课程评价"表。

图 3-7　使用"表设计"创建"课程评价"表(二)

3．使用"SharePoint 列表"创建数据表

使用"SharePoint 列表"创建数据表，是指通过导入或链接到 SharePoint 列表来创建数据表。SharePoint 是微软为企业用户提供的一套网络管理平台。

例 3-3 使用"SharePoint 列表"创建"联系人"表。

操作步骤如下。

（1）打开"数据库"窗体，单击"创建"菜单中"表格"选项组中的"SharePoint 列表"按钮，出现下拉菜单，如图 3-8 所示。选择"联系人"命令。

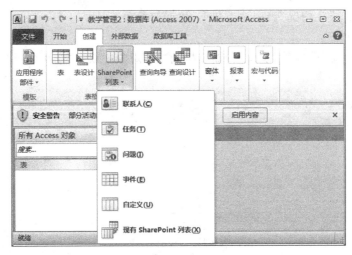

图 3-8 "SharePoint 列表"选项的下拉菜单

（2）这时弹出"创建新列表"对话框，在"指定 SharePoint 网站"文本框中输入要在其中创建列表的 SharePoint 网站的 URL，在"指定新列表的名称"和"说明"文本框中，分别输入新列表的名称和说明，如图 3-9 所示，最后单击"确定"按钮，即可打开创建的表了。

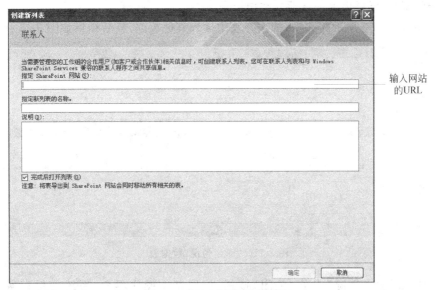

图 3-9 "创建新列表"对话框

读者可以自行设计数据库中的其他表格。

3.2 向数据表中添加数据

创建一个表结构后,接下来的事情就是输入数据。在表中输入数据并不困难,只要按照对应关系输入相应的内容即可。

例 3-4 向"学生情况"表中输入数据,数据如表 3-3 所示。

具体步骤如下。

(1)打开数据表:在"数据库"导航窗格的"表"对象中双击"学生情况"表。如图 3-10 所示。

图 3-10 打开数据表

(2)在"学号"下面的空格处输入"961101";在"姓名"下面的空格中输入"李雨";在"性别"下面的空格中输入"男";在照片下面的空格中添加照片文件(本例只是粘贴了Word 剪贴画进行示范);在"出生日期"字段名下面的空格中输入"77-09-05"(具体的格式应根据自己使用的计算机设置的为准,在此不赘述);在"专业"下面的空格处输入"计算机"。按回车键,屏幕出现一条新的空白记录。

(3)参见表 3-3 所示的数据,依次在表中输入其他数据,最后结果如图 3-11 所示。

学号	姓名	性别	照片	出生日期	专业	家庭住址	邮政编码
961101	李雨	男	包	77-09-05	计算机	北京市东城区	100010
961102	杨玲	女	包	78-05-17	计算机	北京市东城区	100012
961103	张山	男	包	79-01-10	计算机	北京市石景山	100021
961104	马虹	女	包	78-03-20	计算机	北京市朝阳区	100101
961105	林伟	男	包	79-02-03	计算机	北京市西城区	100026
962101	蒋恒	男	包	77-12-07	自动化	北京市西城区	100028
962102	崔爽	女	包	77-02-24	自动化	北京市昌平区	100102
962103	刘静	女	包	77-04-06	自动化	北京市朝阳区	100105
962104	郭义	男	包	78-04-09	自动化	北京市海淀区	100101
962105	许路	男	包	79-06-07	自动化	北京市顺义区	100102

图 3-11 "学生情况"数据表

(4)单击"学生情况"表的"关闭"按钮,返回基本操作界面,系统即保存所输入的数据。

注意：对表再次进行第(1)、(2)、(3)步骤，则可输入新的数据或修改原来的数据。

3.3　更改数据表结构

在设计数据表结构时，应尽量考虑周全，避免修改数据表的结构，否则已经输入的数据容易被破坏或丢失。但在实际工作中，避免不了对表的结构的修改。

例 3-5　给"学生情况"表中的字段添加说明；更改"学号"字段为数字型；添加"姓"字段；更改"姓名"字段名为"名"；删除"姓"字段，将"照片"字段调整到"学号"字段后面。

分析：这个例题中涉及视图转化、修改字段、插入字段、删除字段和移动字段等操作。

在更改数据表结构之前，应先将数据表设计视图打开。具体操作如下。

（1）打开"学生情况"数据表。

（2）切换数据表视图为"设计视图"：单击视图左上角工具栏中的"视图"按钮，选择"设计视图"选项，如图 3-12 所示。

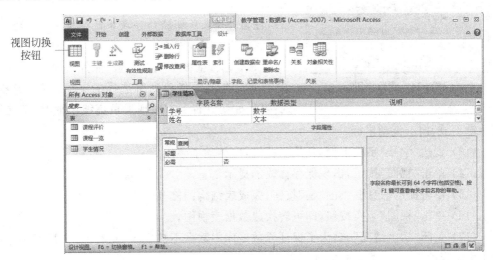

图 3-12　"学生情况"数据表设计视图

将光标置于需要修改的字段名称单元格中，修改文字。也可以在字段的"说明"栏中输入关于该字段的具体说明或更改数据类型。

（3）添加说明：将光标置于"学号"字段的"说明"栏中，输入"学号为关键字段"。

（4）更改字段类型：将光标置于"学号"字段的"数据类型"栏，单击下拉按钮，选择"数字"选项，即将原"文本"型改为"数字"型。

（5）修改文字：将光标置于需要修改的位置"姓名"处，将文字修改为"名"即可。

（6）插入字段：单击需要插入字段的位置"行选定器"按钮（即字段名前面的按钮）选择插入位置。

（7）单击"工具"选项组的"插入行"按钮 插入行 。

（8）定义所添加的字段：在空行中输入字段名"姓"，并选择其数据类型为"文本"型，字段长度为"4"，如图3-13所示。

图 3-13　插入字段的结果

（9）选择需要删除的字段"姓"。

（10）单击屏幕上方字段区域的"删除"按钮，弹出如图3-14所示的对话框，单击"是"按钮。

图 3-14　删除字段

注意：如果所删除的字段中已经输入了数据，则其数据也会一同被删除。

（11）选择需要移动的字段"照片"。

（12）将光标移动到所选择的字段"行选定器"处，当光标变成右下方出现黑色虚线小框时，按住鼠标左键不放，向上拖动鼠标。

（13）到达"学号"字段下面，释放鼠标键，即移动了字段。

（14）单击"视图"按钮，出现保存修改的提示信息。

（15）单击提示信息框中的"是"按钮，完成表结构的修改工作。

（16）单击"视图"切换按钮，即可转换成数据表视图。

（17）关闭"学生情况"表，为了保证原数据库中数据不被更改，此时弹出"是否保存更改学生情况表"的对话框，单击"否"按钮。

更改主键的方法如下。

（1）在数据表的"设计视图"中，选中主键字段。

（2）单击工具栏中的"主键"按钮，取消原设定的主键。

（3）选中需要设定为主键的字段，单击"主键"按钮，更改完毕。

3.4　建　立　索　引

在Access数据库中，如果要快速地对数据表中的记录进行查找或排序，用户最好建立索引。它像在书中使用索引来查找数据一样方便，用户既可以基于单个字段创建索引，也可以基于多个字段来创建索引。创建多字段索引的目的是区分开与第一个字段值相同的记录。

对于数据表的"主键",系统会自动设置为索引。备注、超级链接、OLE 对象等数据类型的字段则不能设置索引。其他的字段,如果符合下列所有条件,也可以将它们设置为索引。

(1) 字段的数据类型为文本、数字、货币或日期/时间。

(2) 字段中包含有要查找的值。

(3) 字段中包含有要排序的值。

(4) 在字段中保存许多不同的值。

在数据表中使用多个字段索引进行排序时,一般使用定义在索引中的第一个字段进行排序。如果第一个字段有重复值,则系统会使用索引中的第二个字段进行排序,以此类推。

例 3-6 为"教师情况"数据表的"姓名"字段建立索引。

(1) 打开"教师情况"数据表的设计视图。

(2) 选择建立索引字段"姓名"。

(3) 将光标置于"字段属性"区中的"索引"属性栏中,会出现一个下拉式列表框,如图 3-15 所示。

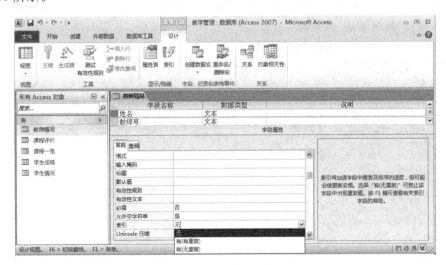

图 3-15　建立索引

列表框中提供了如下三种选择,意义分别为:

"无"为系统默认值,表示不索引;

"有(有重复)"表示索引且准许该字段中出现重复数据;

"有(无重复)"表示索引且禁止该字段中出现重复数据。

(4) 根据具体情况选择不同选项,这里选择"有(有重复)"选项。

(5) 保存数据表修改。

(6) 也可以通过选择数据库窗体中的"设计"菜单中的"索引"命令进行索引的建立或

显示所有的索引,如图 3-16 所示。

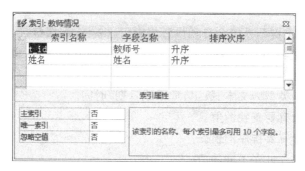

图 3-16　"索引:教师情况"对话框

3.5　编辑记录中的数据

3.5.1　添加记录

例 3-7　在"学生成绩"表的最后一个记录之后,增加一个记录"962102,G03,85"。

（1）打开"教学管理"数据库。

（2）选择数据库窗口中的"表"选项。

（3）打开需要添加记录的表"学生成绩",出现如图 3-17 所示的数据表。

"关闭"按钮

学号	课程号	分数
961101	J01	90
961101	G03	85
961102	G03	73
961103	J01	85
961103	G03	76
961104	J01	80
961104	G03	80
961105	J01	78
961105	G03	70
962102	G03	85
962103	J01	86
962103	G03	90
962102	G03	85

记录 Ⅰ◀ 第 13 项(共 13) ▶ ▶Ⅰ ▶※ 　 无筛选器 　 搜索

输入新记录

图 3-17　添加记录

（4）将光标置于"行选定器"中有"＊"的记录内,输入记录"962102,g03,85"。

（5）单击"关闭"按钮,关闭并保存数据的修改。

　数据库原理与应用(第 3 版)

3.5.2　删除记录

删除记录是指删除一个已经存在的记录。

例 3-8　删除"学生成绩"数据表中的最后一个记录。

（1）打开"学生成绩"数据表。

图 3-18　删除记录

（2）单击需要删除的记录的"行选定器"按钮。

（3）单击"开始"菜单中"记录"选项组中的"删除"按钮 ✘，出现提示信息，如图 3-18 所示。

（4）单击提示信息框中的"是"按钮，即删除所选择的记录。

（5）单击窗口"关闭"按钮，关闭数据表操作窗体。

3.5.3　复制记录

例 3-9　复制"学生成绩"数据表中的第 2、3 两条记录。

（1）打开"学生成绩"数据表。

（2）选择数据表中的第 2、3 两条记录，如图 3-19 所示。

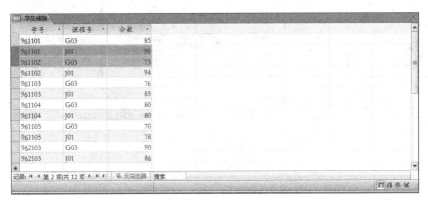

图 3-19　选择将被复制的记录

（3）单击"开始"菜单中"剪贴板"选项组中的"复制"按钮。

（4）选择最后一条空记录。

（5）单击"剪贴板"选项组中的"粘贴"按钮，在出现的"粘贴类型"菜单（如图 3-20 所示）中，选择需要的粘贴类型，复制完毕。

图 3-20　选择"粘贴类型"

3.5.4　编辑记录

一般来说，一个记录都包含几个字段，但字段中的数据是相互隔离的。因此，对记录的编辑实际上是对一个字段的编辑。记录编辑方法包括数据的删除、选择、剪切、复制和粘贴、查找和替换等,操作方法与 Word 等其他文字处理软件相似,在此不再赘述。

3.6 查看与显示数据表记录

由于 Access 2010 数据库是一种交互式数据库,用户可以直接观察和修改表中的内容,也可以直接打印表。因此,就涉及数据的显示方式等操作。

3.6.1 在数据表中移动列

例 3-10 将"出生日期"字段移动到"专业"字段之后。

(1) 打开数据表。

(2) 选择需要移动列的字段名"出生日期"。

(3) 拖动鼠标至字段要移动到的"专业"字段之后光标所在位置,如图 3-21 所示。

光标所在

图 3-21 移动列

(4) 松开鼠标,字段的位置就被移动了。

3.6.2 在数据表中改动列宽和行高

创建一个数据表时,系统使用默认的行高。用户可以改变表的行高,具体方法如下。

例 3-11 改变数据表"学生情况"的行高。

(1) 打开需要改变行高的数据表。

(2) 选择整个数据表,右击,在弹出的下拉菜单中选择"行高"命令。

(3) 在"行高"对话框(如图 3-22 所示)中输入"30",单击"确定"按钮,即改变了行高,如图 3-23 所示。

图 3-22 "行高"对话框

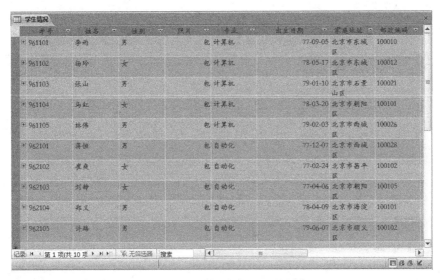

图 3-23　改变行高

数据表显示时,系统使用默认的列宽。用户可以采用选择某一列拖动鼠标的方法改变表的列宽。与改变行高不同的是,用户可以单独改变一列的列宽。

3.6.3　改变字体和字号

Access 2010 提供了数据表字体的文本格式设置功能,数据的字体、大小和颜色等都可以改变。

例 3-12　将"学生情况"数据表的字体改为"华文新魏",10 号,斜体,绿色字。

（1）文本格式化设置功能主要在"文本格式"操作组,如图 3-24 所示。

图 3-24　"文本格式"操作组

（2）在"文本格式"组中选择一种字体,如"华文新魏"。

（3）选择一种字型,如"倾斜"。

（4）选择一种字号,如"10"。

（5）选择一种字体的颜色,如"绿色"。

结果如图 3-25 所示。

3.6.4　在数据表中隐藏和显示列

当数据表中字段较多,一个屏幕显示不了时,可以将某些暂时不需要的列隐藏起来,以便浏览。具体方法如下。

例 3-13　隐藏"学生情况"数据表中"姓名"列。

图 3-25 改变字体操作结果

(1) 在"数据表"操作窗口中,选中需要隐藏的字段"姓名"。

(2) 单击右键,在出现的下拉菜单中选择"隐藏字段"命令,即隐藏了所选择的列"姓名",如图 3-26 所示。

图 3-26 隐藏列结果显示

例 3-14 显示"学生情况"数据表中被隐藏的"姓名"列。

(1) 在"数据表"操作窗口中任意选择某一列字段,右击,在出现的下拉菜单中选择"取消隐藏字段"命令,出现"取消隐藏列"对话框,如图 3-27 所示。

(2) 在对话框中选择需要显示的列,如"姓名"列。

(3) 单击"取消隐藏列"对话框中的"关闭"按钮,结果显示取消了隐藏设置的列,如图 3-28 所示。

图 3-27　"取消隐藏列"对话框

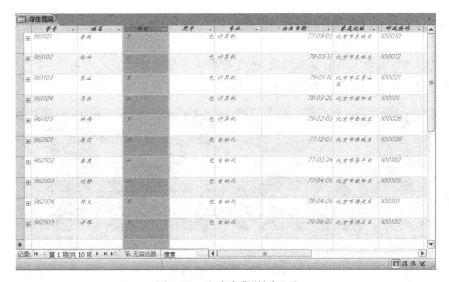

图 3-28　取消隐藏"姓名"列

3.6.5　在数据表中冻结和解冻列

为了方便观察,有时需要将某些字段冻结,使之不随着滚动条的滚动而移动。

例 3-15　冻结"教师情况"表中的"姓名"字段。

(1) 打开"教师情况"数据表。

(2) 在数据表操作窗口中,选中需要冻结的"姓名"字段。

(3) 右击,在出现的下拉菜单中选择"冻结字段"命令。再次滚动数据,即可保持被冻结的列"姓名"不被移出屏幕,如图 3-29 所示。

选中"姓名"字段,右击,在出现的下拉菜单中选择"取消冻结所有字段"命令时,即可消除冻结。

图 3-29　冻结列结果

3.6.6　改变数据表的显示格式

可以通过设置单元格的显示效果,改变数据表的显示格式。

例 3-16　将"教师情况"数据表以凸起效果显示,如图 3-30 所示。

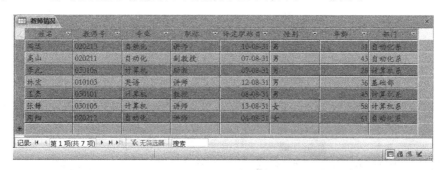

图 3-30　数据表的显示

（1）打开"教师情况"数据表视图,在"开始"菜单的"文本格式"选项组中,右下方有一个"设置数据表格式"的小箭头,如图 3-31 所示。

（2）单击小箭头按钮,出现"设置数据表格式"对话框,如图 3-32 所示。

图 3-31　"设置数据表格式"按钮

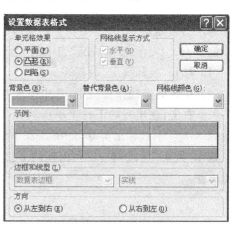

图 3-32　"设置数据表格式"对话框

(3) 单击对话框中的“单元格效果”栏中的“凸起”按钮，可以设置单元格的“凸起”效果。

(4) 单击对话框中的“确定”按钮，结果如图 3-30 所示。

在“平面”效果状态下，可以设置单元格的背景颜色、网格线和线型等。

3.7 定位和查看指定记录

3.7.1 排序

用户可以按某个字段内容升序或降序排列记录，也可以按照多个字段的内容排列记录。

例 3-17 将“教师情况”表中的记录按照“职称”进行升序排列。

(1) 打开“教师情况”数据表视图。

(2) 在数据表视图中，将光标放置于“职称”字段内。

(3) 单击“开始”菜单中“排序和筛选”选项组中的“升序排序”按钮升序，系统按照所选择的字段“职称”进行了升序排列，结果如图 3-33 所示。

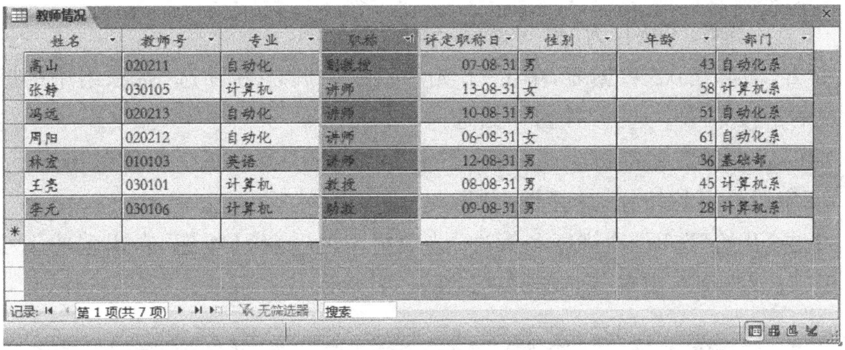
教师情况

姓名	教师号	专业	职称	评定职称日	性别	年龄	部门
高山	020211	自动化	副教授	07-08-31	男	43	自动化系
张静	030105	计算机	讲师	13-08-31	女	58	计算机系
冯远	020213	自动化	讲师	10-08-31	男	51	自动化系
周阳	020212	自动化	讲师	06-08-31	女	61	自动化系
林宏	010103	英语	讲师	12-08-31	男	36	基础部
王亮	030101	计算机	教授	08-08-31	男	45	计算机系
李元	030106	计算机	助教	09-08-31	男	28	计算机系

记录: 第 1 项(共 7 项) 无筛选器 搜索

图 3-33 按“职称”字段的升序排列记录

注意：记录的排序是按字段中数据值的 ASCII 的顺序进行排序的，而不是按照职称的高低进行排序的。

例 3-18 将“职称”相同的记录再按照“年龄”进行排序。

分析：这就是按多字段进行排序。即先按照“职称”进行排序，再按照“年龄”进行排序。

(1) 打开“教师情况”数据表视图。

(2) 单击“开始”选项卡“排序和筛选”组中的“高级”按钮，选择“高级筛选/排序”选项，打开排序设计视图，如图 3-34 所示，将“职称”和“年龄”字段依次拖入设计视图网格的“字段”行，单击“排序”下拉按钮，选择“升序”。

(3) 单击“开始”选项卡“排序和筛选”组中的“切换筛选”按钮，返回到“教师情况”数

图 3-34 "高级排序"设计视图

据表视图,可以看到排序结果。

3.7.2 利用筛选查看指定记录

"筛选"可以将一些不符合条件的记录隐藏起来,"筛选"的方法有三种,它们分别为"按窗体筛选"、"按选定内容筛选"和"高级筛选"。

1. 按窗体筛选

"按窗体筛选"利用窗体将不符合条件的记录筛选出去。

例 3-19 筛选出"性别"为"男"的教师记录。

(1)打开"教师情况"数据表,单击"开始"选项卡"排序和筛选"选项组中的"高级"按钮,在出现的下拉菜单中选择"按窗体筛选"。

(2)此时表中的数据都被隐藏,只剩下一个空白行,表中每个字段都出现下拉按钮,单击"性别"字段处下拉按钮,选择性别"男"。

(3)单击"开始"选项卡"排序和筛选"选项组中的"高级"按钮,在出现的下拉菜单中选择"应用筛选/排序",出现筛选结果,如图 3-35 所示。

图 3-35 对"性别"为"男"进行窗体筛选的结果

2. 按选定内容筛选

"按选定内容筛选"是指将与所选定的内容一致的记录筛选出来。可以采用"选择"方式筛选,也可以采用"筛选器"筛选。

例 3-20 筛选"职称"为"讲师"的教师记录。

(1)首先选中"教师情况"表中的"职称"列。

(2)单击"开始"选项卡"排序和筛选"选项组的"选择"按钮,在出现的菜单中选择"等于'讲师'",结果如图 3-36 所示。

姓名	教师号	专业	职称	评定职称日	性别	年龄	部门
林宏	010103	英语	讲师	12-08-31	男	36	基础部
周阳	020212	自动化	讲师	06-08-31	女	61	自动化系
冯远	020213	自动化	讲师	10-08-31	男	51	自动化系
张静	030105	计算机	讲师	13-08-31	女	58	计算机系

图 3-36 "按选定内容"进行筛选结果

上面的列子也可以用"筛选器"方式进行筛选,方法如下:

(1)选中"教师情况"表中的"职称"列。

(2)单击"开始"选项卡"排序和筛选"选项组下的"筛选器",选择联级菜单中的"文本筛选器"命令,将不是"讲师"内容的记录前面的"√"去掉,单击"确定"按钮。同样可以得到图 3-36 所示的结果。

3.高级筛选

"高级筛选"是指可以设定更多的条件来限制记录筛选。

例 3-21 对"性别"为"男"、"职称"不是"讲师"的记录进行筛选,并按"年龄"升序显示。

(1)打开"教师情况"数据表。

(2)单击"开始"选项卡"排序和筛选"选项组下的"高级"按钮,在出现的下拉菜单中选择"高级筛选/排序",打开筛选窗口。

(3)将字段"性别"和"职称"分别拖入网格中的字段行,并在条件行输入筛选条件,具体设置如图 3-37 所示。

字段:	性别	职称		
排序:				
条件:	"男"	Not In ('讲师')		
或:				

图 3-37 高级筛选设置

(4)单击"开始"选项卡"排序和筛选"选项组下的"切换筛选"按钮,系统切换到数据表视图,即可得到筛选结果,如图 3-38 所示。

图 3-38 "高级筛选"结果

3.8 数据表关系

3.8.1 认识关系

不管使用哪种数据库管理系统,"关系"都是其中非常重要的一个环节。在两个表之间建立了关系之后,就可以将两个表联合起来操作。如希望从现有的"教学管理"系统中,生成一个学生成绩单,如图 3-39 所示,这个成绩单中包含:"学生情况"表中的"学号"和"姓名"字段、"课程一览"表中的"课程名称"字段以及"学生成绩"表中的"分数"字段。

学号	姓名	课程名	分数
961101	李雨	计算机基础	90
961101	李雨	英语	85
961102	杨玲	计算机基础	94
961102	杨玲	英语	73
961103	张山	计算机基础	85
961103	张山	英语	76
961104	马红	计算机基础	80
961104	马红	英语	80
961105	林伟	计算机基础	78
961105	林伟	英语	70
962103	刘静	计算机基础	86
962103	刘静	英语	90

图 3-39 学生成绩单

为了实现这个结果,计算机系统需要将这三张表"拼接"使用,即"学生情况"表与"学生成绩"表通过共同的字段"学号"建立关系,"课程一览"表与"学生成绩"表通过"课程号"建立关系。只有这样才能实现将三张表"拼接"使用的目的和效果。系统的操作过程为:

(1)系统根据"姓名"字段的值,如"李雨"所对应的"学号"字段值"961101",通过关系,查找到"学生成绩"表中满足"学号"值为"961101"的第一条记录"961101,G03,

85"；

（2）根据该记录所对应的"课程号"值"G03"，通过表"学生成绩"和表"课程一览"之间的关系，进一步查找"课程一览"表中"课程号"为"G03"相应的"课程名"为"英语"；

（3）完成"学生成绩"查询中的第一个记录为"李雨，英语，85"；

（4）接着系统再通过"学生情况：姓名"字段的第二个值查找与"学生情况：学号"值对应的"学生成绩：学号"值所对应的"学生成绩：课程号"和"学生成绩：成绩"；

（5）再通过关系，进一步查找与"学生成绩：课程号"值对应的"学生成绩：课程名"；

（6）以此类推，逐个进行查询，得出如图3-39所示的结果。也就是说，为了最终得到包含"学生情况：姓名"、"课程一览：课程名称"、"学生成绩：分数"三个字段的学生成绩单，系统利用表和表之间建立的"关系"，通过一些中间字段"学生情况：学号"和"学生成绩：学号"、"学生成绩：课程号"和"课程一览：课程号"对应地找到分布在不同数据表中的数据，完成操作。

如果能够实现上述的这类查阅，就可以大大地扩大数据表中数据的用途，方便查阅。但这些查阅，必须建立在表和表之间建立关系的基础上。

3.8.2　建立数据表关系

1. 定义数据表关系

在两个表之间建立关系是通过一对字段来实现的。这对字段分布在两个表中，这两个字段的字段名可以不同，但是它们的数据类型必须相同。当然，一般情况下，两个表中的联系字段是同名的。

例3-22　建立"学生情况"、"学生成绩"与"课程一览"三个表之间的关系。

（1）打开数据库基本操作界面上的"数据库工具"菜单，选择"关系"选项组中的"关系"命令，出现"显示表"对话框，如图3-40所示。

（2）选择"显示表"对话框中的"学生情况"表，再单击"添加"按钮，即将该表添加到"关系"对话框中，如图3-41所示。

（3）重复步骤（2）添加"学生成绩"和"课程一览"数据表，单击"显示表"对话框中的"关闭"按钮，现在"关系"对话框中是将建立关系的数据表，如图3-42所示。

（4）选中"关系"对话框中的"学生成绩"表中的"学号"字段，将其拖动到"学生情况"表中的"学号"字段处，释放鼠标，出现"编辑关系"对话框，如图3-43所示。

图3-40　"显示表"对话框

（5）勾选"实施参照完整性"（相关概念将在下面介绍）复选框后，单击"创建"按钮，即创建了两个表之间的关系。

（6）将"关系"窗口中的"课程一览"表中的"课程号"字段拖动到"学生成绩"表中的

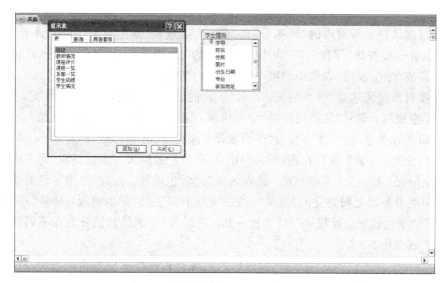

图 3-41　在"关系"对话框中添加数据表

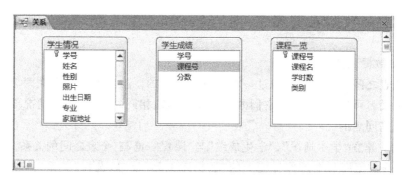

图 3-42　"关系"对话框(一)

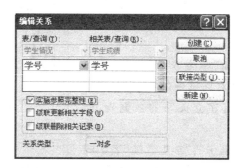

图 3-43　"编辑关系"对话框

"课程号"字段,释放鼠标,再次出现"编辑关系"对话框。

　　(7) 重复步骤(5)建立数据表"学生成绩"和"课程一览"的关系,如图 3-44 所示。

　　(8) 单击"关系"对话框中的"关闭"按钮,出现"保存"信息提示框,单击"是"按钮,以保存所建立的表关系。

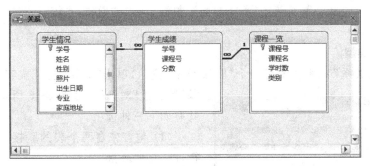

图 3-44 "关系"对话框(二)

(9) 可以继续重复上述步骤,对整个数据库中的数据表建立"关系",结果如图 3-45 所示。

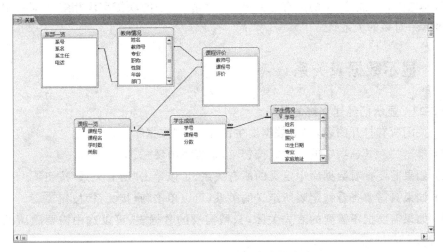

图 3-45 "教学管理"数据库中的表关系

2. 设置"实施参照完整性"

Access 通过设置"实施参照完整性"来确保相关表中记录之间关系的有效性,防止意外地删除或更改相关数据。在符合下列全部条件时,用户才可以设置参照完整性。

(1) 主表的联系字段是主关键字或被设置为唯一的索引。

(2) 相关的字段都有相同的数据类型,或是符合关系要求的不同类型。

(3) 两个表应该都属于同一个 Access 数据库。如果是链接表,它们必须是 Access 格式的表。不能对数据库中的其他格式的链接表实行参照完整性。

当实行"实施参照完整性"后,必须遵守下列规则。

(1) 相关表的外部关键字字段中,除空值外,不能存在主表的主关键字段中不存在的数据。

(2) 如果在相关表中存在匹配的记录,不能只删除主表中的这个记录,还将删除建立关系的相关表中的匹配记录。

(3) 如果需要 Access 为某个关系实施这些规则,在创建关系时,请勾选"实施参照完整性"复选框。如果出现了破坏"实施参照完整性"规则的操作,系统将自动出现禁止操作提示。

3. 联接类型

在"编辑关系"对话框中有一个"联接类型"按钮,单击"联接类型"按钮,系统将出现

图 3-46 "联接属性"对话框

"联接属性"对话框,如图 3-46 所示。对话框中共有如下三种选项。

(1)包含来自两个表的联接字段相等处的行,即"自然联接"。

(2)包括"学生情况"中的所有记录和"学生成绩"中的联接字段相等的那些记录,即"左联接"(多对一的关系)。

(3)包括"学生成绩"中的所有记录和"学生情况"中的联接字段相等的那些记录,即"右联接"(一对多的关系)。

3.8.3 显示数据表关系

例 3-23 显示已经建立好的关系。

(1)关闭所有打开的表,单击数据库主窗体上的"数据库工具"按钮。

(2)单击"关系"选项中的"关系"按钮,系统将出现"关系"组。

(3)如果需要查看数据库中定义的所有关系,可以单击"所有关系"按钮。

(4)如果只需要查看特定表所定义的关系,可以单击"直接关系"按钮。

(5)如果需要把不需要的表先关闭,只留需要的数据表,可以选中需要隐藏的表,然后单击"隐藏表"按钮。

3.8.4 编辑已有的关系

例 3-24 由于需要强化"学生情况"和"学生成绩"两个表之间的引用完整性,则要对已有的关系进行修改。

(1)关闭所有打开的表,切换到数据库窗体。

(2)单击"关系"选项中的"关系"按钮,系统将出现"关系"对话框。

(3)双击要编辑关系的关系连线,系统将出现"编辑关系"对话框,如图 3-47 所示。

(4)根据需要进行修改。需要勾选"实施参照完整性"复选框,然后根据数据关系的要求勾选或取消"级联更新相关字段"和"级联删除相关记录"两个复选框。

(5)如果需要强化两个表之间的联接类

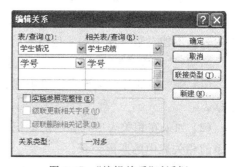

图 3-47 "编辑关系"对话框

型,则单击"联接类型"按钮,系统将出现"联接属性"对话框,选择适当的联接类型,然后单击"确定"按钮。

3.8.5　删除关系

删除关系的操作步骤如下。

选择所要删除关系的关系连线(当选中时,关系连线会由细实线变为粗实线),然后按Delete键。

3.8.6　使用自动查阅向导输入数据

我们知道,保持数据表中的数据正确很重要,特别是相关表中的相关数据要保持一致性。如何在输入数据时保持一致性?本节介绍使用"查阅向导"输入数据的方法。

例 3-25　"教学管理"数据库中,数据表"学生情况"和"课程一览"的数据已经输入完成,利用"查阅向导"方法,输入"学生成绩"表中相关数据,保证相关数据表的数据的一致性。

(1)打开数据库窗体,单击"创建"菜单下"表格"选项组中的"表设计"按钮。

(2)在"字段名称"中输入"学号",选择"字段类型"为"查阅向导",出现"查阅向导"对话框,如图 3-48 所示。

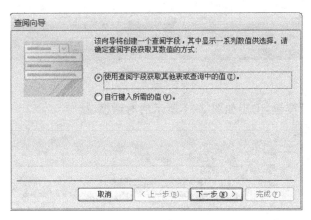

图 3-48　"查阅向导"对话框(一)

(3)勾选"使用查阅字段获取其他表或查询中的值"复选框,单击"下一步"按钮,在出现的对话框中选择"学生情况"表,然后进入下一步,出现如图 3-49 所示的对话框。

(4)选中左边"可用字段"中的"学号"字段,点击 **>** 按钮,将"学号"字段添加到右边的"选定字段"中。再单击"下一步"按钮,出现如图 3-50 所示的对话框。

(5)该对话框可以为字段进行升序和降序排列,此处选择"升序"选项,然后单击"下一步"按钮。

(6)接下来出现的对话框中,询问用户对呈现在预览框中的字段宽度是否满意,如果

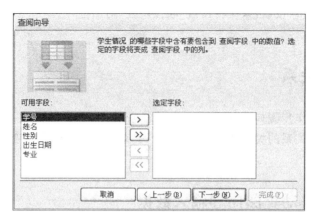

图 3-49 "查阅向导"对话框(二)

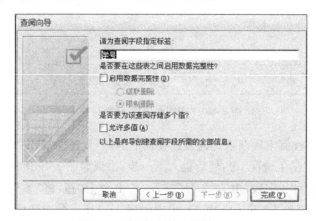

图 3-50 "查阅向导"对话框(三)

满意,单击"下一步"按钮,出现如图 3-51 所示的对话框。

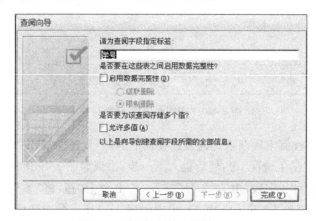

图 3-51 "查阅向导"对话框(四)

(7) 保持原字段名"学号",然后单击"完成"按钮,此时弹出保存表的对话框,单击

"是"按钮。

(8) 在出现的"另存为"对话框中输入表名称"学生成绩",如图 3-52 所示。单击"确定"按钮。

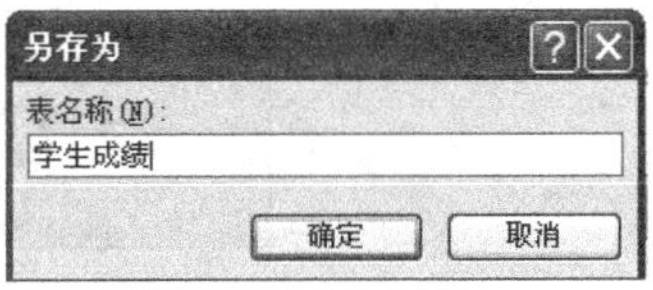

(9) 然后在出现的定义主键的对话框中选择"否"选项,此处先不定义主键。

(10) 重复步骤(2)~(8),设置查阅向导"课程一览"的"课程号",系统最终回到"学生成绩"设计视图。

(11) 然后在表中第三行字段名称中输入"学号",数据类型定义为"数字"。

图 3-52　"另存为"对话框

(12) 单击"视图"按钮 ，选择"数据表视图"选项,在"学号"空白栏单击,出现在下拉菜单中的是从"学生情况"表中所查阅到的学号,选择"961101"号码,如图 3-53 所示。

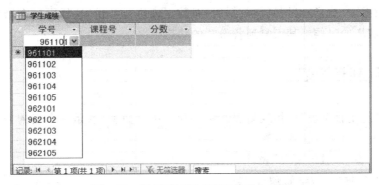

图 3-53　利用"学号"查阅向导输入数据

(13) 单击"课程号"按钮,在下拉列表框中选择"G03"选项,如图 3-54 所示。

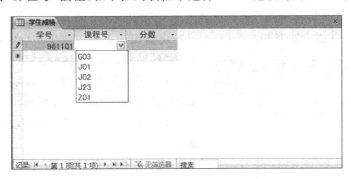

图 3-54　利用查阅向导输入"课程号"数据

(14) 最后"分数"字段的值就由用户自己输入。重复操作上述步骤,全部输入完毕后,如图 3-55 所示。再保存,然后关闭数据表。

通过"查阅向导"输入数据,就保证了数据表间相关字段数据值的一致性,避免输入错误。

图 3-55 "学生成绩"数据表

3.9 备份数据表

"备份数据表"是指通过"复制数据表"对数据表进行备份,这样可以在当前表的数据或结构遭到破坏的时候将其恢复到备份时的状态。

3.9.1 复制整个表

这里的"复制整个表"是指复制表的结构和表中的数据,这是一个表的完整复制。一般第一次备份表时采用这种方法。

例 3-26 备份"教师情况"表。

(1) 打开数据库"教学管理"。

(2) 选择"教师情况"表,被选择的数据表变红。

(3) 单击工具栏"剪贴板"组中的"复制"按钮 复制,或右击在出现的下拉菜单中,选择"复制"命令,这样即将所选择的数据表复制到"剪贴板"上。

(4) 单击工具栏中的"粘贴"按钮 ,或右击在出现的下拉菜单中,选择"复制"命令,出现"粘贴表方式"对话框。

图 3-56 "粘贴表方式"对话框

(5) 在对话框中的"表名称"文本框中输入复制表的名称,如图 3-56 所示。

(6) 单击"确定"按钮,即完成表的复制,如图 3-57 所示。

(7) 打开所复制的表,可以看到其结构和数据均与原表完全一致。

也可以通过"另存为"的方法来复制表,具体方法如下。

(1) 打开数据库"教学管理"。

(2) 选择需要备份的数据表,如"学生情况",单击"数据库"窗口中的"文件"下拉菜单中的"对象另存为"按钮,出现如图 3-58 所示的对话框。

(3) 单击"确定"按钮,就会出现如图 3-59 所示的"学生情况"数据表的备份。

(4) 打开复制的表,可以看到其结构与数据和原表完全一致。

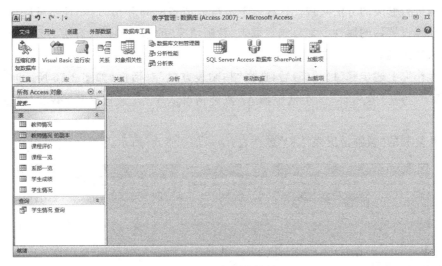

图 3-57　复制表结果

图 3-58　"另存为"对话框

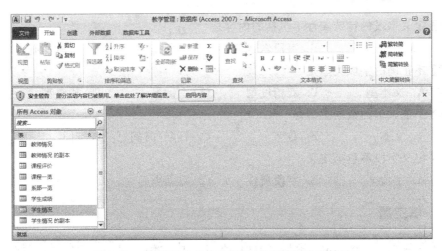

图 3-59　利用"对象另存为"按钮备份数据表的结果

3.9.2　复制表结构

如果要创建一个与某个已经存在的表的结构相似的表,可以用先复制表结构,然后再对表结构进行修改的方法实现。这样做不但可以节省时间和精力,而且还可以继承原表的许多已经设置好的属性。如复制数据表"教师情况"的结构的操作方法与复制整个表的操作方法的区别为:

在操作完上述步骤(1)~(5)后,选择"粘贴表方式"对话框(如图 3-56 所示)中的"仅结构"选项;再在"表名称"文本框中输入"教师情况表结构"文件名后,单击"确定"按钮即可。

打开复制的"教师情况表结构"数据表,结果如图 3-60 所示。

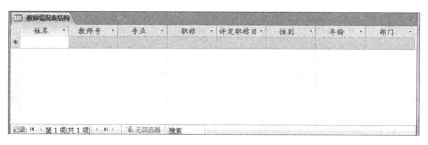

图 3-60　复制数据表结构的结果

习　　题

一、单项选择题

【1】定义字段的特殊属性不包括的内容是_____。

A. 字段名　　　B. 字段默认值　　C. 字段掩码　　D. 字段的有效规则

【2】不正确的字段类型是_____。

A. 文本型　　　B. 双精度型　　　C. 主键型　　　D. 长整型

【3】不能索引的数据类型是_____。

A. 文本　　　　B. 数字　　　　　C. 日期/时间　　D. 计算

【4】定义字段不包括定义_____。

A. 字段名　　　B. 字段属性　　　C. 数据内容　　　D. 索引

二、填空题

【1】查看字段较多的数据表的内容时,采用___①___操作,可以将某些字段暂时保留在原位不被移动。

【2】创建数据表分为___②___和输入数据两步。

【3】Access 2010 提供了___③___、使用"表设计"创建数据表和使用"SharePoint 列表"创建数据表结构的方法。

【4】在 Access 中,数据表有___④___和设计视图两种视图经常需要切换。

【5】在关系数据库中,表之间的相关性是依靠每一个独立的数据表内部___⑤___建立的。

【6】表是由表名、___⑥___及表的具体内容组成的。

【7】货币类型数据可自动加入___⑦___。

【8】字段格式只决定数据的输入和输出格式,不影响数据的___⑧___。

【9】如果某一字段没有设置标题,系统将___⑨___当成字段标题。

【10】一个表只能有一个___⑩___,而索引字段可以有多个。

三、简答题

【1】数据表设计中字段名应符合哪些规则?

【2】数据表建立主关键字是否为必需的?

【3】主关键字对应的字段必须满足什么条件?

【4】能否对备注、超级链接和OLE对象数据类型字段设置索引?

【5】修改数据表字段的属性是否可能造成数据的丢失?

【6】更改数据表中某一行的高度,数据表中所有行的高度是否都会被更改?

【7】如何对记录进行筛选?

【8】查看记录较多的数据表的内容时,采用什么操作,可以将某些记录暂时过滤掉?

【9】被冻结列的内容在解冻前能否被修改?

四、综合题

【1】Access 2010支持哪些数据类型?简述各数据类型的定义、取值范围。

【2】建立用户自定义主关键字有哪些好处?

【3】什么情况下应该考虑对字段设置索引?

【4】如何对数据表中的记录进行排序?列举几种排序方法。

【5】能否只复制数据表结构?如何复制?

【6】采用什么方法可以将一个表中的数据导入到另一个表中?

【7】Access数据库系统提供了哪些使用已有数据表创建新数据表的方法?

【8】能否同时依据两个或多个字段进行排序?

【9】什么是数据表之间的关系?

【10】建立了关系的数据表具有什么特性?

【11】如何定义数据表之间的关系?用户在定义数据表之间的关系时,应该注意哪些问题?

【12】用户必须遵守哪些规则才能实施参照完整性?

【13】两张表之间已经有一个关系存在,如果用户设置了第二个关系,结果如何?

【14】定义表之间的关系时,相关字段需要满足什么条件?

【15】符合什么条件时,用户可以设置参照完整性?

【16】如果勾选了"连锁删除相关记录"复选框,删除主表中的记录时,是否将删除相

关表中的相关记录？

　　【17】一个数据表是否可以与其他数据表有多个关联？

　　【18】是否在任意两个表之间都可以设置关系？

　　【19】什么是"查阅向导"？利用"查阅向导"输入数据有什么优点？

　　【20】如何显示、编辑和删除数据表的关系？

第 **4** 章

查　　询

4.1　认　识　查　询

查询是按照一定条件或要求输出数据库中数据的一种操作。查询是数据库系统中最重要的应用,使用查询可以按照不同的方式查看、更改和分析数据。

创建查询时必须要考虑如下问题。

(1) 选择查询所需字段,这些字段可能来源于一个或多个表,也可能来源于某一个查询的运行结果。

(2) 确定查询条件。

(3) 设置查询结果的输出方式,如确定输出哪些字段、字段排列顺序如何、记录是否升序或降序输出等。

应用前面介绍的筛选等方法,虽然也可以将数据表中满足特定要求的数据以某一形式显示出来,但筛选时只能对一个数据表进行,且筛选的结果是临时的,不能保存起来以备下次查看时继续使用。

图 4-1 所示的查询结果称为结果集。所谓结果集就是执行一个查询或使用一个筛选后得到的结果所形成的记录集。从形式上看结果集与数据表相同,但要注意:结果集并不是数据表,它只是逻辑地保存在数据库中,而不是真正保存于物理存储设备中。

学号	姓名	性别	出生日期	专业
961101	李雨	男	77-09-05	计算机
961102	杨玲	女	78-05-17	计算机
961103	张山	男	79-01-10	计算机
961104	马虹	女	78-03-20	计算机
961105	林伟	男	79-02-03	计算机
962101	蒋恒	男	77-12-07	自动化
962102	崔爽	女	77-02-24	自动化
962103	刘静	女	77-04-06	自动化
962104	郑义	男	78-04-09	自动化
962105	许路	男	79-06-07	自动化

图 4-1　"学生情况"查询结果

Access 2010 的可视化查询工具提供多种方法查看和分析数据,查询的结果既可单独使用,又可作为窗体、报表、数据访问页或另一查询的数据源。(关于窗体、报表、数据访问页的内容将在第 5 章介绍。)

创建一个查询时,打开运行的数据库,在 Access 2010"数据库"窗体中选择"创建"菜单,"创建"菜单中"查询"组中有"查询向导"和"查询设计"两个图标按钮,如图 4-2 所示。

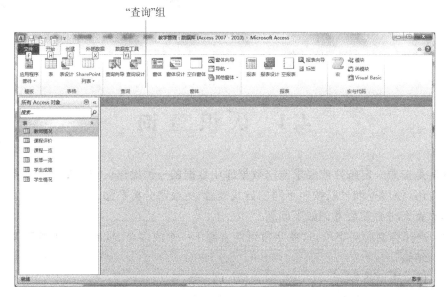

图 4-2　创建"查询"

4.2　创建简单查询

所谓简单查询是只将数据表中所有记录的全部或部分字段输出,而无须使用某种条件得到的结果集。如查询学生基本情况,要求输出"学生情况"表中所有学生的学号、姓名、性别、出生日期和专业。创建简单查询的方法有两种——使用向导或使用设计视图。

4.2.1　使用向导创建简单查询

1.　创建查询

例 4-1　使用向导创建简单查询——学生情况查询,要求输出表中所有学生的学号、姓名、性别、出生日期和专业。

(1)打开"数据库"窗体,单击"创建"选项卡中"查询向导"按钮,弹出"新建查询"对话框,选择"简单查询向导"选项,再单击"确定"按钮,如图 4-3 所示。

Access 的"查询向导"提供了 4 种类型的查询方法,即"简单查询向导"、"交叉表查询向导"、"查找重复项查询向导"和"查找不匹配项查询向导"。利用"简单查询向导"可以很方便地建立选择查询,利用选择查询,可以实现对一个或多个数据表进行检索查询;生成新的查询字段并保存结果;对记录进行总计、计数、平均值及其他类型的数据计算等功能。

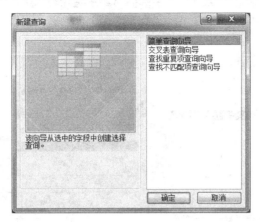

图 4-3 "新建查询"对话框

（2）弹出"简单查询向导"对话框,如图 4-4 所示。选择"表/查询"下拉列表框中要建立查询的数据源,在本例中选择"学生情况"表。

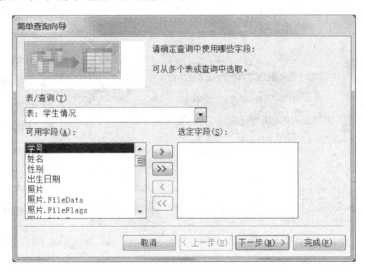

图 4-4 "简单查询向导"对话框(一)

（3）依次单击"可用字段(A)"列表中的字段名和 > 按钮,选择查询输出所需字段。本例中分别选择"学号"、"姓名"、"性别"、"出生日期"和"专业"字段,单击 > 按钮,将选中的字段添加到右边的"选定字段"列表框中。如图 4-5 所示,然后单击"下一步"按钮。选择字段的顺序即为结果集中字段显示顺序。

（4）在图 4-6 中的文本框中输入查询名称"学生情况 查询",单击"完成"按钮,系统将显示查询结果,如图 4-1 所示。

关闭"学生情况 查询"结果集,在"数据库"窗体"查询"对象中出现"学生情况 查询"选项,如图 4-7 所示。

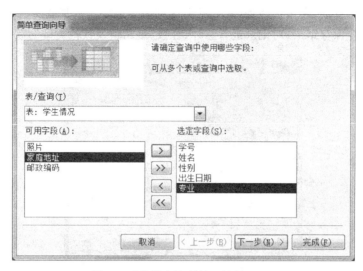

图 4-5 "简单查询向导"对话框(二)

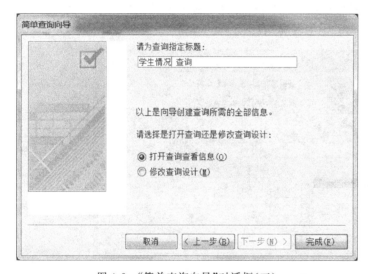

图 4-6 "简单查询向导"对话框(三)

图 4-7 数据库导航窗格

2. 运行查询

在"数据库导航"窗格"查询"对象中,双击查询名称。

3. 说明

使用向导创建简单查询时,还有几点需要补充说明。

(1) 如果查询数据来源于多个表或查询,则在上述步骤中,反复执行步骤(2)和步骤(3),依次完成对各个表或查询中字段的选择。

(2) 如果作为查询的数据中包含数值类型的字段,则完成步骤(3)后,出现如图 4-8 所示对话框。

在图 4-8 中,选择默认的"明细(显示每个记录的每个字段)"单选项,单击"下一步"按钮,进入图 4-6 所示对话框,以下操作同上。对于"汇总"选项按钮的用法见 4.4 节。

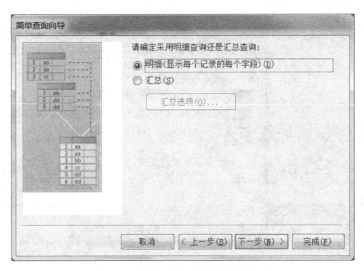

图 4-8 "简单查询向导"对话框(四)

4.2.2　使用设计视图创建简单查询

使用向导创建的查询可能会有些不尽人意,如向导中无法选择结果集记录是升序或者是降序输出。当用户有特殊要求时,可以使用设计视图,从零开始创建查询,也可以对已创建的查询进行修改。

1. 使用设计视图创建查询

例 4-2　使用设计视图创建"学生成绩"查询,要求查询出学生学号、姓名、课程名、分数,并按学号升序输出。

分析:这个查询输出的字段不可能从某一个单一的数据表中得到,这些字段与表的关系可用表 4-1 表示。因此查询输出字段来源于"学生情况"、"课程一览"和"学生成绩"表。

表 4-1　查询输出字段与表的关系

字段名	包含该字段的表名	字段名	包含该字段的表名
学号	学生情况、学生成绩	课程名	课程一览
姓名	学生情况	分数	学生成绩

具体操作步骤如下。

(1)打开"教学管理"数据库,单击"创建"选项卡下的"查询"组中的"查询设计"按钮,弹出"设计视图"和"显示表"对话框,如图 4-9 所示。

(2)在"显示表"对话框中,有"表"、"查询"和"两者都有"三个标签,根据查询所需数据来源选择不同标签,依次选择不同的数据源并单击"添加"按钮。这里选择"学生情况"、"课程一览"和"学生成绩"表。添加全部所需的数据表后,单击"关闭"按钮。系统将显示查询设计网格,如图 4-10 所示。

(3)用鼠标从字段列表中将所需字段拖到设计网格。单击"学号"列的"排序"按钮,

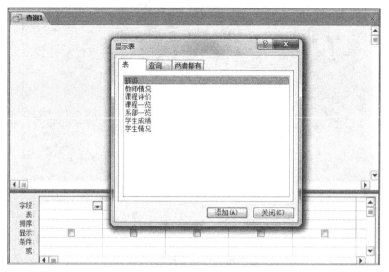

图 4-9　查询"设计视图"和"显示表"对话框

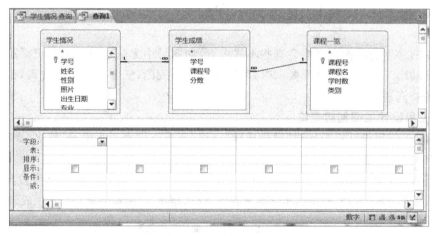

图 4-10　查询设计网格

选择"升序"选项,如图 4-11 所示。

（4）单击工具栏"保存"按钮▣,输入"学生成绩 查询",关闭查询设计视图。"学生成绩 查询"的结果如图 4-12 所示。

2. 使用设计视图修改查询

使用设计视图修改查询首先要打开查询设计网格,可通过如下方法实现。

打开"数据库"窗体的"查询"对象,选中欲修改查询的名称,右击,并在弹出的快捷菜单中选择"设计视图"命令,如图 4-13 所示,进入查询的设计视图。

1）添加表或查询

添加表或查询的关键是打开如图 4-9 所示的"显示表"对话框。在功能区域中选择"设计"选项卡下的"查询设置"组中"显示表"命令,在设计视图网格中打开"显示表"对话框。

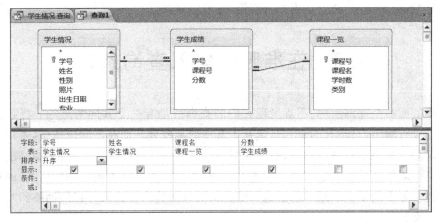

图 4-11　选择查询字段

学号	姓名	课程名	分数
961101	李雨	计算机基础	90
961101	李雨	英语	85
961102	杨玲	计算机基础	94
961102	杨玲	英语	73
961103	张山	计算机基础	85
961103	张山	英语	76
961104	马红	计算机基础	80
961104	马红	英语	80
961105	林伟	计算机基础	78
961105	林伟	英语	70
962103	刘静	计算机基础	86
962103	刘静	英语	90

图 4-12　"学生成绩 查询"结果集

图 4-13　快捷菜单中的"设计视图"命令

2）删除表或查询

在设计视图网格中,右击欲删除的表或查询,弹出快捷菜单,选择"删除表"命令,即可删除选定的表或查询。

3）添加或删除字段

在设计视图网格中,用鼠标从字段列表中将所需字段拖到设计网格即可增加字段;若删除字段,则选中欲删除的字段,按 Delete 键;也可单击该字段的"显示"行上的"√"按钮,在结果集中就删除了该字段。

3. 说明

如果在查询中涉及多个表或查询,应先建立关系。

运行查询的方法除前面提到的方法外,在查询设计视图状态下可单击功能区域中"文件"选项卡下"结果"组中的"运行"按钮！或"视图"按钮，打开"视图"按钮选项,如图 4-14 所

图 4-14　"视图"按钮选项

示。选择"数据表视图"命令也可执行查询,查看结果集。

4.3 在准则中输入查询条件

观察前面两个查询示例,不难发现它们的查询结果有一个共同特点——将数据表中的所有记录行输出,只是有的查询只选择了其中的某些列。而在实际应用中,查询的结果集不仅仅对数据表中列进行筛选,而且需要对数据表的行进行筛选,即要求查询出某一列或某几列字段值满足一定取值范围的查询,这种查询称为选择查询。如按班级、课程名称或学生姓名等查询学生成绩。创建这一类查询的方法是在查询设计视图网格的"条件"行中输入查询条件。

查询条件有两种形式:一种是固定条件,即创建查询时已经确定了查询字段的取值,如查询选修课程名为"英语"的学生成绩,这时查询条件为课程名="英语"这样一个固定条件;另一类是参数查询,即创建查询时只确定按哪些字段查询,而字段取值则在运行查询时输入,每次查询结果是由执行本次查询时的输入值决定的,如设计查询时是按课程名查询学生成绩,具体得到哪门课程的成绩,则是由运行时输入的课程名称决定的。

4.3.1 建立固定条件的选择查询

1. 建立固定条件查询

例 4-3 查询选修英语课的学生的成绩,要求输出学生的学号、姓名、课程名和分数。

分析:该查询的输出字段与上例相同,因此创建查询的数据源同上例的三个表,查询的条件是使字段"课程名"满足等于"英语"这一固定条件。

具体操作步骤如下。

(1) 按照使用设计视图创建查询的步骤,选择表和字段,选取结果如图 4-15 所示。

(2) 在"课程名"列的"条件"行中输入"英语"并按 Enter 键,设计结果如图 4-16 所示。注意字符"英语"两端的引号是系统自动添加的,用户无须自行输入。

2. 建立具有多个条件的查询

如果查询条件包含多个字段,则分别在各字段对应的"条件"行中输入条件。注意这样输入的条件是"与"的关系,即各字段列下"条件"中的条件同时满足。若条件中包含"或"的关系,应将条件按与、或关系分别输入在设计网格的"条件"行和"或"行中。

例 4-4 查询出课程为公共课或学时不小于 48 学时的课程信息。该查询结果应包括表"课程一览"的所有字段,而对行筛选的条件有两个:条件一是课程"类别"等于"公共课";条件二是"学时"大于或等于 48。这两个条件为或的关系。

设计结果如图 4-17 所示。

查询条件类似于一种公式,它是由引用的字段、运算符和常量组成的字符串。在 Access 2010 中,查询条件也称为表达式。查询条件中含有各种运算符,既有算术运算符

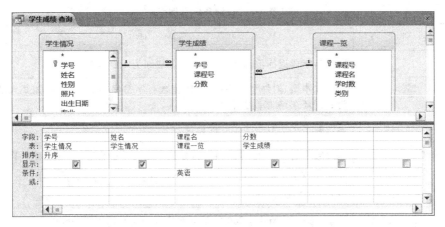

图 4-15 "英语课成绩 查询"设计视图

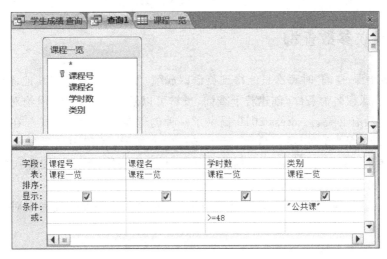

图 4-16 "英语课成绩 查询"结果

图 4-17 "课程 查询"设计视图

又有逻辑运算符等,如下面常用的各种运算符:$<,>,<=,>=,<>,=,Is,In,And,$
$Or,Not,Like$。下面列举几个查询条件的例子,如表 4-2 所示。

表 4-2　查询条件示例

条　件	说　明
100	数字型字段返回值为 100 的记录,如成绩为 100 分等
"100"	用于文本型、附件型等字段,返回包含有字符串 100 的记录,如某人的地址为北四环东路 100 号等
<=100	返回数字小于或等于 100 的记录
100 Or 200	返回数字为 100 或 200 的记录,如某产品的单价为￥100 或￥200 等
>48 And <60	此条件适用于数字字段,它仅查询出这样的记录:该字段中大于 48 且小于 60 的记录值
Between 100 And 200	等于">100 And <200",返回数字大于 100 而小于 200 的记录
Like C*	返回所有以 C 开头的字符串的记录,如 China 等
Like "China"	返回所有包含"China"字符串的记录
Not "张"	返回该字段不包含"张"字符串的所有记录
Is Null	此条件可用于任何类型的字段,以显示字段值为空的记录
In (10, 20, 30)	返回字段的值为 10、20 或 30 的所有记录
#18/8/2014#	返回日期型字段值为 2014 年 8 月 18 日的所有记录
>#18/8/2014#	返回日期型字段值在 2014 年 8 月 18 日以后的所有记录
Date()	返回所有日期型字段值为今天的记录

4.3.2　建立参数查询

运行"英语课 查询"时每次只能得到英语课成绩,如果希望查询到其他课成绩该怎么做呢? 以所有课程名为条件,创建若干查询,虽然可以解决这个问题,但绝对不是一个好办法,而且也没有必要。Access 2010 提供了一种创建参数查询的方式。在作为参数使用的每一字段下的"准则"单元格中,输入运行时的提示,并用中括号括起。执行此查询时,系统将显示提示信息,用户这时按提示输入具体条件,系统将按输入的条件执行查询。

例 4-5　创建参数查询——课程成绩查询,根据输入的课程名查询出对应课程的学生成绩。

设计结果如图 4-18 所示。

运行"课程成绩 查询",系统首先出现"输入参数值"对话框,如图 4-19 所示。

在图 4-19 所示文本框中输入"计算机基础",并单击"确定"按钮,系统将显示查询结果,如图 4-20 所示。

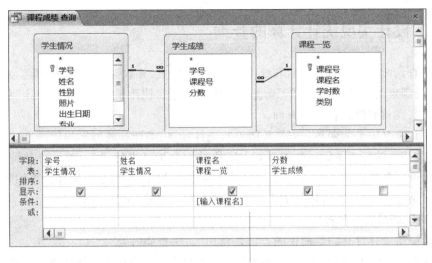

课程成绩 查询
学生情况
*
学号
姓名
性别
照片
出生日期
学生成绩
*
学号
课程号
分数
课程一览
*
课程号
课程名
学时数
类别
字段: 学号 姓名 课程名 分数
表: 学生情况 学生情况 课程一览 学生成绩
排序:
显示:
条件: [输入课程名]
或:
输入提示信息

图 4-18 “课程成绩 查询”设计结果

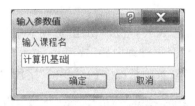

输入参数值
输入课程名
计算机基础
确定
取消

图 4-19 “输入参数值”对话框

课程成绩 查询
学号 姓名 课程名 分数
961101 李雨 计算机基础 90
961102 杨玲 计算机基础 94
961103 张山 计算机基础 85
961104 马红 计算机基础 80
961105 林伟 计算机基础 78
962103 刘静 计算机基础 86
记录: 第 1 项(共 6 项) 无筛选器 搜索

图 4-20 “课程成绩”查询结果

4.4 在查询中计算数值

查询应用不仅仅是对数据表中数据的重现，更高层次的应用表现在它能对数据表中的数据进行分析，得到汇总或分解后的数据，因此查询条件会是一个复杂的逻辑表达式，其中还可能包括函数运算。

下面根据查询条件特点，分两种情况介绍在查询中实现计算的方法。

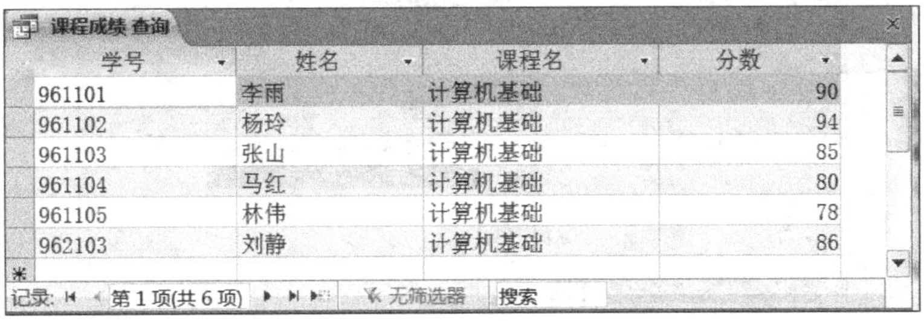

4.4.1　设计实现统计计算的查询

应用查询时经常需要计算总和或平均值,查找极值、计数等统计类的计算。对于这类常用的、较固定的计算,Access 2010 提供了使用向导和使用设计视图中"总计"单元格的两种方式实现具有统计特点的查询。

统计计算又可分为两种:一种是简单的统计计算,如计算教师平均年龄,统计教师人数等,这类统计的特点是针对数据表某一字段的所有记录进行;另一种是分类统计计算,如统计出教师各类职称人数,计算教师各类职称的平均年龄等,这类统计计算的特点是先按要求对某些字段分类,再依分类字段的各种取值分别进行统计计算。

1. 实现简单统计计算

实现简单统计计算的最简便的方法是使用"简单查询向导"。

例 4-6　利用向导实现简单统计计算——查询教师平均年龄及统计教师人数。

要计算教师平均年龄应对年龄字段进行求平均值的计算;统计教师人数即统计出教师情况表的记录个数。

操作步骤如下。

(1)打开"教学管理"数据库窗体,单击"创建"选项卡中"查询"组中"查询向导"按钮,进入"新建查询"对话框,选择"简单查询向导"选项。

(2)按向导提示,依次选择"教师情况"表及"年龄"字段,进入如图 4-21 所示界面。

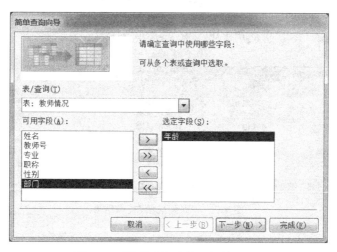

图 4-21　"简单查询向导"对话框(一)

单击"下一步"按钮,出现如图 4-22 所示界面。

(3)选择"汇总"单选项,并单击"汇总选项"按钮,打开"汇总选项"窗体,如图 4-23 所示。勾选"平均"和"统计教师情况 中的记录数"复选框。然后单击"确定"按钮。"教师情况"表记录的个数即为教师人数。

(4)按提示完成向导操作。

运行查询的结果如图 4-24 所示。

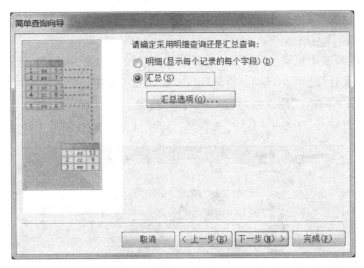

图 4-22 "简单查询向导"对话框(二)

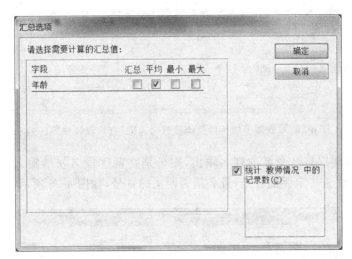

图 4-23 "汇总选项"窗体

图 4-24 教师平均年龄查询结果

使用向导建立汇总查询,结果中计算列的列名(如年龄之平均值)由系统自动命名。当希望自己命名计算列列名时,需使用设计视图进行修改。下面介绍使用设计视图实现上例的过程。

例 4-7 利用设计视图实现简单统计计算——查询教师平均年龄及统计教师人数。

(1)打开"教学管理数据库"窗体,单击"创建"选项卡"查询"组中"查询设计"按钮,出现查询设计视图和"显示表"对话框。

（2）在"显示表"对话框中,选择"教师情况"表,单击"添加"按钮,关闭"显示表"对话框后,进入查询设计网格。

（3）从字段列表中拖动"年龄"和"教师号",将字段添加到"字段"单元格。

（4）单击"设计"选项卡"显示/隐藏"组中"汇总Σ"按钮,设计网格中增加"总计"行。打开"年龄"字段下"总计"列表框,选择"平均值"选项。

（5）打开"教师号"字段下"总计"列表框,选择"计数"选项,如图 4-25 所示。

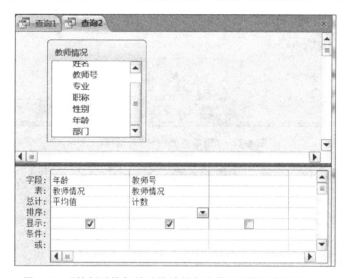

图 4-25　"教师平均年龄及统计教师人数"查询设计视图（一）

（6）如果希望以自己命名的列名输出,则分别在两字段名左端输入"平均年龄:"和"教师人数:"。注意一定要加冒号,且必须为西文的冒号,如图 4-26 所示。

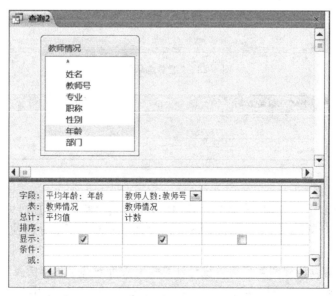

图 4-26　"教师平均年龄及统计教师人数"查询设计视图（二）

(7) 保存查询,查看运行结果。

2. 实现分类统计计算

例 4-8 统计各类职称人数。

分析:统计各类职称人数就是按照职称的各种取值(教授、副教授、讲师等)统计出教师情况表的记录个数,教师号作为唯一标识教师记录的字段,自然是进行计数依据的字段。与上一例题的区别在于:这里不是统计表中所有记录数,而是按职称值——教授、副教授、讲师等分别统计记录数,因此要有分类字段——职称。

具体操作步骤如下。

(1) 打开"教学管理数据库"窗体,单击"创建"选项卡中"查询"组中"查询设计"按钮,弹出查询设计视图和"显示表"对话框。

(2) 在"显示表"对话框中,选择"教师情况"表,单击"添加"按钮,关闭对话框后,进入查询设计网格。

(3) 从字段列表中拖动"职称"和"教师号",将字段添加到"字段"单元格。

(4) 单击"设计"选项卡"显示/隐藏"组中的"汇总 Σ"按钮,设计网格中增加"总计"行。打开"教师号"字段下"总计"列表框,选择"计数"选项。

(5) 在字段"教师号"左端输入"人数:",如图 4-27 所示。

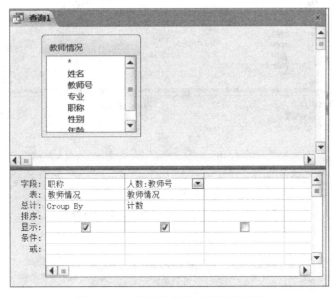

图 4-27 各类职称人数查询数据视图

(6) 保存查询,在"另存为"对话框中输入查询名称"各类职称人数 查询"。

(7) 运行查询,结果如图 4-28 所示。

"总计"单元格中 Group by 含义是按此字段分类。查询时如需按多个字段分类,应依次将分类字段添加到设计网格中。

Access 2010 还提供了交叉表查询,实现对多个字段的分类统计。建立交叉表查询同样使用向导或使用设计视图。这里只介绍使用向导的方法。

图 4-28　各类职称人数查询结果

例 4-9　使用向导创建交叉表查询——按性别统计各类职称人数。

实现该查询的方法也可以以职称和性别为分类字段,其设计视图和查询结果分别如图 4-29 和图 4-30 所示。

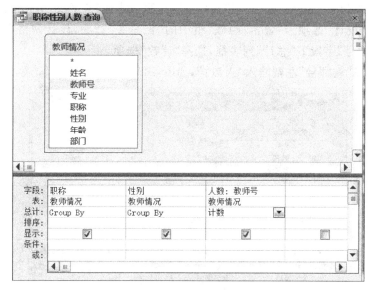

图 4-29　按性别统计各类职称人数设计视图

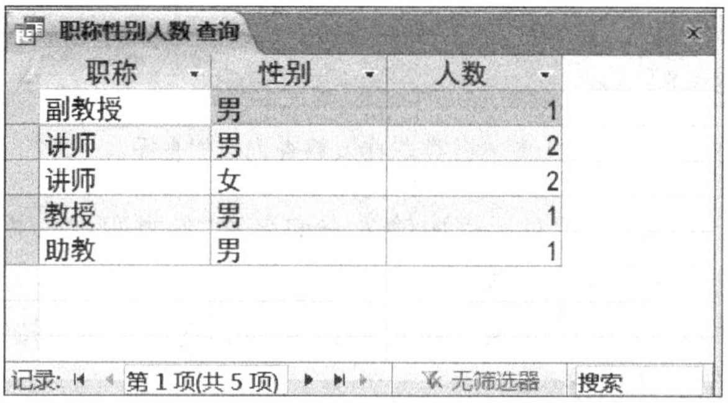

职称	性别	人数
副教授	男	1
讲师	男	2
讲师	女	2
教授	男	1
助教	男	1

图 4-30　按性别统计各类职称人数结果

若使用交叉表查询,其结果如图 4-31 所示(请与图 4-30 作一下比较)。组成这个结果的列可分为两部分,右半部分列的列名是由被称为列标题字段"性别"的各种取值"男"和"女"构成;左半部分列的列名是由被称为行标题字段"职称"构成。结果集中"男"和"女"两列的值是按所在行"职称"的取值(助教、讲师……)计算出的记录个数,即统计计算的结果显示在行与列的交叉点上。

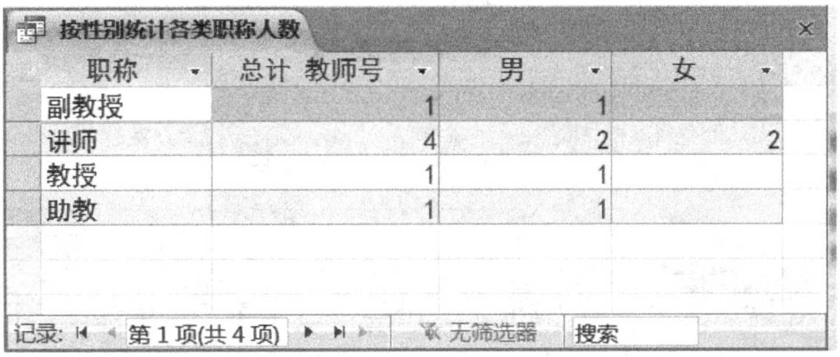

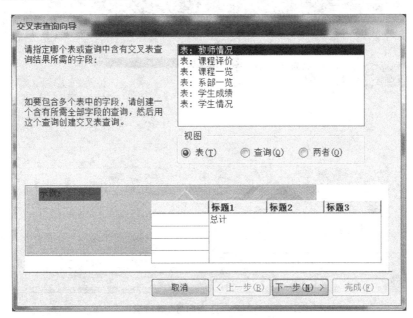

图 4-31 交叉表查询——"按性别统计各类职称人数"查询结果

建立交叉表查询的关键是明确选取哪些字段作行标题,哪个字段作列标题。行标题字段个数不能超过三个,列标题字段只有一个。

具体操作步骤如下。

(1) 在"教学管理数据库"窗体中,单击"创建"选项卡中"查询"组中"查询向导"按钮。

(2) 在"新建查询"对话框中,选择"交叉表查询向导"选项,然后单击"确定"按钮,出现"交叉表查询向导"对话框,如图 4-32 所示。

图 4-32 "交叉表查询向导"对话框(一)

(3) 选择对话框"视图"组中"表"单选项,在列表中选择"表:教师情况"选项,然后单击"下一步"按钮。

（4）在图 4-33 所示对话框中选择作为行标题的字段"职称"。单击"下一步"按钮。

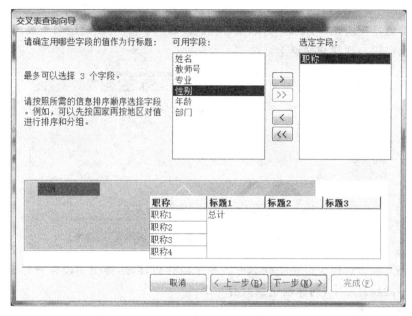

图 4-33　"交叉表查询向导"对话框（二）

（5）在图 4-34 所示对话框中选择作为列标题的字段"性别"。单击"下一步"按钮。

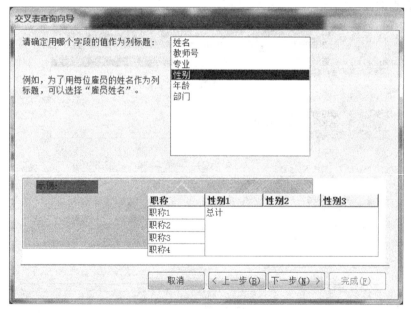

图 4-34　"交叉表查询向导"对话框（三）

（6）在图 4-35 所示对话框中选择计算内容"计数（count）"，用于计算的字段选择"教师号"。如果需要按行得到总计，应勾选"是，包括各行小计"复选框，然后单击"下一步"

按钮。

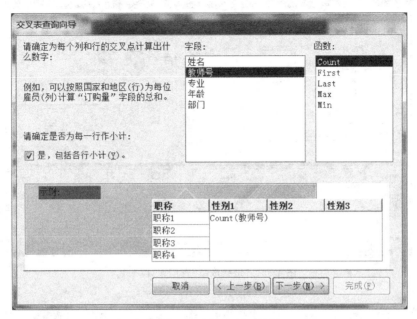

图 4-35 "交叉表查询向导"对话框(四)

（7）完成上述操作后,在最后的向导对话框中命名查询,单击"完成"按钮。

4.4.2 利用表达式生成器实现计算

有时查询条件是一个复杂的逻辑表达式,其中还可能包括函数运算,这时虽然可以在设计视图网格中自行输入,但更好的办法是使用表达式生成器,因为它包含许多内部函数,这样可保证输入时既快捷又准确。

例 4-10 建立班级成绩查询,要求根据运行时输入的班级,输出该班学生的学号、姓名、课程名和分数,并按学号升序输出。

这个查询是一个参数查询,查询条件是班级等于运行时输入的某一确定值,但"学生成绩"表中没有"班级"字段,因此无法按照创建"课程成绩 查询"时所述方法创建查询,需要在设计视图中使用字符处理函数得到一个表示班级的字段。"学生成绩"表中"学号"编码规则规定学号前 4 位为班号,后两位是学生在班内的顺序号,这样利用字符截取函数 left(学号,4),从学号左端截取 4 位就得到了班号。

操作步骤如下。

（1）新建查询,选择表和字段,如图 4-36 所示。

（2）右击空白的"字段"单元格,弹出快捷菜单,选择"生成器"命令,打开"表达式生成器"对话框,如图 4-37 所示。

（3）鼠标双击"表达式生成器"窗口左端列表框"函数"选项,展开"函数"选项前的"＋",选择"内置函数"选项,"表达式生成器"对话框中间列表框显示出系统内部函数类

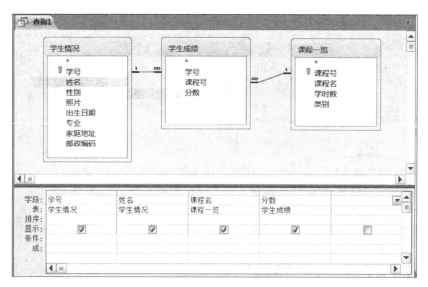

图 4-36 "班级成绩"查询设计(一)

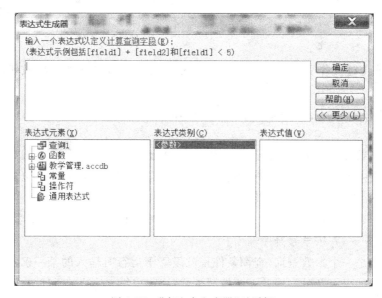

图 4-37 "表达式生成器"对话框

别,如图 4-38 所示。

(4) 鼠标拖动"表达式生成器"对话框中间列表框滚动条,选择"文本"选项,对话框右端列表框显示出系统内部所有文本类函数。鼠标双击 left 函数,在"表达式生成器"对话框上部的文本框中出现 left 函数基本格式,如图 4-39 所示。

(5) 输入函数参数,将"《string》"替换为"[学生成绩]![学号]";"《length》"替换为"4",如图 4-40 所示。这里"[学生成绩]![学号]"表示"学生成绩"表的"学号"字段。

(6) 单击"确定"按钮,关闭"表达式生成器",回到查询设计视图。

图 4-38 "班级成绩"查询设计(二)

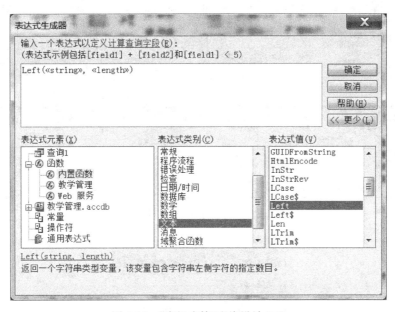

图 4-39 "班级成绩"查询设计(三)

(7) 在"条件"单元格中输入提示信息,并将"学号"设置为"升序",设计结果如图 4-41 所示。

(8) 保存查询。

运行查询,输入"9611",如图 4-42 所示。查询结果如图 4-43 所示。

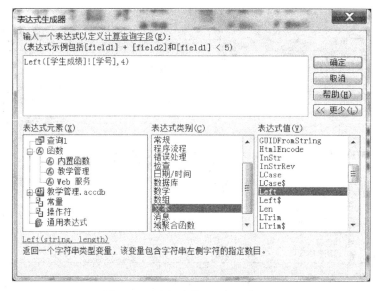

图 4-40 "班级成绩"查询设计(四)

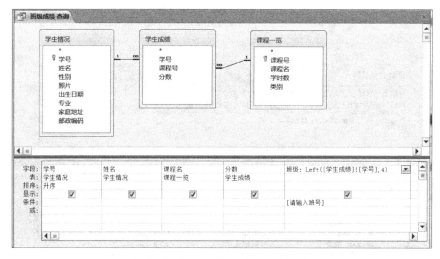

图 4-41 "班级成绩"查询设计(五)

图 4-42 输入班号

图 4-43 "班级成绩"查询结果

Access 2010 还提供两种打开"表达式生成器"的方法。

(1) 使用快捷键 Ctrl+F2。

(2) 使用功能区域"查询工具设计"选项卡中"查询设置"组中的 ≙生成器 按钮。

4.5 使用查询创建新表

数据库使用中有时会经常使用某些数据,这些数据可能来源于一个或多个表,这时为了提高效率,可以创建查询,将这些数据存储在一个新数据表中。

例 4-11 使用查询创建新表——由"学生情况"表的"学号",创建一个"班级"表,表中字段名命名为"班号"。

操作步骤如下。

(1) 打开"教学管理"数据库,单击"创建"选项卡的"查询"组中"查询设计"按钮,弹出设计视图和"显示表"对话框。

(2) 在"显示表"对话框中,选择"学生情况"表单击"添加"按钮后关闭对话框。

(3) 因为班号取自学号的前 4 位,在设计视图"字段"单元格中输入"left(学号,4)",并命名列为"班号",确认后系统自动规范格式,如图 4-44 所示。

(4) 单击"查询工具设计"选项卡的"查询类型"组中的"生成表"按钮,如图 4-45 所示,这时会弹出"生成表"对话框。

(5) 在"生成表"对话框中,输入所要创建的新表的名称"班级",然后单击"确定"按钮,关闭对话框,如图 4-46 所示。

① 为了消去重复记录,单击"汇总"按钮 Σ,将"总计"行添加到设计视图,并选择 Group by 选项。

② 保存查询。

运行查询,系统首先弹出消息框,按提示信息,完成查询。回到"数据库导航"窗体,单击"表"按钮,可看到增加了新表"班级"。

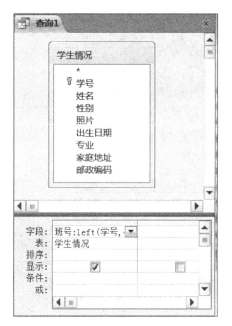

图 4-44 "生成班级"查询

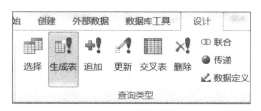

图 4-45 "查询类型"组中"生成表"按钮

图 4-46 "生成表"对话框

4.6 使用查询添加记录

使用查询可以向数据表增加新记录,增加的方式可以是将某一个表中的全部或部分数据添加到另一个表中,也可以是将一组给定的字段值添加到对应表中。

1. 将一个表中的数据添加到另一个表中

例 4-12 将 97 级的班级添加到"班级"表中。

分析:班级的信息需要通过对学号进行字符串截取后获得,因此将从"学生情况"表中经筛选后得到的数据添加到"班级"表中,添加的条件是学号的前两位等于 97。(事先在"学生情况"表中输入一条记录,学号为"971101"。)

操作步骤如下。

(1) 打开"教学管理"数据库窗体,单击"创建"选项卡中"查询"组的"查询设计"按钮,打开查询设计视图和"显示表"对话框。

（2）在"显示表"对话框中，选择"学生情况"表，单击"添加"按钮后关闭对话框。

（3）在查询设计视图中，单击"查询工具设计"选项卡中"查询类型"组的"追加"按钮，这时会弹出"追加"对话框，如图 4-47 所示。

图 4-47　"追加"对话框

（4）在"追加"对话框"表名称："文本框中输入"班级"，并单击"确定"按钮，这时设计视图中会增加一个"追加到"行。

（5）因为班号取自学号的前 4 位，在设计视图中"字段"单元格中输入字符串截取函数。

（6）输入追加条件。截取学号的前两位，并在"条件"单元格中输入"97"，结果如图 4-48 所示。

图 4-48　追加查询

（7）保存查询。

执行查询时，系统同样先弹出消息框，用户确认后，完成查询追加。回到"数据库"窗体，打开"班级"表，可看到增加的记录。

注意此例与上例的区别：本例是向已经存在的"班级"表中加入了几条记录,而上例是新创建了一个表——班级。它不仅建立了表的结构,同时也得到了表中各字段的数据。

2. 添加数据

例 4-13　向"班级"表中添加一个新班号"9811"。

（1）打开"教学管理"数据库窗口,单击"创建"选项卡中"查询"组的"查询设计"按钮,弹出查询设计视图和"显示表"对话框。单击"关闭"按钮,关闭此对话框。

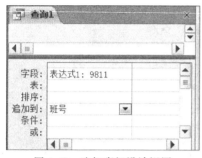

图 4-49　追加班级设计视图

（2）在查询设计视图中,单击"查询工具设计"选项卡中"查询类型"组中的"追加"按钮。在弹出的"追加"对话框中输入表名"班级",如图 4-47 所示。

（3）在设计视图的"字段"行输入插入数据"9811",在"追加到"行中选择"班号"选项,如图 4-49 所示。

（4）保存查询。

4.7　使用查询更新记录

如果需要按一定条件成批更改数据表中某些数据时,可以使用更新查询,通过一次操作,更新满足条件的多条记录。

例 4-14　将"教师情况"表中"年龄"字段的数值加 1。

操作步骤如下。

（1）打开"教学管理"数据库窗口,单击"创建"选项卡中"查询"组的"查询设计"按钮,弹出查询设计视图和"显示表"对话框。

（2）在"显示表"对话框中,选择"教师情况"表后关闭对话框。

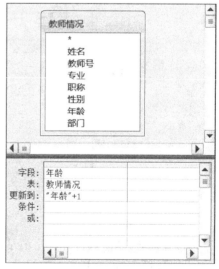

图 4-50　更新查询

（3）在查询设计视图中,单击"查询工具设计"选项卡中"查询类型"组中的"更新"按钮。这时设计视图中会增加一个"更新到"行,如图 4-50 所示。从字段列表中将欲更新字段"年龄"拖到"字段"单元格,并在"更新到"中输入更新后的值,它可以是一个具体数值,也可以是一个表达式。

（4）如果是按条件更新,则依次将用于设定更新条件的字段拖到"字段"单元格,并在"条件"中输入更新条件。

（5）保存查询。

运行查询时,表中若有满足条件的记录,将

首先弹出消息框,提示是否确认更新。单击"确定"按钮后将真正执行更新。

数据库中如果包含多个表,并且选择实施参照完整性和级联更新相关记录时,若执行更新主表记录,相关表中记录也将同时被更新。

4.8　使用查询删除记录

如果需要按一定条件删除数据表中某些数据时,应该使用删除查询,通过一次操作,就可删除满足条件的多条记录。

例 4-15　将"教师情况"表中年龄大于 60 岁的男性教师或年龄大于 55 岁的女性教师的记录删除。

操作步骤如下。

(1)打开"教学管理"数据库窗口,单击"创建"选项卡中"查询"组的"查询设计"按钮,弹出查询设计视图和"显示表"对话框。

(2)在"显示表"对话框中,选择"教师情况"表后关闭对话框。

(3)在查询设计视图中,单击"查询工具设计"选项卡中"查询类型"组中的"删除"按钮。这时设计视图中会增加一个"删除"行,如图 4-51 所示。从字段列表中将"＊"拖到"字段"单元格。

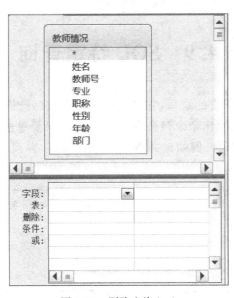

图 4-51　删除查询(一)

(4)依次将用于设定删除条件的字段拖到"字段"单元格,并在"条件"中输入删除条件,如图 4-52 所示。

(5)保存查询。

运行查询时,表中若有满足条件的记录,将首先弹出消息框,提示是否确认删除。单击

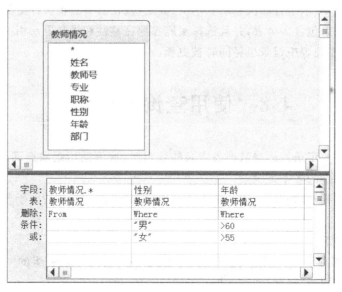

图 4-52　删除查询(二)

"确定"按钮后将真正执行删除。注意删除后,删除的记录不可恢复,使用时一定要小心。

数据库中如果包含多个表,并且选择实施参照完整性和级联删除相关记录时,若执行删除主表记录,相关表中记录也将同时被删除。

4.9　SQL 特定查询

SQL 是结构化查询语言的缩写,它是操作数据库的标准语言。其实前面介绍的各种查询操作,系统自动将操作命令转换为 SQL 语句。只要单击"SQL 视图"按钮就可以看到系统生成的 SQL 代码。例如选择例 4-3"英语成绩 查询"的 SQL 视图,如图 4-53 所示。

```
SELECT 学生情况.学号, 学生情况.姓名, 课程一览.课程名, 学生成绩.分数
FROM 课程一览 INNER JOIN (学生情况 INNER JOIN 学生成绩 ON 学生情况.学号 = 学生成绩.学号) ON 课程
一览.课程号 = 学生成绩.课程号
WHERE (((课程一览.课程名)="英语"));
```

图 4-53　SQL 视图

用户也可以在 SQL 视图中直接添加 SQL 查询语句,完成用户需要的查询功能。下面简单介绍 SQL 语言中查询语句的语法。

4.9.1　Select 语句

select 字段列表

```
from 表名列表
[where 条件表达式]
[group by 字段列表 [having 条件表达式]]
[order by 字段列表 [asc/desc]]
```

语句的含义是在 from 后面给出的表中查询满足 where 条件表达式的记录,然后按 select 命令后列出的字段列表形成结果集。如果有 group by 短语,则结果集按 group by 后的字段列表分组。having 后的条件表达式是分组时结果集输出条件。Order by 短语表示结果集按后面字段列表升序或降序输出。升序时"asc"可省略。

4.9.2　Insert 语句

```
insert [into] 表名 values(数据值 1,数据值 2,…)
```

其中"数据值 1,数据值 2,…"为欲添加到表中的各字段的数据值,可以是常量、变量或表达式的值。

每执行一条 insert …values 语句,会在数据表中增加一个新的元组,即添加了一条新记录。

注意:在给出插入的数据值时,要按照建立数据表时定义的字段的顺序给出数据,即"数据值 1,数据值 2,…"依次与表中的"字段 1,字段 2,…"相对应。

4.9.3　Update 语句

```
update 表名 set 列名=值[,列名=值,…]
     [where 条件表达式]
```

使用 update 语句可以修改满足一定条件记录中的字段的值。

4.9.4　Delete 语句

```
delete [from] 表名 [where 子句]
```

使用 delete 语句可以删除表中满足条件的记录。若无 where 子句,将删除表中所有记录,但数据表依然存在,只是表中没有记录。

注意:使用 delete 语句删除的数据是不可恢复的,使用时一定要慎重。

SQL 语言是一门比较复杂的语言,本教材的第三部分将作详细介绍。以上语句在本教材第 11、12 章中有详细介绍。

习　　题

一、单项选择题

【1】创建"追加查询"的数据来源是_____。

    A. 一个表　　　　B. 表或查询　　　C. 多个表　　　　D. 两个表

【2】动作查询不包括_____。

    A. 追加查询　　　B. 生成表查询　　C. 条件查询　　　D. 删除查询

【3】_____不是创建查询时应该考虑的。

    A. 选择查询所需字段　　　　　　B. 筛选的方法

    C. 确定查询条件　　　　　　　　D. 设置查询结果的输出方式

【4】执行某查询时,系统显示提示信息,用户根据提示信息输入具体条件,系统将按输入的条件执行查询,这类查询称为_____。

    A. 动作查询　　　B. 选择查询　　　C. 参数查询　　　D. 统计查询

二、填空题

【1】查询不仅可以重组表中的数据,还可以通过___①___数据。

【2】在建立一个查询后,可以将它的数据显示在___②___、报表上。

【3】执行一个查询后,其结果所形成的记录集,称为___③___。

【4】交叉表示查询将用于查询的字段分成两组,一组显示在左边,另一组显示在右边,并将___④___显示在交叉点上。

【5】如果查询条件包含多个字段,则分别在各字段对应的___⑤___中输入条件。

【6】查询教师平均年龄使用___⑥___函数。

【7】统计各类职称人数使用___⑦___和___⑧___函数

【8】使用___⑨___可以向数据表增加新记录,增加的方式可以是将某一个表中的全部或部分数据添加到另一个表中,也可以是将一组给定的字段值添加到对应表中。

【9】对字段内的值求和,使用___⑩___函数。

三、简答题

【1】为什么使用查询处理数据?

【2】建立查询的方法有哪几种?

【3】如何运行查询?

【4】使用简单查询向导适合建立具有什么特点的查询?

【5】用于建立简单查询的数据源只能来源于表吗? 如果不是,还可以来源于什么?

【6】建立查询时若数据源为多个表时,对这些表有什么要求?

【7】如何打开查询设计视图?

【8】如何打开"显示表"对话框？

【9】什么是选择查询？选择查询中的选择条件有哪两种形式？

【10】如何在设计视图中增加"总计"行？

【11】分类统计结果形式与交叉表查询结果形式有什么不同？

【12】建立交叉表查询的关键是什么？有哪些限定条件？

【13】使用生成表查询得到的一个新表不仅包括表结构,而且包括数据,对吗？

第5章

其他数据库对象

　　虽然使用数据表和查询对象已经可以实现对数据的所有操作——查询、更改、添加、删除。但在实际应用中，一个好的应用程序界面应该具有美观、易操作等特点。Access数据库中所包含的窗体、报表、宏等对象可以实现这一功能。

5.1　窗　　体

5.1.1　认识窗体

　　窗体就是用户和应用程序之间的主要接口，利用窗体可以使用户完成查看和输入数据等操作。图 5-1 所示的窗体为本书示例"教学管理系统"主界面（或称封面），该窗体显示了系统名称及系统的主要功能。

　　在 Access 2010 数据库中，窗体具有如下功能。

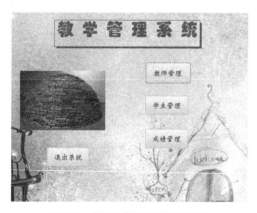

图 5-1　"教学管理系统"主界面

1. 显示和编辑数据

　　这是窗体最普遍和最基本的应用。窗体作为输入和输出的界面，可以使输入和输出更方便、快捷。在窗体中可以插入文字、图形、图像，使用多种控件，如单选按钮、复选框等，还可以插入声音和视频，使数据的输入和输出更加丰富多彩，且具有独特的风格。窗体中数据的来源可以包含一个或多个数据表的数据，一次显示一条、多条记录的部分或全部数据，或用图表方式直观显示数据，其显示功能比数据表更加丰富，如图 5-2、图 5-3、图 5-4 和图 5-5 所示。

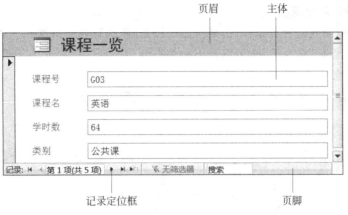

图 5-2　一次显示一条记录——纵栏式窗体

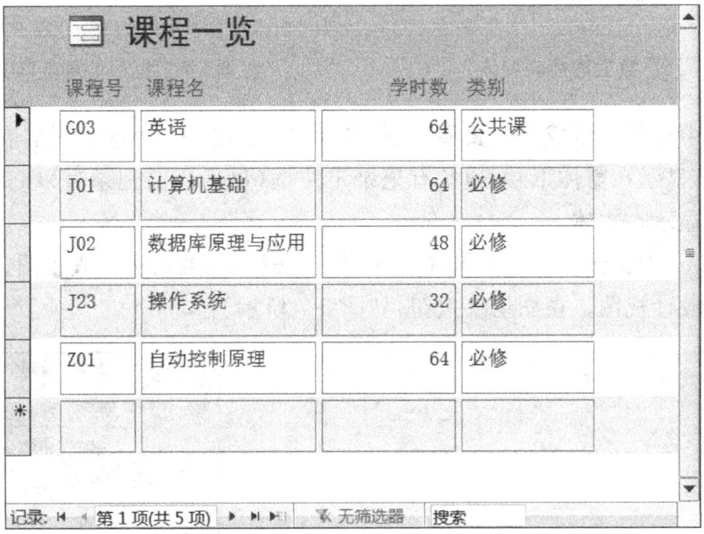

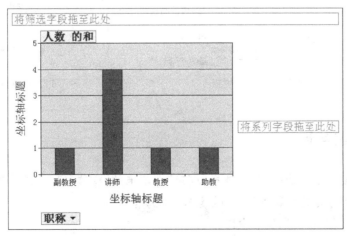

图 5-3　一次显示多条记录——表格式窗体

图 5-4　数据透视图窗体

2. 控制应用程序流程

如在窗体中插入命令按钮,单击某一命令按钮,就执行相应的操作。如图5-1所示窗体中单击"课程管理"命令按钮,可以弹出相关查询。

3. 显示信息

利用窗体显示各种消息、提示信息和警告等,如图5-6所示。

图 5-5　数据透视表窗体　　　　　　　　图 5-6　提示信息窗口

窗体一般由三部分组成——页眉、主体和页脚,如图5-2所示。页眉在最上端,显示窗体名称;页脚显示在窗体下端,通常有记录定位框(显示当前记录号)和记录总数;窗体的主要内容则显示在主体。

Access 2010中窗体视图分为窗体视图、数据表视图、数据透视表视图、数据透视图视图、布局视图、设计视图。视图切换按钮,如图5-7所示。

窗体视图
数据表视图
数据透视表视图
数据透视图视图
布局视图
设计视图

图 5-7　窗体视图切换按钮　　　　　　　　图 5-8　创建窗体的方法

5.1.2　创建窗体

在数据库窗体的功能区域中,选择"创建"选项卡的"窗体"组,如图5-8所示,可以看到 Access 2010 的提供了多种不同的创建窗体的方法。

单击这些按钮,都可以创建窗体。

"窗体"按钮:利用当前打开(或选择)的数据表或查询自动创建一个窗体。

"窗体设计"按钮：进入窗体的设计视图，通过各种窗体控件设计完成一个窗体。

"空白窗体"按钮：建立一个空白窗体，通过将选定的数据表字段添加进该空白窗体中建立窗体。

"窗体向导"按钮：运用"窗体向导"创建一个窗体。

"其他窗体"按钮：单击"其他窗体"按钮，弹出选择菜单，如图5-8所示，在该菜单里，又提供了"分割窗体"、"多个项目"、"数据透视图"、"数据表"、"模式对话框"、"数据透视表"等多种创建窗体的方法。

"多个项目"选项：利用当前打开（或选择）的数据表或查询自动创建一个包含多个项目的窗体。

"数据表"选项：利用当前打开（或选择）的数据表或查询自动创建一个数据表窗体。

"分割窗体"选项：利用当前打开（或选择）的数据表或查询自动创建一个分割窗体。

"模式对话框"选项：创建一个带有命令按钮的浮动对话框窗口。

"数据透视图"选项：一种高级窗体，以图形的方式显示统计数据，增强数据的可读性。

"数据透视表"选项：一种高级窗体，通过表的行、列、交叉点来表现数据的统计信息。

1. 自动创建窗体

Access 2010自动创建窗体的按钮有"窗体"、"分割窗体"、"多个项目"、"数据透视图"和"数据透视表"。通过单击不同的按钮，可以自动创建相应的窗体。

例5-1 使用"窗体"自动创建"课程一览"窗体。

操作步骤如下。

（1）打开"教学管理"数据库，在左侧导航窗格中选中表"课程一览"。

（2）单击"创建"选项卡下"窗体"组中的"窗体"按钮，出现如图5-9所示界面。

图5-9 使用"窗体"工具自动创建"课程一览"窗体

（3）保存窗体。

例5-2 使用"分割窗体"自动创建"课程一览"窗体。

"分割窗体"可以在窗体中同时提供数据表的两种视图：窗体视图和数据表视图。

操作步骤如下。

（1）打开"教学管理"数据库，在左侧导航窗格中选中表"课程一览"。

（2）单击"创建"选项卡下"窗体"组中的"其他窗体"按钮，弹出下拉式列表框，再选择

"分割窗体"选项,出现如图 5-10 所示界面。

图 5-10 使用"分割窗体"工具自动创建"课程一览"窗体

例 5-3 使用"多个项目"工具自动创建显示多个记录的"课程一览"窗体。

如果需要一次显示多条记录,可以按如上操作,单击"多个项目"按钮。出现如图 5-11 所示窗体。

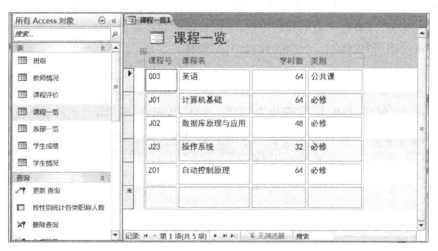

图 5-11 使用"多个项目"工具自动创建"课程一览"窗体

例 5-4 创建数据透视表窗体——建立个人成绩窗体(以学号为横坐标)。

(1)打开"教学管理"数据库,在导航窗格中选定表"学生成绩"。

(2)单击"创建"选项卡下"窗体"组中的"其他窗体"按钮,弹出下拉式列表框,再选择列表框中"数据透视表"选项,出现如图 5-12 所示界面。如果"数据透视表字段列表"对话框没有弹出,则单击功能区域中"字段列表"按钮。

(3)在"数据透视表字段列表"对话框中将"学号"字段拖到行字段处,"课程号"字段拖到列字段处,"分数"字段拖到数据字段处。

(4)设计完毕后保存窗体,并运行该窗体,如图 5-5 所示。

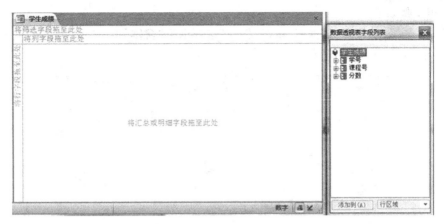

图 5-12 使用"数据透视表"工具创建窗体

例 5-5 创建数据透视图窗体——按各类职称人数透视图。

数据透视图就是用一张图来表示数据,如在 Excel 当中会用到柱形图、曲线图、饼图等,在 Access 中也能建立这些透视图。

操作步骤如下。

(1)打开"教学管理"数据库,在导航窗格中选定"各类职称人数"查询。

(2)单击"创建"选项卡下"窗体"组中的"其他窗体"按钮,弹出下拉式列表框,再选择列表框中"数据透视图"选项,出现如图 5-13 所示界面。

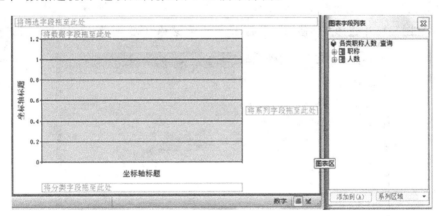

图 5-13 "数据透视图"窗体设计过程

(3)在弹出的"图表字段列表"对话框中将"职称"字段拖到系列字段处,"人数"字段拖到数据字段处。

(4)保存窗体。窗体如图 5-4 所示。

2. 使用"窗体向导"按钮创建窗体

例 5-6 创建教师授课评价窗体,要求输出教师姓名、职称、课程名称和评价结果。

分析:这个窗体要求输出的教师姓名、职称、课程名称、评价结果等字段分别来源于"教师情况"、"课程一览"和"课程评价"数据表中,因此需要使用"窗体向导"实现这一输出要求。

操作步骤如下。

（1）打开"教学管理"数据库，单击"创建"选项卡下"窗体"组中"窗体向导"按钮，进入"窗体向导"对话框，如图 5-14 所示。

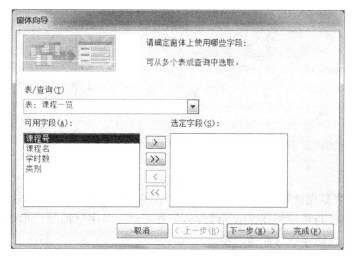

图 5-14　"窗体向导"对话框（一）

（2）单击"表/查询"下三角按钮，选择"教师情况"表，将"可用字段"列表中"姓名"、"职称"字段选择到"选定字段"中。再依次选择"课程一览"表中字段"课程名"、"课程评价"表中字段"评价"，单击"下一步"按钮。

（3）在图 5-15 中选择窗体使用的布局，这里选择"表格"单选项，然后单击"下一步"按钮。

图 5-15　"窗体向导"对话框（二）

（4）在图 5-16 所示向导中，输入窗体标题"课程评价"，单击"完成"按钮，系统将显示窗体结果，如图 5-17 所示。

注意：窗体数据源来源于多个表时，这几个表需要已经正确建立了关系，否则无法得

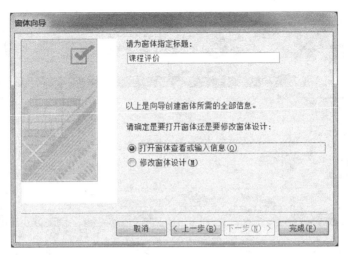

图 5-16 "窗体向导"对话框(三)

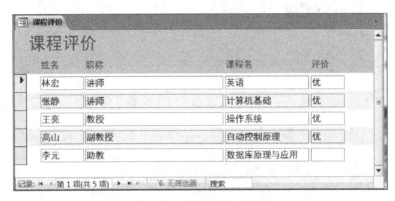

图 5-17 "课程评价"窗体

到输出数据。

3. 用"空白窗体"按钮创建窗体

例 5-7 按照例 5-6 要求,使用"空白窗体"按钮创建"课程评价"窗体。

操作步骤如下。

(1)打开"教学管理"数据库,单击"创建"选项卡下"窗体"组中的"空白窗体"按钮,创建一个空白窗体,如图 5-18 所示。

(2)直接双击窗口右边的"字段列表"窗格中要编辑的字段,或者拖动该字段到空白窗体中。

(3)使用"窗体布局工具"选项卡中各种工具可以向窗体添加徽标、标题、页码及日期和时间等,如图 5-19 所示。

4. 使用设计视图创建窗体

前面介绍的利用自动创建和向导创建的窗体都是系统默认视图;而设计视图则提供了修改已创建的窗体或创建具有自己风格的窗体等功能。

在"数据库"窗体中,单击"创建"选项卡下"窗体"组中的"窗体设计"按钮,即可进入窗

图 5-18　空白窗体

图 5-19　使用"空白窗体"创建"课程评价"窗体

体设计视图,如图 5-20 所示。

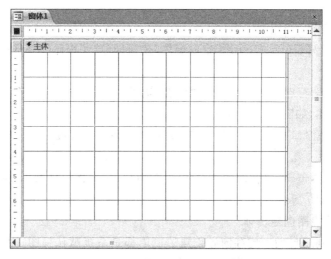

图 5-20　窗体设计视图——主体

视图的左侧和上方是标尺,中间带有网格的部分就是窗体的主体。将鼠标放在主体右边线、下边线或右小角,鼠标箭头变为双向箭头时,拖动鼠标,可以改变主体的大小。

单击"页眉/页脚"组中的任意按钮,将打开如图 5-21 所示的窗体。整个窗体包括 5 部分,从上到下依次为:窗体页眉、页面页眉、主体、页面页脚、窗体页脚。每一部分又称为一个"节"。在"窗体"视图中不显示页面页眉和页面页脚,它们只显示在打印页中。

使用设计视图创建窗体,主要是利用系统提供的各种控件,自主设计窗体。打开设计视图时,单击"设计"选项卡的"控件"组中的"控件"按钮,弹出控件列表框,如图 5-22 所示。控件列表框中列出了常用控件的快捷按钮,使用这些控件可以使窗体完成特定功能或使窗体设计更加美观。

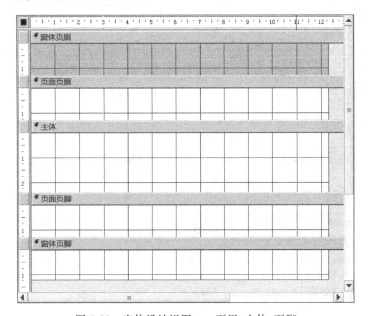

图 5-21　窗体设计视图——页眉、主体、页脚

图 5-22　窗体控件

例 5-8　用"窗体设计"的方法建立"学生一览"窗体。

操作步骤如下。

(1) 打开"教学管理"数据库,在导航窗格中选择"学生情况"数据表。

(2) 在数据库窗口的"创建"选项卡下"窗体"组中单击"窗体设计"按钮,打开窗体设计视图。数据库窗体功能区弹出"设计"选项卡,如图 5-23 所示。

(3) 单击"添加现有字段"按钮,窗体右侧弹出"字段列表"对话框,如图 5-24 所示。

(4) 在"字段列表"对话框中选定"学生情况"数据表。

(5) 在窗体设计视图工作区右击,在弹出的快捷菜单中选择"窗体页眉/页脚"命令,添加"窗体页眉/页脚"节。

(6) 在"控件"组中选择"标签"控件,在窗体页眉中拖出标签控件区域,并输入"学生情况一览",按 Enter 键后,在"格式"选项卡的"字体"组中,设置其字体的字形、字号和

图 5-23　窗体设计视图

图 5-24　"字段列表"对话框

颜色。

（7）将数据源"学生情况"表中的所有字段添加到主体节区中，如图 5-25 所示。

（8）保存窗体为"学生情况一览"，关闭设计视图。窗体"学生情况一览"的运行结果如图 5-26 所示。

这个例子中用到的控件类型有文本框和绑定对象框，控件的类型是由系统根据字段类型选定的。用户也可以使用其他合理的控件类型，如字段"性别"的值以单选按钮显示。

图 5-25　添加字段后的窗体设计视图

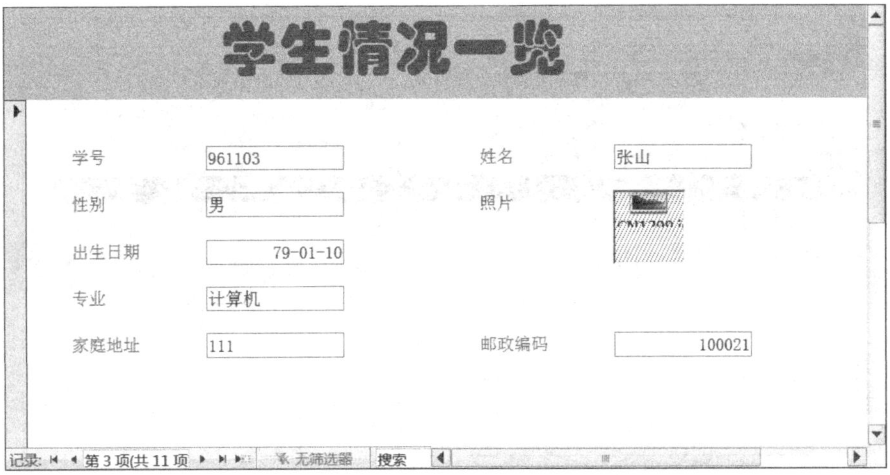

图 5-26　"学生情况一览"窗体运行结果

例 5-9　使用控件建立如图 5-27 所示的"教师"窗体。

分析：该窗体不仅可以浏览教师数据，还可以通过"添加记录"按钮，打开一条空记录，输入数据。对"职称"和"部门"使用了组合框，录入时，用户可从列表中选择数据，从而提高了录入的准确性和快速性。"部门"组合框中列表值来源于"系部一览"表的"系名"字段，这样当"系部一览"表中增加了新部门后，"部门"组合框中会自动增加一新值。

具体操作步骤如下。

（1）打开"教学管理"数据库，在导航窗格中选择数据表"教师情况"，单击"创建"选项卡下"窗体"组中的"窗体设计"按钮，进入窗体设计视图。

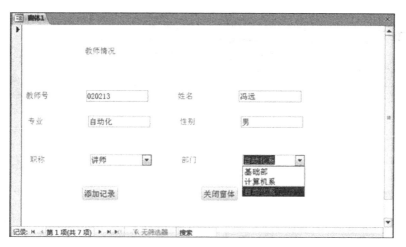

图 5-27　窗体"教师"运行结果

（2）使用标签按钮建立窗体标题"教师情况"。从字段列表中依次将字段教师号、姓名、性别、专业拖到如图 5-28 所示的位置。

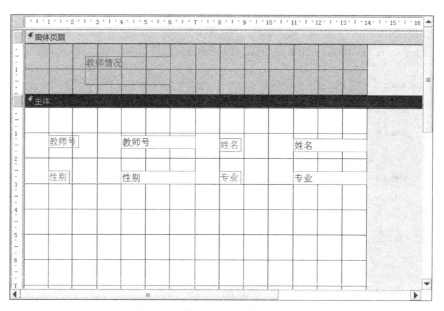

图 5-28　"教师情况"窗体设计视图

（3）分别双击"职称"、"部门"字段，激活后，然后删除。

（4）单击控件组中"组合框"按钮，在设计视图中需要添加组合框的区域单击，系统将进入"组合框向导"对话框，如图 5-29 所示。

（5）向导要求用户选择组合框中所列出的数据的初值。字段"职称"的数据采用"自行键入所需的值"的方式。选择后，单击"下一步"按钮。

（6）在随后出现的向导中输入各种职称名称，如图 5-30 所示。然后单击"下一步"按钮。

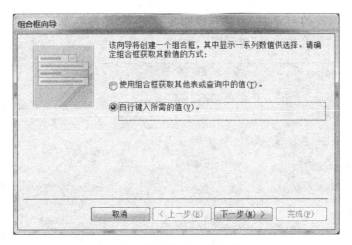

图 5-29 职称"组合框向导"(一)

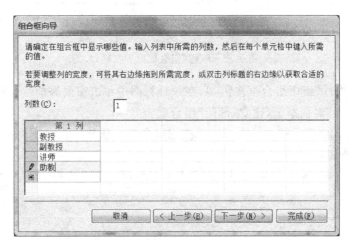

图 5-30 职称"组合框向导"(二)

(7)图 5-31 所示向导用于选择将该数值保存在"职称"字段中。

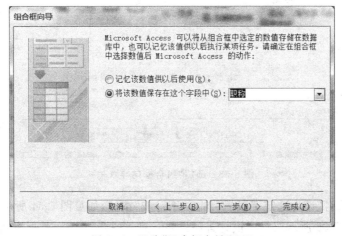

图 5-31 职称"组合框向导"(三)

（8）在随后出现的向导中，为组合框指定标签为"职称"，如图 5-32 所示，然后单击"完成"按钮，退出"组合框向导"对话框。

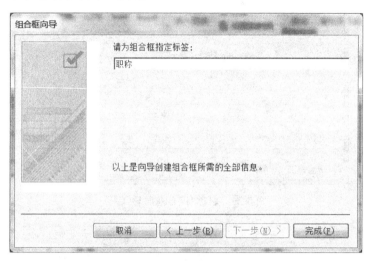

图 5-32　职称"组合框向导"（四）

（9）单击"控件"组中组合框按钮，在设计视图中单击需要添加组合框的位置，再次进入"组合框向导"对话框。（建立"部门"组合框。）

（10）在图 5-29 所示的向导中，选择"使用组合框获取其他表或查询中的值"单选项，单击"下一步"按钮。

（11）在图 5-33 所示的向导中，选择"表：系部一览"选项，然后单击"下一步"按钮。

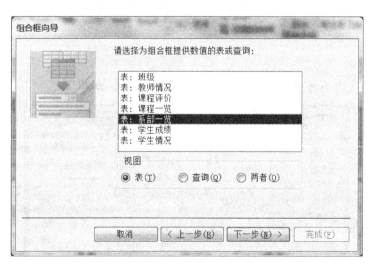

图 5-33　部门"组合框向导"（一）

（12）将"系名"设为选定字段后，单击"下一步"按钮，如见图 5-34 所示。

（13）在图 5-35 所示对框中设计排序后，单击"下一步"按钮。

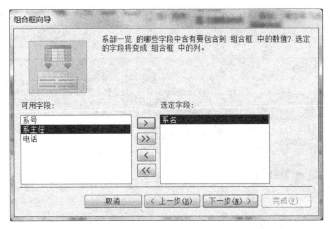

图 5-34　部门"组合框向导"(二)

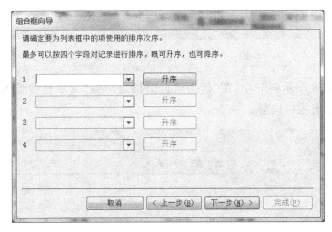

图 5-35　部门"组合框向导"(三)

（14）图 5-36 所示向导列出表"系部一览"中"系名"字段的所有取值，即组合框"部门"的值。单击"下一步"按钮。

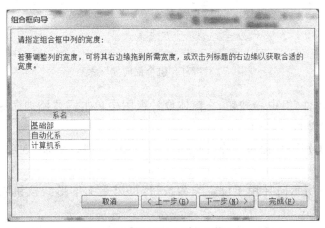

图 5-36　部门"组合框向导"(四)

（15）在图 5-37 所示向导中，在"将该数值保存在这个字段中"文本框中选择"部门"字段，然后单击"下一步"按钮。

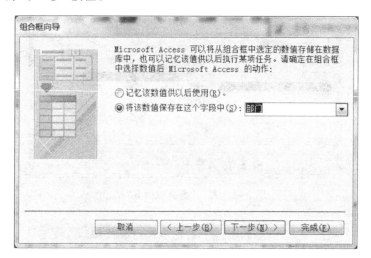

图 5-37　部门"组合框向导"（五）

（16）在图 5-38 所示向导中，在"请为组合框指定标签"文本框中输入"部门"，然后单击"完成"按钮，退出控件向导。

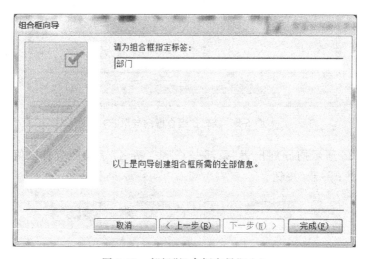

图 5-38　部门"组合框向导"（六）

（17）单击"控件"组中 █ 按钮，在窗体设计视图中单击需要添加命令按钮的位置，启动"命令按钮向导"对话框，如图 5-39 所示。

（18）选择"类别"中"记录操作"选项，"操作"中"添加新记录"选项，然后单击"下一步"按钮。

（19）图 5-40 所示向导用于设定类型按钮，可以是文本形式按钮或图片形式按钮。这里选择"文本"形式。

（20）单击"下一步"按钮，按照向导提示，填写按钮的名称，单击"完成"按钮，退出

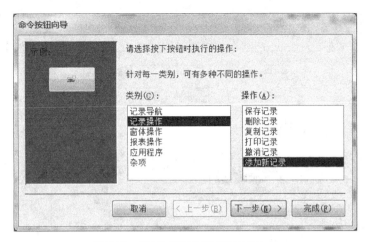

图 5-39　"命令按钮向导"对话框(一)

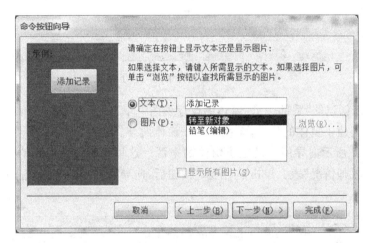

图 5-40　"命令按钮向导"对话框(二)

向导。

(21)"关闭窗体"按钮的制作过程与"添加记录"按钮相似,这里不作详细叙述,只是在图 5-39 所示向导中选择"窗体操作"及"关闭窗体"选项。设计结果如图 5-27 所示。

Access 2010 中其他控件的使用就不一一介绍了。许多控件都有向导,通过前面的实例和向导提示,相信用户可以类比地使用其他控件。

5. 创建包含子窗体的窗体

主/子窗体一般用于显示具有一对多关系的多个数据表,因此在创建主/子窗体之前,一定确保正确设置了表的关系。

例 5-10　创建图 5-41 所示的"系部一览"窗体。主窗体是系部的基本情况,子窗体显示该部门人员情况。

创建步骤如下。

(1)打开"教学管理"数据库,用自动创建窗体的方法,创建"系部一览"窗体。

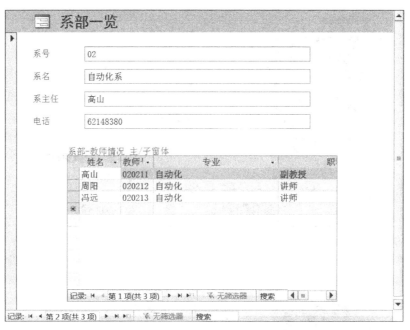

图 5-41 "系部-教师情况"主/子窗体

（2）打开已创建的"系部一览"窗体的设计视图。单击"子窗体/子报表"控件按钮，然后再单击欲创建子窗体的位置，系统启动子窗体向导。

（3）图 5-42 所示向导用于设定子窗体的来源。这里选择"使用现有的表和查询"单选项，并选择"教师情况"表。单击"下一步"按钮后，向导将提示选择表或查询名称及显示字段。

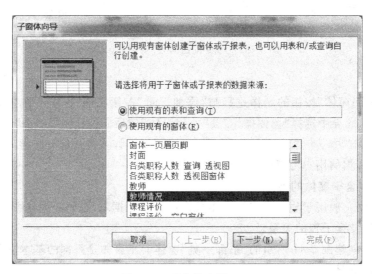

图 5-42 子窗体向导（一）

（4）图 5-43 所示向导用于设定主/子窗体的链接字段。这里主窗体使用"系名"，子窗体使用"部门"。

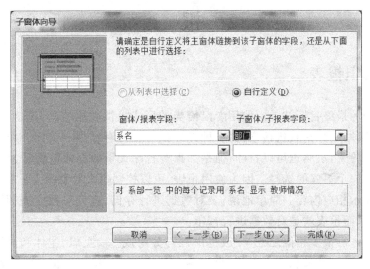

图 5-43　子窗体向导(二)

（5）在随后出现的向导中输入子窗体名称后，单击"完成"按钮并保存窗体。

5.1.3　美化窗体

上述实例创建的窗体还有些不尽人意的地方，例如窗体的外观、控件的位置和字体的
颜色等。Access 2010 提供了许多美化窗体的方
法。最根本的方法是使用右键打开窗体、节和控件
属性，设定各参数，如图 5-44 所示。各属性的选项
随控件的不同有不同的内容，这里就不一一介绍
了。针对常用的美化窗体的操作，Access 2010 提
供了菜单项或在工具栏中有对应的按钮。

例如，需要调整控件大小或位置时，拖动鼠标，
将被调整的控件选定在一个矩形区域内，选择"格
式"菜单，分别打开"大小"、"对齐"、"水平间距"、
"垂直间距"等子菜单项，选择对应项，达到调整
要求。

图 5-44　"属性表"对话框

使用格式工具栏可以改变文本的字型、字号、
颜色和立体效果等。

对格式的编辑与美化是 Office 系列软件的共同操作，其操作方法与使用的菜单项已
为大多数人所熟知，这里也就不详细叙述了。

5.2 报　　表

5.2.1 认识报表

信息管理的最终目标就是向使用者以恰当的形式提供数据信息,而这些形式中最重要的方式有两种,一种是联机检索,另一种是以纸介质保存结果。前面介绍的查询、窗体主要用于联机检索,虽然也可以打印,但是如果要打印大量数据或汇总时,Access 提供的报表对象则是一个更好的选择。因为使用报表,可以控制每个对象的大小和显示方式,并按所需方式显示相应内容。简单地说,表对数据进行存储,查询对数据进行筛选,窗体对数据进行查看,而报表就是对数据进行打印。

报表与窗体有很多相似之处,一般也由三部分组成——页眉、主体和页脚。但页眉/页脚分为报表页眉/页脚和页面页眉/页脚两种,如图 5-45 所示。报表页眉/页脚分别在报表的开始和结束处,每个报表只有一个报表页眉/页脚,多用于显示报表标题、说明或汇总数据,报表页眉/页脚的内容只显示一次。页面页眉/页脚的内容将显示在报表的每一页,一般显示报表中字段名称、分组名称、页码或每一页的汇总数据等。

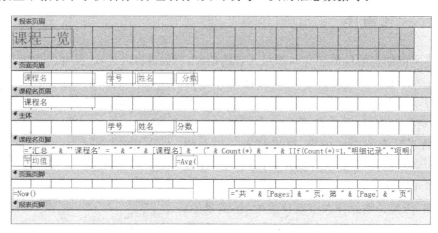

图 5-45　报表设计视图

报表主要有以下几类。

(1) 表格式报表:和表格型窗体、数据表类似,以行、列的形式列出数据记录。

(2) 图表式报表:以图形或图表的方式显示数据的各种统计方式。

(3) 标签式报表:将特定字段中的数据提取出来,打印成一个个小的标签,以粘贴标识物品。

除标签式报表外,其他几类报表从形式上与对应类型的窗体相同。图 5-46 所示为一标签式报表。实际应用中有时需要建立一些标签,如需要发大量统一规格的信件时,信封的格式相同,而信封内容则来源于数据库,这时就可以使用邮件标签。

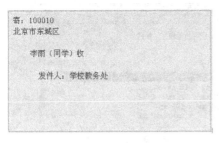

寄：100010
北京市东城区

李雨（同学）收

发件人：学校教务处

图 5-46　邮件标签

图 5-47　"创建"选项卡中的"报表"组

5.2.2　建立报表

报表的创建方法也与创建窗体大致相同,创建报表的几种方法是单击"创建"选项卡下"报表"组中的按钮,如图 5-47 所示。

"报表"按钮：利用当前打开的数据表或查询自动创建一个报表。

"报表设计"按钮：进入报表的设计视图,通过添加各种控件,自己设计建立一个报表。

"空报表"按钮：创建一个空白报表,通过将选定的数据表字段添加进报表中建立报表。

"报表向导"按钮：借助"报表向导"的提示创建一个报表。

"标签"按钮：运用"标签向导"创建一组邮件标签报表。

一般而言,创建报表分为两步：先选择报表数据源；然后再利用报表工具建立报表。

利用"报表"、"空报表"、"报表设计"创建报表的方法与创建窗体相似,这里就不做介绍了。

下面举例说明如何使用"标签"和"报表向导"创建报表。

1. 制作邮件标签

例 5-11　以学生姓名、家庭住址和邮编为内容建立邮件标签。

分析：学生姓名、家庭住址和邮编都是源于数据表"学生情况",所以数据源为表"学生情况"。

（1）打开"教学管理"数据库,在导航窗格中选择"学生情况"数据表。

（2）单击"创建"选项卡下"报表"组中的"标签"按钮,出现如图 5-48 所示"标签向导"对话框。在对话框中选择标签的"型号",默认选择 Avery 厂商的 C2166 型,这种标签的尺寸为 52mm×70mm,一行显示两个。

（3）单击"下一步"按钮,弹出设置文本对话框,设计所需要的字体和字号,如文本字体为"宋体",字号为"10"等,如图 5-49 所示。

（4）单击"下一步"按钮,确定标签内容,如图 5-50 所示。可在对话框中"原型标签"框内自由编辑,如选择"可用字段"列表内的"邮政编码"、"家庭地址"和"姓名"字段,根据需要输入其他固定文本,如在"邮政编码"前输入"寄：",在"姓名"字段后面输入"（同学）收",在最下面一行输入"发信人：学校教务处"。单击"下一步"按钮,出现如图 5-51 所示的对话框。

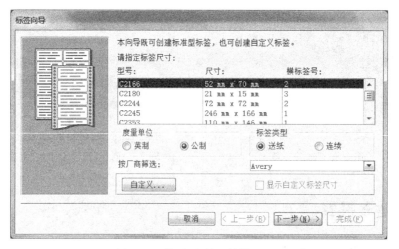

图 5-48　"标签向导"对话框(一)

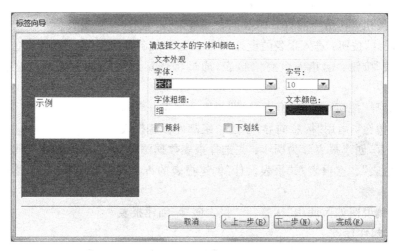

图 5-49　"标签向导"对话框(二)

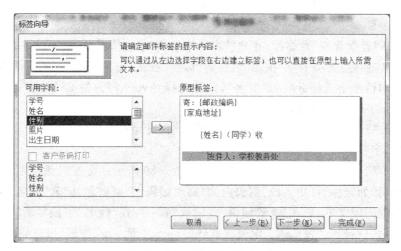

图 5-50　"标签向导"对话框(三)

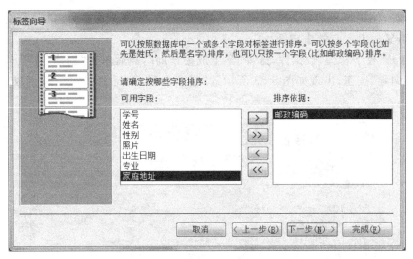

图 5-51 "标签向导"对话框(四)

(5)选择打印标签的排序字段,如希望按照"邮政编码"的升序进行打印,可以选择"可用字段"列表框中的"邮政编码"选项,再单击 ＞ 按钮,使其显示在"排序依据"列表框内,单击"下一步"按钮。

(6)最后为标签报表起名,在图 5-52 所示的"标签向导"对话框中"请指定报表的名称"文本框中输入"学生地址标签"作为标签报表的名字。然后单击"完成"按钮。

图 5-52 "标签向导"对话框(五)

(7)图 5-46 为制作后的标签的预览图,除非表的内容有所更新,否则可以随时打印此标签,若要打印,直接单击工具栏上的🖶按钮即可。

(8)保存并关闭报表视窗。

2. 使用向导建立报表

与窗体相比,报表的输出格式更加丰富,报表可以分组显示及根据分组汇总数据。

例 5-12 使用报表向导方法创建"课程成绩一览"报表。要求利用"学生成绩查询"，按课程分组显示出所有学生成绩。

（1）打开"教学管理"数据库，选择"学生成绩查询"，然后单击"创建"选项卡下"报表"组的"报表向导"按钮，出现如图 5-53 所示的"报表向导"对话框，选定"学生成绩查询"中所有字段。

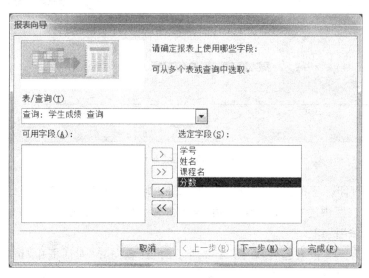

图 5-53 "报表向导"对话框（一）

（2）单击"下一步"按钮，弹出如图 5-54 所示对话框。当报表数据源来自于多个表时，需要确定查看时的分组方式。这里选择"通过 课程一览"查看。

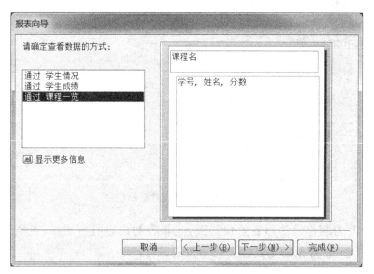

图 5-54 "报表向导"对话框（二）

（3）单击"下一步"按钮，弹出如图 5-55 所示对话框，用于添加分组级别，如再选择一个分组字段。本例不再分组。

图 5-55　"报表向导"对话框(三)

　　(4) 单击"下一步"按钮,弹出如图 5-56 所示对话框,用于确定排序方式和汇总项。排序的字段最多为 4 个,依次单击下拉列表,选择排序字段,也可以不指定排序方式。当需要汇总时,单击"汇总选项"按钮,弹出如图 5-57 所示对话框。本例对"分数"进行平均值计算。

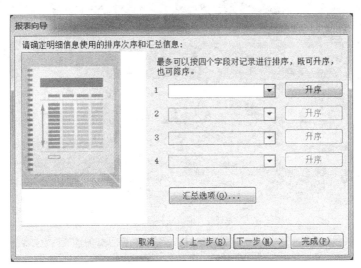

图 5-56　"报表向导"对话框(四)

　　(5) 图 5-58 所示对话框用于确定报表布局。用户可选择不同选项,自己观察报表效果。
　　(6) 按向导提示,完成其他操作。报表结果如图 5-59 所示。
　　如对报表效果不满意,用户可打开设计视图,自行修改。

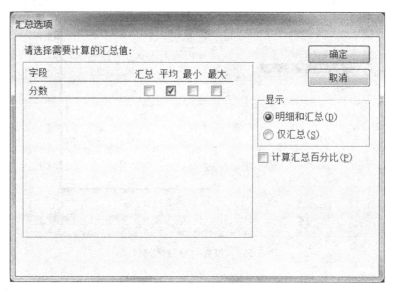

图 5-57 "汇总选项"对话框

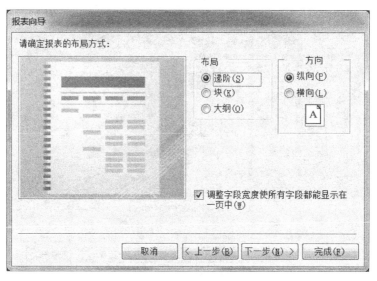

图 5-58 "报表向导"对话框(五)

5.2.3 打印报表

报表设计的最终目的就是打印报表,打印的步骤可分为:页面设置、报表预览和报表打印选项的设置。

课程成绩一览

课程名	学号	姓名	分数
计算机基础			
	961101	李雨	90
	961102	杨玲	94
	961103	张山	85
	961104	马红	80
	961105	林伟	78
	962103	刘静	86
汇总 '课程名' = 计算机基础 (6 项明细记录)			
平均值			85.5
英语			
	961101	李雨	85
	961102	杨玲	73
	961103	张山	76
	961104	马红	80
	961105	林伟	70
	962103	刘静	90
汇总 '课程名' = 英语 (6 项明细记录)			
平均值			79

图 5-59 "课程成绩一览"报表

页面设置是用来设置打印所使用的打印机型号、纸张大小、页边距、纸张方式等。页面设置一经确定,对 Access 中的所有报表都有效。

例 5-13 打印"课程成绩一览"报表。

(1)打开"课程成绩一览"报表。

(2)单击"开始"选项卡下"视图"组中"视图"下的小箭头按钮,在弹出的下拉菜单中选择"打印预览"命令,进入报表的打印预览视图,如图 5-60 所示。

(3)可以看到,Access 提供了"打印预览"选项卡,用以对报表页面进行各种设置,主要的工具如图 5-61 所示。

(4)激活各选项卡内的功能按钮,设置所需选项。

①"纸张大小":用于选择各种打印纸张,单击该按钮,弹出纸张选择下拉列表框,在该下拉列表框中选择将用于打印的纸张类型。

②"页边距":设置打印内容在打印纸上的位置,单击该按钮,弹出页面设置菜单,在该菜单中选择要选用的页边距。

③"页面设置":包含"打印选项"、"页"和"列"选项卡,如图 5-62 所示。可以在各选项卡中设置页边距,选择纸张,设置打印方向,设置打印列数等。

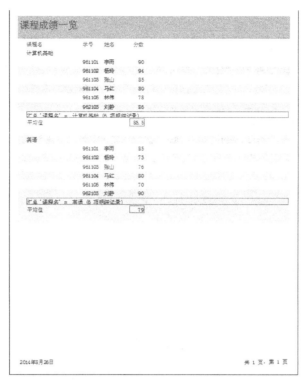

图 5-60　打印预览视图

图 5-61　"打印预览"选项卡

图 5-62　"页面设置"对话框

（5）设置好页面布局后，就可以单击"打印"按钮，在弹出的"打印"对话框中设置打印机和打印范围、打印份数，单击"确定"按钮，即可进行打印。

5.3　宏

5.3.1　认识宏

前面已经讲述了表、查询、窗体和报表等数据库对象，并且创建了大量实例。这些数据库对象等都是零散的，而一个实际的应用系统，通常应具有友好的操作界面，通过单击命令按钮或图标，就可简单地实现对整个系统的操作。例如在双击数据库名后，希望直接打开"封面"窗体，并使之最大化。这就需要使用宏来实现。宏是一些操作的集合，其中每个操作实现特定的功能，例如打开某个窗体或打印某个报表。

Access 中的宏可以简化许多繁杂的人工操作，使某些典型的任务自动完成，而这些操作在其他数据库系统中往往通过编程实现。创建宏是在"宏生成器"中完成的，提高了开发效率。总体说来，宏可以应用在以下几个方面。

（1）在首次打开数据库时，执行一个或一系列操作。

（2）随时打开或关闭数据库对象，如数据表、查询、窗体等。

（3）显示提示信息或发出报警声等。

（4）移动窗体并能改变它们的大小。

（5）实现数据自动传输。

5.3.2　创建宏

例 5-14　创建"教师管理"宏，实现打开"教师"窗体的功能。

（1）打开"教学管理"数据库，单击"创建"选项卡下"宏与代码"组中的"宏"按钮，启动宏生成器，如图 5-63 所示。

（2）在"添加新操作"下拉列表框中，选择打开窗体 OpenForm 操作命令，然后为该操作添加参数，如图 5-64 所示。在"窗体名称"栏填写要打开的窗体。单击该栏下拉按钮，系统会列出已建立的所有窗体名称，这里选择"教师"窗体。

（3）"保存"并关闭宏设计器，在导航窗格中出现新建立的"教师管理"宏。运行宏结果如图 5-65 所示。

5.3.3　修改宏

对于已创建的宏，如果需要增加或删除某些操作，可对宏进行修改。

（1）在数据库导航窗格中，右击要修改的宏名，弹出快捷菜单，选择"设计视图"选项，打开宏设计窗体。

图 5-63　宏设计视图

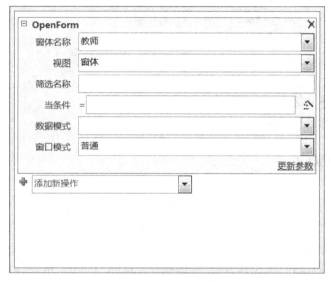

图 5-64　"教师管理"宏

（2）增加操作。通过"添加新操作"栏和"操作目录"栏完成。

（3）移动操作。宏中的操作是按照从上到下的顺序执行的。若要在宏中上下移动操作,可以使用以下几种方法完成。

　①选择某操作,上下拖动,使其到达需要的位置。

　②选择某操作,然后按 Ctrl＋↑组合键或 Ctrl＋↓组合键即可完成上下移动。

　③选择某操作,然后单击宏窗格右侧的绿色上移 ⬆ 或下移 ⬇ 按钮完成移动。

　④选择某操作,右击,在弹出的快捷菜单中选择"上移"或"下移"命令完成移动。

（4）删除操作。若要删除某个宏操作,可以使用以下两种方法实现。

图 5-65 "教师管理"宏运行结果

① 选择该操作,按 Delete 键。

② 选择该操作,单击宏窗格右侧的删除按钮 ✖。

5.3.4 运行宏

创建的宏可以直接运行、调试。通常情况下,直接运行宏只是测试宏,验证宏设计是否正确。在确保宏的设计正确无误之后,一般将宏附加到窗体、报表或控件中,对事件做出响应。例如单击"封面"窗体中的"学生管理"命令按钮,将打开"学生管理"窗体,这一过程是通过事件响应,执行宏操作来完成的,一般称为触发宏。

1. 直接运行宏

可进行下列操作之一直接运行宏。

(1) 在导航窗格中找到要运行的宏,然后双击宏名。

(2) 在"数据库工具"选项卡的"宏"组中,单击"运行宏"按钮,系统弹出"执行宏"对话框,如图 5-66 所示,在该对话框的下拉列表框中选择要执行的宏,单击"确定"按钮即可运行该宏。

2. 调试宏

Access 中提供了一个宏调试工具,可以单步执行宏中的各个动作,观察宏的流程及每一个操作结果,以发现宏中的错误。

进入宏生成器,单击"工具"组中的"单步"按钮,如图 5-67 所示。这样当每次单击"运行"按钮时,宏只会运行一个操作。

3. 触发宏

Access 中的很多操作均可触发宏。这一类的宏在创建与执行时通常与窗体或报表中的控件结合在一起使用。

图 5-66 "执行宏"对话框

图 5-67 "工具"组中的"单步"按钮

例 5-15 建立"封面"窗体。

分析:"封面"窗体(如图 5-1 所示)是"教学管理系统"的主界面,单击窗体中的按钮自动执行相应操作。其中各命令的具体操作内容如下。

单击"退出系统"按钮,关闭"封面"窗体,并退出 Access。

单击"学生管理"按钮,打开"学生一览"窗体。

单击"课程管理"按钮,打开"课程一览"窗体。

单击"成绩管理"按钮,打开包含三个标签的"成绩管理"窗体,三个标签分别为"课程一览"、"成绩一览"和"班级成绩查询",当选择各标签时,分别实现打开"课程一览"窗体、打开"课程成绩一览"报表和运行"班级成绩查询"。

创建"封面"窗体的过程分为以下几个部分。

1) 创建宏

分别建立宏"教师管理"、"学生管理"、"成绩一览"、"课程一览"、"班级成绩查询"和"退出",用于"封面"窗体和"成绩管理"标签中对应按钮的操作。设计结果分别如图 5-64、图 5-68、图 5-69、图 5-70、图 5-71、图 5-72 所示。

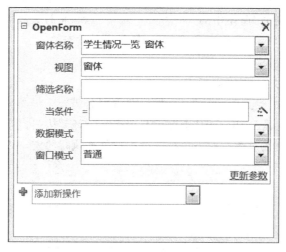

图 5-68 "学生情况一览"宏

2) 创建"成绩管理"窗体

(1) 打开"教学管理"数据库,单击"创建"选项卡下"窗体"组中的"窗体设计"按钮,进入窗体设计视图,并打开"窗体设计"工具选项卡。

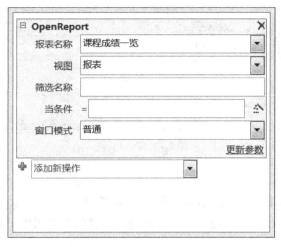

图 5-69 "成绩一览"宏

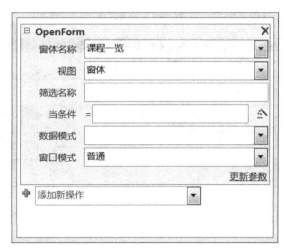

图 5-70 "课程一览"宏

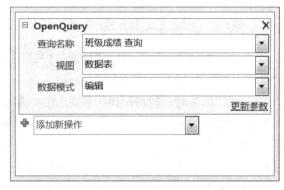

图 5-71 "班级成绩查询"宏

图 5-72 "退出"宏

（2）创建系统标题。

单击"设计"选项卡中"控件"组的"控件"按钮，弹出控件列表框，单击标签按钮 Aa ，将鼠标移至设计视图，拖动鼠标，拉出一矩形框，松开鼠标，在视图中出现的矩形框中输入系统标题"成绩管理"。

（3）单击工具箱中标签按钮 ，将鼠标移至设计视图，拖动鼠标，拉出一矩形框，松开鼠标，视图中出现包含两页的标签，如图 5-73 所示。

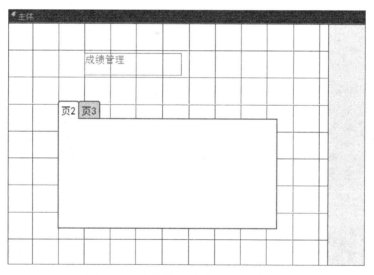

图 5-73 "成绩管理"窗体设计视图(一)

（4）右击标签"页 2"，打开快捷菜单，选择"属性"选项，打开"属性表"对话框。在"名称"项中将"页 2"改为"课程一览"，如图 5-74 所示。

（5）若希望选择"课程一览"标签时，能打开"课程一览"窗体，需要通过在"事件"标签中设计触发宏。选择"事件"标签后单击"单击"项的下三角按钮，系统将列出已创建的所有的宏的名称，选择宏"课程一览"，如图 5-75 所示。

（6）激活"页 3"标签，右击标签"页 3"，按上述方法设定该页属性，"全部"标签中"名称"项选择"成绩一览"，"事件"标签中"单击"项选择执行宏"成绩一览"。

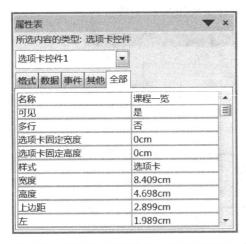

图 5-74　页"属性表"对话框中的"全部"标签　　　图 5-75　页"属性表"对话框中的"事件"标签

（7）右击标签，打开快捷菜单，选择"插入页"选项，标签增加为 3 页。

（8）定义"页 4"属性，"全部"标签中"名称"项为"班级成绩查询"，"事件"标签中"单击"项选择执行宏"班级成绩查询"，如图 5-76 所示。

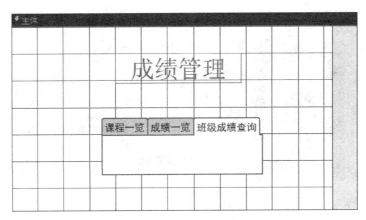

图 5-76　"成绩管理"窗体设计视图（二）

（9）保存窗体，关闭设计视图。

3）创建"封面"窗体

（1）单击"创建"选项卡下"窗体"组中的"窗体设计"按钮，进入窗体设计视图，同时数据库窗口的功能区域切换到"窗体设计工具"中"设计"选项卡。

（2）创建系统标题。

单击"设计"选项卡下"控件"组中的"控件"按钮，弹出工具箱，单击工具箱中标签按钮 Aa，将鼠标移至设计视图，拖动鼠标，拉出矩形框，松开鼠标，视图中出现一个矩形框，在矩形框中输入系统标题"教学管理系统"，设计字体、字号和字体颜色。

（3）插入图片。

单击工具箱中图片按钮，将鼠标移至设计视图，在随后弹出的"插入图片"对话框中输入要插入图片的路径后,单击"确定"按钮,设计结果如图5-77所示。

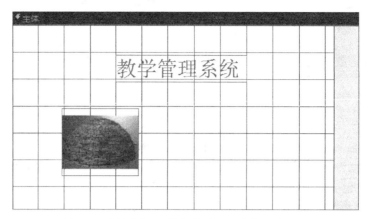

图 5-77 "教学管理"数据库"封面"窗体设计视图

(4) 创建"退出系统"按钮。

① 单击工具箱中命令按钮 ▭,将鼠标移至设计视图中插入图片的下方,系统弹出 "命令按钮向导"对话框,如图5-78所示。

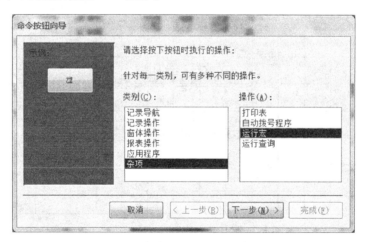

图 5-78 "命令按钮向导"对话框(一)

② 在图 5-78 所示"类别"列表框中选择"杂项"选项,在"操作"列表框中选择"运行 宏"选项,并单击"下一步"按钮。

③ 在图 5-79 所示向导中列出了已经创建了的宏,选择"退出"宏。

④ 图 5-80 所示向导对话框用于指定命令按钮的显示方式是文本式还是图片式。这 里选择"文本"单选项,并在文本框中输入要在按钮上显示的文字"退出系统"。

⑤ 单击"下一步"按钮,按照对话框提示,结束命令按钮向导。

(5) 创建其他命令按钮。

创建"教师管理"、"学生管理"按钮。其他命令按钮的建立方法类似,只是在图 5-79 所示向导对话框中选择命令按钮对应执行的宏的名称。

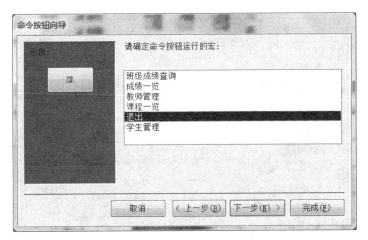

图 5-79 "命令按钮向导"对话框(二)

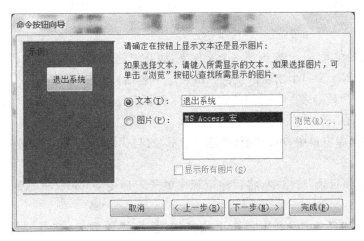

图 5-80 "命令按钮向导"对话框(三)

(6) 保存窗体为"封面"。

运行"封面"窗体后,单击窗体中的按钮,系统就可以将宏触发,使宏自动执行。

如果希望在打开"教学管理"文件时能自动运行"封面"窗体并使之最大化,则可建立一个宏,宏中的操作序列包括"打开窗体"(OpenForm)和"最大化"(MaximizeWindow),如图 5-81 所示。注意自动运行的宏名称必须保存为"Autoexec",这是系统规定。每一个数据库只能有一个被命名为"Autoexec"的宏。

以上是创建"封面"窗体的过程,这个示例综合运用了创建窗体、报表、使用控件向导、建立宏和控件与宏结合的多种知识内容。

5.3.5 使用子宏

如果数据库有许多宏,为了便于管理,可以将宏进行分组,构成宏组。这有些类似于

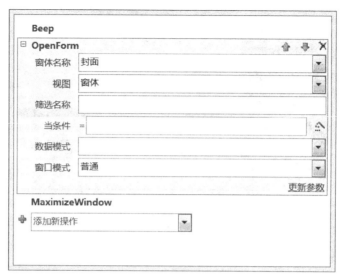

图 5-81　Autoexec 宏

文件与文件夹的关系,一个宏组是一个文件夹,而其中的宏就类似于该文件夹下的若干文件。如图 5-82 所示为一个宏组的实例。该宏组中包括:子宏"学生表"——打开"学生情况"数据表;子宏"教师表"——打开"教师"窗体和子宏"运行宏"——运行"课程一览"宏。

创建子宏的步骤如下。

(1) 在数据库窗口中,单击"创建"选项卡下"宏与代码"组中的"宏"按钮,打开宏设计器窗口。

(2) 在"操作目录"窗格中,将程序流程中的子宏命令 SubMacro 拖到"新添加操作"组合框中。

(3) 在"添加新操作"列中单击下拉按钮,显示操作列表,选择要使用的操作,如OpenTable。

(4) 在"宏"组列表框中输入子宏名称"学生表",重复之前两步,可以添加后续子宏"教师表"和"运行宏"。

(5) 单击"保存"按钮。弹出"另存为"对话框,在"宏名称"文本框中输入宏组名称,单击"确定"按钮即完成了创建子宏的工作。

运行时如果引用某子宏,引用格式为:宏组名. 宏名。如引用"子宏"宏组中的"教师表"宏,应书写为:子宏. 教师表。

5.3.6　使用条件表达式

在某些情况下可能希望按某一条件的真假,决定是否执行宏。例如,在图书管理系统中,进行还书时,应先根据书号判断该图书借阅时间是否超过一个月的期限。若未超期,可直接办理还书,即将借阅信息中的该书的还书日期更改为当日日期;若该书已超期,则应给出相应提示信息,如"请办理超期手续"等。若要实现上述功能,就需要使用宏的条件

图 5-82　子宏举例

来控制宏的流程。

创建条件宏步骤如下。

（1）从"添加新操作"下拉列表框中选择 if 选项，或者将 if 从"操作目录"窗格拖动到宏窗格中。

（2）在 if 块顶部的框中，输入一个决定何时执行该块的表达式（该表达式的计算结果必须是 True 或 False）。

（3）向 if 块添加操作，方法是从显示在该块中的"添加新操作"下拉列表框中选择操作，或将操作从"操作目录"窗格拖动到 if 块中。

例 5-16　设计带有条件的宏"条件宏"，对"宏窗体"的"姓名"进行验证。

操作设计如图 5-83 所示。

例 5-17　创建更新"评定职称日期"宏。

分析：评定职称日期更新需要核实从教师上次评定职称的时间至今是否超过 5 年，如果没超过需要确定是否破格聘任，否则不予更新确认。

操作步骤如下。

（1）准备工作。确定"教师情况"数据表中有"评定职称日期"字段，设计视图如图 5-84 所示。建立参数查询"评定时间查询"，根据输入的教师"姓名"，查询出"评定职称

图 5-83 条件宏设计举例

日期",设计视图如图 5-85 所示。

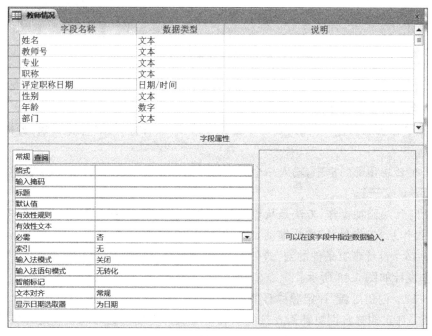

图 5-84 "教师情况"表设计视图

（2）创建"评定职称时间"窗体。建立窗体时，数据源使用步骤（1）建立的"评定职称日期"查询。

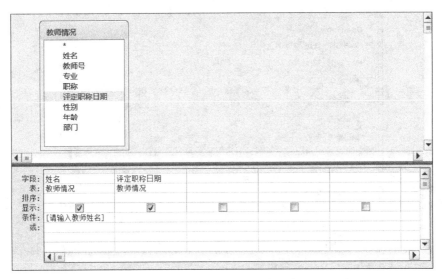

图 5-85　"评定职称日期"查询设计视图

（3）创建"评定职称"更新查询。设计视图如图 5-86 所示。

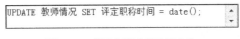

```
UPDATE 教师情况 SET 评定职称时间 = date();
```

图 5-86　"评定职称"更新查询

（4）创建"更新评定时间"宏。宏的流程是先打开"评定职称时间"窗体,然后根据窗体中控件"评定职称时间"的值,决定是否进行更新（更新"教师情况"表中"评定职称日期"）或显示"评定时间不足 5 年"的消息框,如图 5-87 所示。最后关闭窗体和宏,具体创建过程如下。

① 在数据库窗体中,单击"创建"选项卡下"宏与代码"组中的"宏"按钮,打开宏设计视图,并将宏命名为"更新评定时间"。

② 添加宏操作 OpenFrom 和 MinimizeWindow,在操作参数中输入窗体名称。

③ 添加条件操作,判断评定职称时间是否符合规定年限,即据上次评定时间满 5 年。

格式为

[Forms]![评定职称时间]![评定职称日期]+5 * 365<Date()

④ 添加操作 MessageBox,在操作参数中输入消息框的内容"评定时间不足 5 年"。

⑤ 添加关闭窗体操作。

⑥ 添加关闭宏操作。

5.3.7　宏操作

Access 2010 中,常用的宏操作按功能可以分为以下几类,如表 5-1 所示。

图 5-87 "更新评定时间"条件宏

表 5-1 宏的分类

类　　别	宏操作举例
打开或关闭数据库对象	OpenForm、OpenQuery、OpenTable、OpenReport、Close
运行查询	RunQuery、RunSql
通知或警告用户	MessageBox、Beep
打印数据	PrintObject、PrintPreview
动作控制流	CancleEvevt、RunMacro、StopMacro、QuitAccess
查找数据或定位记录	FindNextRecord、GotoRecord、FindRecord、ApplyFilter
控制显示	Echo、MaximizeWindow、MinimizeWindow、MoveAndSizeWindow、ShowAllRecords、RestoreWindow

表 5-1 列举了一些常用的操作,还有一些其他操作,可在如图 5-88 所示"操作目录"

窗格中分类查找。每一操作的含义、使用方法和所需输入参数,可参看窗格下半部分文本框内的说明。

图 5-88 "操作目录"窗格

5.4 模块与 VBA

模块是 Access 中的又一个重要对象,由 VBA(Visual Basic Applications)语言编写的代码构成。Access 虽然提供了宏对象实现一些特定功能,但是对于具有复杂逻辑的处理,宏对象就无法胜任了,因此需要编写代码解决,通过模块,实现标准宏不能执行的功能。

5.4.1 VBA 编程基础

模块是将 VBA 的声明、语句和过程作为一个单元进行保存和运行的集合。要真正理解模块,需要先了解一下 VBA。

VBA 是基于 VB(Visual Basic)发展起来的新一代宏语言,是 VB 的子集。与 VB 相比,它不能独立开发运行,要依赖于父辈应用程序。VBA 通常内嵌在 Microsoft Office 软件中,主要用来扩展 Windows 的应用程序功能。VBA 具有高级语言的特征,并且符合面向对象程序设计的概念和方法。

在创建模块之前,先学习一下 VBA 的基本语法。

Access 提供了一个 VBA 的编程界面(Visual Basic Editor,VBE)。打开 VBE 的方法有很多,可以在数据库窗口中打开,也可以在窗体或报表的设计视图中打开。下面介绍其中的几种方法。

(1) 在数据库窗口中,选择"创建"选项卡,单击"宏和代码"组中的 Visual Basic 按钮,如图 5-89 所示。

图 5-89　使用"创建"选项卡打开 VBE

(2) 在数据库窗口中,选择"数据库工具"选项卡,单击"宏"组中的 Visual Basic 按钮,如图 5-90 所示。

图 5-90　使用"数据库工具"选项卡打开 VBE

(3) 在报表或窗体的设计视图中,右击需要编写代码的控件,从弹出的快捷菜单中,选择"事件生成器"命令,在打开的"选择生成器"对话框中选择"代码生成器"选项,单击"确定"按钮打开 VBE 窗口。

VBE 窗口 Microsoft Visual Basic For Application 如图 5-91 所示。

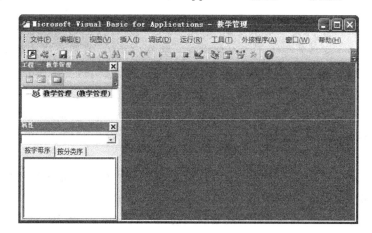

图 5-91　VBE 窗口 Microsoft Visual Basic For Application

下面介绍 Visual Basic 的基本语法。

1. 对象命名规则

VBA 语句一般由常量、变量、运算符和关键字等组成。VBA 中使用变量、常量、过程、函数等这些对象时需要命名。对象的命名规则要符合以下要求。

不能使用保留字和空格、"!"、"@"、"&"、"$"、"#"、"."、"[]"等字符；

第一个字符只能为字母；

长度不超过 64。

2. 数据类型

使用 VBA 进行编程时，对于使用到的常量或变量，应声明其数据类型。VBA 提供的数据类型主要包括字节型（Byte）、整型（Integer）、长整型（Long）、单精度型（Single）、双精度型（Double）、字符串（String）、日期型（Date）、布尔型（Boolean）、货币型（Currency）和变体型（Variant）几类。

3. 常量、变量和数组

1）常量

常量是程序中用来存储固定不变的数据。VBA 中一般有两种常量——系统常量和用户自定义常量。系统常量如 vbOK、vbYes、vbNo 等，这些常量的值由应用程序的控件提供；用户自定义的常量通过 Const 语句来声明定义。Const 语句定义常量的语法格式如下。

[Private/Public] Const 常量名=常量表达式 [,常量名=常量表达式…]

中括号内的内容可以省略（以下命令格式写法同此）。Public 表示声明的常量的作用域是整个程序中的所有过程或函数；而 Private 表示声明的常量的作用域是本过程或函数范围内。

注意：VBA 语句不区分大小写，即 Public 和 public 等同。

例 5-18 以 PI 表示圆周率的值。

操作步骤如下。

（1）打开 Microsoft Visual Basic For Application 窗口，选择"插入"菜单，选择"模块"选项，系统会自动打开一个默认为"模块 1"的定义窗口，如图 5-92 所示。

（2）在代码窗口的 Option Compare Database 代码下输入常量定义语句，如图 5-93 所示。

注意：输入系统关键字时，不区分大小写，输入完成回车后，系统会自动规范化系统字的格式。

2）变量

变量是程序中用来存储变化的数据。VBA 中使用变量时不强制先声明再使用，但最好先声明变量，这样可以避免一些错误的发生。声明变量时使用 Dim 语句。Dim 语句定义变量的语法格式如下。

Dim 变量名[As 数据类型] [,变量名 [As 数据类型…]]

声明变量时可以不指定数据类型。如果省略了数据类型，系统则将该变量的数据类型设置为 Variant 类型。

变量声明语句出现在某个过程或函数中时，该变量的作用域只是这个过程或函数；而变量声明语句若出现在模块的声明部分时，则该变量的作用域是该整个模块。

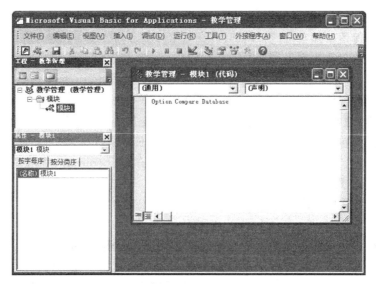

图 5-92　打开模块定义窗口

例 5-19　定义一个整型变量 i 和一个单精度变量 sum。

在模块 1 定义窗口中输入如下代码，如图 5-94 所示。

图 5-93　定义常量

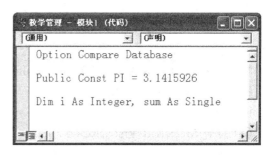

图 5-94　定义变量

3）数组

数组是包含相同数据类型的一组变量的集合。数组可以是一维的，也可以是多维的。数组的基本定义方式为：

```
Dim 数组名 (容量[,容量][,…])as 数据类型
```

例 5-20　定义一个整型的一维数组 array1，数组的容量为 5 个。

在模块 1 定义窗口中输入如下代码，如图 5-95 所示。

说明：定义数组 array1 后，可以通过 array1(0)，array1(1)，array1(2)，array1(3)，array1(4)来访问每一个变量。

图 5-95　定义数组

4. 运算符与表达式

运算符是代表某种运算的符号。表达式是由常量、变量、运算符、函数等构成能进行算术运算、比较运算或逻辑运算的式子。

1）算术运算符

算术运算符是最基本的运算符。VBA 提供的基本算术运算符如表 5-2 所示。

表 5-2　算术运算符

运　算　符	含　　义	运　算　符	含　　义
^	乘方	Mod	取模
*	乘	+	加
/	除	−	减
\	整除		

2）比较运算符

比较运算符是对两个表达式计算的结果进行比较,比较的结果为真,则返回 True,反之返回 False。例如,如果 a 表达式计算结果为 10,b 表达式计算结果为 5,则 a<b 的结果就为 False。

VBA 提供的基本比较运算符如表 5-3 所示。

表 5-3　比较运算符

运　算　符	含　　义	运　算　符	含　　义
=	等于	>=	大于等于(不小于)
>	大于	<=	小于等于(不大于)
<	小于	<>	不等于

注意：在进行比较运算时,不同数据类型有各自的规定。

（1）数值型数据按数据值比较大小;

（2）日期型数据将日期看成 yyyymmdd 格式的 8 位整数进行比较;

（3）字符型数据按 ASCII 码值进行比较。

3）逻辑运算符

逻辑运算符用于逻辑表达式的逻辑操作。VBA 中主要的逻辑运算符如表 5-4 所示。

表 5-4　逻辑运算符

运算符	含　　义
Not	非,取反,True 变 False,False 变 True
And	与,两个表达式同为真时,结果为真,反之为假
Or	或,两个表达式有一个为真时,结果为真,反之为假

4) 运算符优先级别

实际应用中的一个表达式往往不会只有一种运算符,通常会出现多种运算,这就涉及运算顺序的问题。运算符的优先级别从高到低的顺序依次为:函数→算术运算符→比较运算符→逻辑运算符。

在算术运算符中,乘方级别最高,然后是乘除、整除、取模,最后是加减。

逻辑运算符中的运算顺序由高到低依次为:Not→And→Or。

5. VBA 语句

书写 VBA 语句通常一行一句,但允许将多个语句写在一行,用";"分隔。

VBA 语句主要包括注释语句、赋值语句、循环语句和分支判断语句。

1) 注释语句

注释语句的格式是以单引号(')或 Rem 开始。

2) 循环语句

VBA 中有三种循环形式:For 循环、While 循环和 Do 循环。

(1) For 循环语句的格式为:

```
For   循环变量=循环初始值 To 循环终止值 [步长]
    循环语句主体
Next   循环变量
```

(2) While 循环语句的格式为:

```
While   条件表达式
    循环语句主体
Wend
```

(3) Do 循环语句的格式为:

```
Do   while|until   条件表达式
    循环语句主体
Loop
```

其中 Do while 和 Do until 又是两种形式,Do while 是条件表达式为真时,进行循环;Do until 是条件表达式为真时,结束循环。

对于这几条语句,下面以一个例子给出循环语句用法。

例 5-21　分别使用 For 语句、While 语句、Do while 语句和 Do until 语句实现 1~100的累加。

各语句代码分别如图 5-96,图 5-97,图 5-98,图 5-99 所示。

6. 过程

在程序设计中,为了增加程序的可重用性和层次性,方便程序的开发、调试和维护,通常将程序分割成若干独立功能的逻辑模块,这些模块就称为过程。过程有两种形式:Sub过程和 Function 过程。

1) Sub 过程

Sub 过程以关键字 Sub 表示,也称为子过程。声明 Sub 子过程的语法格式如下。

图 5-96　for 循环语句

图 5-97　while 循环语句

图 5-98　do_while 循环语句

图 5-99　do_until 循环语句

```
[Private|Public] [Static] Sub 过程名称([参数列表])
    语句序列
End Sub
```

Sub 子过程可以声明为私有 Private 或公共 Public 或静态 Static。参数列表也称为虚参或形参,只能是变量或数组。参数列表的格式为:

(变量名 As 变量类型[,变量名 As 变量类型]…)

Sub 子过程可以没有形参。

注意:如果没有形参时,括号不能省略。

2) Function 过程

Function 也称为函数,与 Sub 子过程的不同点是 Function 函数可以返回一个值。声明 Function 函数的语法格式如下。

```
[Private|Public] [Static] Function  函数名称([参数列表]) [As 数据类型]
    语句序列
    函数名称=表达式
End Function
```

Function 函数运行后需要返回的数据要在函数定义中传给函数名称,即通过语句“函数名称=表达式”实现。

过程的具体使用方法示例请参见 5.4.2 节中的例 5-22 和 5-23。

7. 与数据库操作有关的对象

VBA 提供了多种数据库访问接口,利用这些接口可以对数据库进行写入和读取操作。其中一种接口为数据访问对象(Data Access Object,DAO),DAO 是一种应用程序编程接口(API),存在于微软的 Visual Basic 中,允许对 Access 数据库进行访问。其主要对象及作用如表 5-5 所示。

表 5-5   DAO 对象

对 象	作 用
Database	数据库对象
Recordset	数据操作后返回的记录集对象
Field	记录集中字段对象

这些对象具有不同的属性和方法,这里不做具体介绍,使用方法示例请参见 5.4.2 节中的例 5-22 和 5-23。

5.4.2 模块

模块是 Access 2010 数据库中的又一个对象,可以理解为装着 VBA 程序代码的容器。一个模块包括声明和若干子过程(Sub)或函数(Function)。

Access 中的模块分为标准模块和类模块。

标准模块一般就称为模块,与数据库中的其他对象无关,可以放置在数据库中任何位置运行。

类模块是可以包含新对象定义的模块,可以独立存在,也可以和窗体或报表等同时出现,所以类模块又分为自定义类模块、窗体类模块和报表类模块。

创建模块有以下几种方法。

(1) 在数据库窗口,选择"创建"选项卡,单击"宏与代码"组的"模块"或"类模块"按钮,如图 5-100 所示。

图 5-100   "创建"选项卡

(2) 在 Microsoft Visual Basic Application 窗口,选择"插入"菜单,选择"模块"或"类模块"选项,如图 5-101 所示。

(3) 在 Microsoft Visual Basic Application 窗口,单击工具栏图标 ,展开下拉菜单,如图 5-102 所示,选择"模块"或"类模块"选项。

图 5-101 "插入"菜单

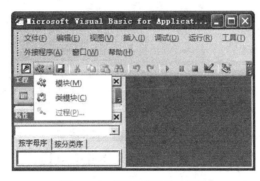

图 5-102 "插入模块"工具栏

按以上操作方法操作后,系统打开如图 5-92 所示窗口。在模块编辑窗口就可以编写代码了。

模块内的代码一般由声明部分和若干过程构成。添加过程的步骤如下。

(1)创建模块。

(2)在图 5-101 所示的菜单中选择"过程"选项或在图 5-102 所示的菜单中选择"过程"选项,系统会打开"添加过程"对话框,如图 5-103 所示。

(3)在"添加过程"对话框中,选择创建过程的"类型"——"子程序"Sub 或"函数"Function,在"名称"文本框内对其进行命名,并设定其使用范围。根据用户的选择,系统会自动生成 Sub 或 Function 的框架语句,如图 5-104 所示。

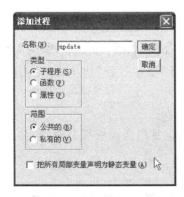

图 5-103 "添加过程"对话框

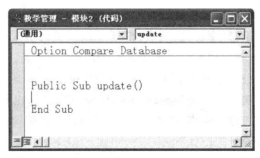

图 5-104 "添加过程"代码

例 5-22 建立窗体"计算绩点",显示出每一个学生的每门课程成绩,并通过单击"计算绩点"按钮,计算出绩点。绩点计算规则:低于 60 分的成绩,绩点为 0;60 分的绩点为 1;高于 60 分的部分,每增加 1 分,绩点增加 0.1。例如成绩为 85 分时,绩点为 3.5。窗体运行结果如图 5-105 所示。

图 5-105 "计算绩点"窗体结果图

操作步骤如下。

(1) 在数据库窗口的"创建"选项卡下的"窗体"组中,单击"窗体设计"按钮,打开窗体设计视图。

(2) 单击"添加现有字段"按钮,窗体弹出"字段列表"对话框,在"字段列表"对话框中选定"学生成绩"数据表。

(3) 在"控件"组中选择"标签"控件,拖出标签控件区域,并输入"成绩及绩点",按 Enter 键后,在"格式"选项卡的"字体"组中,设置其字体的字形、字号和颜色。

(4) 将数据源"学生情况"表中的所有字段添加到主体节区中。

(5) 添加标签"绩点"和一个文本域,文本域名称为 Text4。添加按钮"计算绩点"、"前一项记录"、"下一项记录",三个按钮的名称分别为 command1、command2、command3。窗体设计效果如图 5-106 所示。

(6) 保存窗体为"计算绩点"。

(7) 依次打开窗体"计算绩点"中按钮 command1、command2、command3 的"属性表",选择"事件"选项卡,打开"单击"项的下拉列表,选择"事件过程"选项,并单击 按钮,打开代码窗口。按图 5-107 所示输入代码。

(8) 关闭窗体"计算绩点"设计视图。

例 5-23 创建模块"update 绩点",计算出每一个学生每门课程成绩的绩点,并将结果写入数据库表"绩点"字段。绩点计算规则同例 5-22。

设计思路如下。

创建一个 Function caulate()函数,函数的输入参数是成绩,计算的绩点作为返回值返回调用程序。

图 5-106 "计算绩点"窗体设计视图

```
教学管理 – Form_计算绩点 (代码)
Command1                        Click

Option Compare Database

Private Sub Command1_Click()

    grade = Forms![计算绩点]![分数]
    If (grade - 60) < 0 Then
        level = 0
    Else
        level = 1 + (grade - 60) / 10
    End If
    Text4 = level
End Sub

Private Sub Command2_Click()
    Text4 = Null
    DoCmd.GoToRecord , , Previous
End Sub

Private Sub Command3_Click()
    Text4 = Null
    DoCmd.GoToRecord , , acNext
End Sub
```

图 5-107 "计算绩点"窗体代码

再创建一个 Sub update(),利用 ADO 对象,打开"学生成绩"数据表,读出"成绩"字段数据,以此作为调用 Function caulate() 的实际参数,调用完成后,将返回的数据更新到数据表"学生成绩"的"绩点"字段中。

操作步骤如下。

(1) 在"教学管理"数据库中,打开"学生成绩"数据表的设计视图,添加"绩点"字段。

字段属性设置如图 5-108 所示。

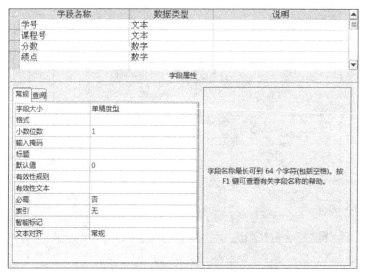

图 5-108 "学生成绩表"设计视图

（2）打开 VBE 窗口，选择"插入"菜单，选择"模块"选项，如图 5-101 所示。系统弹出代码窗口，如图 5-92 所示。

（3）选择"插入"菜单，选择"过程"选项，并在弹出的"添加过程"对话框中，选择"过程"选项，并输入过程名"update"，如图 5-103。单击"确定"按钮。

（4）在图 5-104 所示代码窗口，输入如下代码，如图 5-109 所示。

图 5-109 Sub update()代码

数据库原理与应用(第 3 版)

（5）选择"插入"菜单，选择"过程"选项，并在弹出的"添加过程"对话框中，选择"函数"选项，并输入函数名"caulate"，单击"确定"按钮。在出现的代码窗口中输入如图 5-110 所示代码。

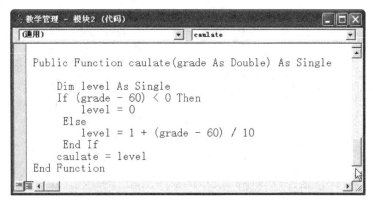

图 5-110　Function caulate()代码

说明：grade As Double 为定义 Double 类型的虚参 grade；而 As Single 则定义 Function 返回的数据类型为 Single。

（6）单击工具栏的"保存"按钮 ，在弹出的"另存为"对话框中的文本框中，输入"update 绩点"，将模块保存为"update 绩点"。

5.4.3　运行与调试模块

标准模块和类模块的运行方式有所不同。

在窗体和报表中创建的类模块，随窗体或报表的运行而运行。如例 5-22 创建的类模块"Form_计算绩点"，在运行窗体"计算绩点"时，单击按钮，就会触发事件，执行对应的模块。

对于标准模块的运行需要在 VBE 窗口下进行。打开 VBE 窗口，选择"运行"菜单，在弹出的子菜单中选择"运行宏"项（如图 5-111 所示），打开"宏"对话框，选择欲运行的过程名称后，单击"运行"按钮，如图 5-112 所示。

图 5-111　"运行"菜单

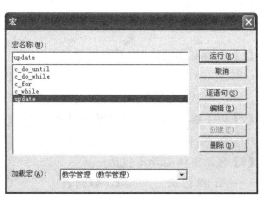

图 5-112　"宏"对话框

若执行例 5-23 创建的模块,按上述方法,在"宏"对话框中,选择 update 后,系统将执行过程。例 5-23 的功能是根据每一个分数自动计算出绩点,并将绩点写入数据表。可以通过打开"学生成绩"表查看运行结果。例 5-23 的运行结果如图 5-113 所示。

学号	课程号	分数	绩点
961101	G03	85	3.5
961101	J01	90	4
961102	G03	73	2.3
961102	J01	94	4.4
961103	G03	76	2.6
961103	J01	85	3.5
961104	G03	80	3
961104	J01	80	3
961105	G03	70	2
961105	J01	78	2.8
962103	G03	90	4
962103	J01	86	3.6

图 5-113 "学生成绩"表

如果运行后未出现预期结果,则说明程序出现错误。错误的类型有以下几种。

(1) 语法错误:如关键字拼写错误、括号不配对、语句格式不对等。

(2) 运行错误:如调用过程时传递的参数类型、个数不匹配等。

(3) 逻辑错误:编写过程的思路出现错误,从而不能执行出正确结果。

对于前两种错误,系统在编译时会自动检查出来,并给予提示,但最后一种错误只能靠用户自己分析出现的问题,从而改正逻辑错误,解决问题。

为了方便用户发现过程中的逻辑错误,Access 2010 提供了调试工具。在 VBE 窗口中,打开"调试"菜单,可以选择切换断点、逐句执行、添加监视等方法,监视中间执行过程,或中间变量的数据值,以便查找到逻辑错误。

习　　题

一、单项选择题

【1】使用窗体设计器,不能创建_____。

A. 动作查询　　　　　　　　　　　　B. 开关面板窗体

C. 自定义对话窗体外部关键字　　　　D. 数据维护窗体

【2】以下哪个不是窗体的组成部分_____?

A. 主体　　　　B. 窗体页眉　　　　C. 窗体页脚　　　　D. 窗体设计器

【3】自动窗体向导不包括_____。

A. 纵栏式　　　　B. 数据表　　　　C. 新奇式　　　　D. 表格式

【4】能够接受"数据"的窗体控件是_____。

A. 图形　　　　B. 复选按钮　　　　C. 文本框　　　　D. 标签

【5】能够输出"图像"的窗体控件是_____。

A. 图形　　　　　B. 复选按钮　　　C. 文本框　　　　D. 标签

【6】以下哪个不是报表组成部分_____？

A. 宏　　　　　　B. 报表页脚　　　C. 主体　　　　　D. 报表页眉

【7】只在报表的最后一页底部输出的信息是通过_____设置的。

A. 组页脚　　　　B. 报表页脚　　　C. 页面页脚　　　D. 报表页眉

【8】创建以下哪种报表不必使用报表向导_____？

A. 纵栏式　　　　B. 图表式　　　　C. 分组　　　　　D. 表格式

【9】创建分组报表的来源不能是_____。

A. 任意

C. 一个单表创建的查询

B. 一个多表创建的查询

D. 一个表

【10】能够创建宏的设计器是_____。

A. 表设计器　　　B. 宏设计器　　　C. 报表设计器　　D. 窗体设计器

【11】创建宏不用定义_____。

A. 宏操作

C. 宏操作对象

B. 宏操作目标

D. 命令按钮的属性

【12】创建宏可以定义_____。

A. 宏名　　　　　B. 条件　　　　　C. 属性　　　　　D. 备注

【13】窗体中的某一个命令按钮对应于一个宏时,在命令按钮设计向导中操作类别应选择_____。

A. 记录操作　　　B. 窗体操作　　　C. 应用程序　　　D. 杂项

【14】定义变量的关键字是_____。

A. Const　　　　　B. Public　　　　C. Dim　　　　　D. Static

【15】运算符的运算顺序是_____。

A. 逻辑运算符 → 算术元素符 → 比较元素符

B. 算术元素符 → 比较元素符 → 逻辑运算符

C. 比较元素符 → 逻辑运算符 → 算术元素符

D. 算术元素符 → 逻辑运算符 → 比较元素符

【16】执行完循环语句 For i＝1 to 12 step 2 后,i 的值是_____。

A. 1　　　　　　B. 11　　　　　　C. 12　　　　　　D. 13

二、填空题

【1】报表可以将数据库中的数据进行分析、处理的结果通过打印机输出,还可以对要输出的数据进行____①____等操作。

【2】窗体数据源来源于多个表时,如果以其中部分字段作为输出字段时,这几个表需要已经正确____②____。

【3】如果我们想要建立一个宏,希望执行该宏后,首先打开一个表,然后打开一个窗体,那么在该宏中应该使用____③____和____④____两个操作。

【4】宏的 OpenQuery 操作的含义是　　⑤　　。

【5】窗体的三种视图是设计视图、　　⑥　　和　　⑦　　。

【6】Access 中的模块分为　　⑧　　模块和　　⑨　　模块。

【7】模块中 Function 定义的结束语句为　　⑩　　。

【8】定义容量为 100 个单精度数据的数组 array_x 语句为　　⑪　　。

【9】VBA 提供的数据库接口 DAO 的主要对象有　　⑫　　。

三、简答题

【1】试述窗体的作用。

【2】窗体有哪些形式？各有什么特点？

【3】窗体有哪几种视图？

【4】窗体由哪几部分组成？窗体页眉/页脚与页面页眉/页脚有什么不同？

【5】使用自动创建窗体有哪些局限？可建立哪些形式的窗体？

【6】创建数据源为多个表的窗体时有什么先决条件？

【7】用于创建主/子窗体的表应满足什么条件？表间的关系是什么？

【8】什么是节？

【9】如何打开工具箱？

【10】在窗体设计视图中，将字段从字段列表拖入窗体，系统将根据字段类型，自动为字段选择一个合适的控件类型，对吗？

【11】使用控件向导时应注意什么？

【12】报表由哪几部分组成？试比较报表与窗体的不同点。

【13】报表有哪些形式？

【14】试述邮件报表的适用条件。

【15】打印报表的步骤有哪些？

【16】试述宏的作用。

【17】如何针对已建立的宏进行添加和删除某些操作？

【18】什么是调试宏？什么是触发宏？

【19】如何引用子宏中的宏？

【20】Access 的模块有哪几种？

【21】VBA 的语句有哪几种？

【22】VBA 的过程有哪两种？它们的主要区别是什么？

【23】VBA 代码执行时出现的错误有哪几种？

【24】如何调用 Function 以及接收 Function 的执行结果？

第二部分

理论篇——数据库设计技术

第6章

数据库理论基础

电子计算机的出现,给整个社会带来巨大的变化。随着计算机硬件和软件的发展,实现对信息的处理成为计算机的一个重要的应用,这一应用正是以数据管理技术为基础的。数据管理技术经历了人工管理、文件管理、数据库系统管理三个阶段,目前数据库系统应用成为信息处理、办公自动化、计算机辅助设计/制造、人工智能等的主要软件工具之一。

数据库系统的数据结构化强、数据独立性高、共享性高,整个系统具有完整的体系结构和严格的数学基础。在掌握了一种数据库管理软件——Access 2010后,为了将数据库知识提高一个层次,下面将讲述有关数据库的理论基础,学习数据库技术的发展、数据模型和数据库系统的结构。

6.1　数据管理技术的发展及各阶段的特点

随着1946年第一台电子计算机在美国宾西法尼亚大学的问世,经过六十多年的发展,计算机的应用从早期的主要用于数值计算,发展到现在的信息处理、实时控制、人工智能等,计算机渗透到社会的各种领域,人们的生活已经越来越离不开计算机了。生产技术的进步和社会活动的复杂化,使人们进入到了一个信息化的社会,信息处理成为当今世界上一项主要的社会活动。而信息的处理是指对各种数据进行收集、存储、加工和传播的过程,它的核心是数据管理技术。数据管理是指如何分类、组织、存储、检索及维护数据。在社会应用需求的推动下和计算机软件、硬件发展的基础上,数据管理技术经历了人工管理、文件管理、数据库系统管理三个阶段。各阶段的特点如表6-1所示。

表6-1　数据管理技术三个阶段的比较

	人工管理阶段	文件管理阶段	数据库系统管理阶段
应用目的	科学计算	科学计算和数据管理	大规模数据管理
计算机硬件条件	纸带、磁带和卡片	磁盘和磁鼓	大容量磁盘
计算机软件条件	无操作系统	具有文件系统和操作系统	具有操作系统和数据库管理系统

	人工管理阶段	文件管理阶段	数据库系统管理阶段
处理方式	批处理	联机实时处理和批处理	分布处理、联机实时处理和批处理
数据管理者	用户(程序员)	文件系统	数据库管理系统
数据面向的对象	某一应用程序	某一应用	现实世界
数据共享程度	无共享,冗余度大	共享性差,冗余度大	共享性好,冗余度小
数据的独立性	不独立,完全依赖于程序	独立性差	独立性好
数据的结构化	无结构	记录内有结构,整体无结构	整体结构化
数据控制能力	由应用程序控制	主要由应用程序控制	由数据库管理系统控制

6.1.1 人工管理阶段

20世纪中期,计算机问世不久,其价格昂贵,硬件条件是只有纸带、磁带和卡片,没有磁盘等直接存取的存储设备;而软件状况是还没有操作系统,没有数据管理软件,只有汇编语言。计算机主要用于科学计算,数据的处理方式是批处理,数据的管理由用户,即程序员自行安排。这一时期的主要的特点有以下几个。

1. 数据不保存

由于主要用于科学计算,存储设备操作复杂、可靠性低,一般不将数据长期保存,只是在进行某一应用时,系统将应用程序与数据一起装入,计算结束后,将结果输出,并撤出整个应用程序,释放被占用的数据空间与程序空间。

2. 数据由应用程序管理

由于没有专门的数据管理软件,应用程序的数据要由程序自己管理,应用程序的设计者不仅要考虑数据的逻辑结构,还要考虑其存储结构、存取方法、输入输出方式等。如果存储结构发生变化,程序中的取数子程序也要发生变化,数据与程序之间不具有相互独立性。

3. 数据不具有独立性和共享性

一组数据只能对应于一个应用程序,应用程序与其处理的数据结合成一个整体,数据不具有独立性。数据的逻辑结构或物理结构发生变化,必须对应用程序作相应的修改。另外即使两个应用程序使用相同的数据,也必须各自定义数据的存储和存取方式,不能共享相同的数据定义,因此程序与程序之间可能会有大量的重复数据,冗余度大。

在人工管理阶段,程序与数据间的关系可用图6-1表示。

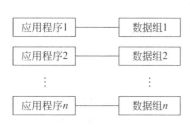

图6-1 人工管理阶段应用程序
与数据间的关系

6.1.2　文件管理阶段

20世纪50年代至60年代期间,由于晶体管技术的出现,使计算机的价格有了极大的降低,性能上有了极大的提高。在硬件方面有了磁盘、磁鼓等外部存储设备;在软件方面,形成了操作系统,出现了专门的管理数据的软件,一般称为文件系统。这一时期计算机不仅用于科学计算,也开始用于数据管理。从处理方式上讲,不仅有了批处理,而且能够联机实时处理。

在这种背景下,这一阶段的数据管理形成了以下几个特点。

1. 数据可以长期保存

由于已经有了直接存取的外部存储设备——磁盘、磁鼓等,计算机进行数据处理时,可将数据长期保存在外存储器上,以便对数据进行查询、修改、插入或删除等操作。

2. 数据由文件系统管理

文件系统将数据组织成相互独立的数据文件,利用"按文件名访问,按记录进行存取"的技术,可以对文件进行修改、插入和删除等操作。文件系统的内部有结构,但整体无结构。应用程序和数据之间由文件系统提供的存取方法进行转换,使应用程序和数据之间有了一定的独立性。程序员不必过多地考虑文件的逻辑结构和物理结构,数据存储上的改变也不一定反映在程序上,这样程序员可以将精力集中在算法上,使得维护程序的工作量减轻了。

3. 数据独立性和共享性差

与人工管理阶段相比,文件系统对数据管理的效率提高了很多,但这种方法仍然存在缺点,即数据独立性差、共享性差,数据冗余大。文件系统中,文件仍然是面向应用的,一个文件基本上对应于一个应用程序。当不同的应用程序具有相同的数据时,也需要建立各自的文件,不能共享相同的数据,因此造成数据冗余大,浪费了存储空间。同时由于相同数据重复存储,各自管理,容易造成数据的不一致性,给数据的修改和维护带来困难。

文件系统中的文件是为某一个特定的应用目标服务的,文件的逻辑结构对该应用程序来讲是优化的,但是如果应用目标需要进行修改,如添加某些功能时,系统则不容易扩充。一旦数据的逻辑结构改变,则必须修改文件结构的定义和应用程序。因此数据与应用程序之间仍然缺乏独立性。

在文件管理阶段,程序与数据间的关系可用图6-2表示。

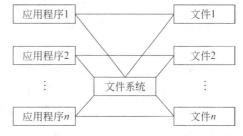

图6-2　文件管理阶段应用程序与数据间的关系

6.1.3　数据库系统管理阶段

从20世纪60年代后期开始,以集成电路为基础的计算机技术日益成熟,这时从硬件条件上,已经有了大容量磁盘,硬件价格大幅度下降,使得计算机在社会生活中的应用更为广泛,用于管理的数据规模也越来越大。由于数据量急剧增长,为编制和维护系统软件及应用程序所需的成本相对增加,也就是软件价格上升。而在处理方式上,联机实时处理的要求增多,并开始提出和考虑分布式处理。在这样一种客观需求的背景下,数据库技术应运而生,出现了能够统一管理数据的专门软件系统——数据库管理系统(DataBase Management System,DBMS)。它满足应用需求,解决多用户、多应用共享数据的要求。

数据库管理阶段的指导思想是:对所有的数据实行统一的、集中的、独立的管理,使数据存储独立于使用数据的程序,实现数据共享。

在管理数据方面,数据库管理系统比文件系统具有明显的优势,从文件系统到数据库管理系统是数据管理技术的一次飞跃。数据库系统最主要的特点表现在以下几个方面。

1. 数据结构化

数据结构化是数据库管理系统与文件系统的根本区别。

在文件系统中,数据以记录的形式进行存储,相互独立的文件里的记录内部是有结构的,文件最简单的形式是等长同格式的记录集合。例如,在前面学习 Access 2010 时用到的教学管理系统,记录了学生、课程及学生选修课程的情况,如用文件记录的格式,可表示为如图 6-3 所示的形式。

教学管理记录

学号	姓名	性别	照片	出生日期	专业	选课情况	课程情况

图 6-3 教学管理记录示例

这 8 项数据为文件的一条记录,每条记录中的前 6 个数据项是任何学生都具有的而且基本是等长的;而后两个数据项的数据随不同学生选修课程内容的不同,其数据量变化较大。如果采用等长记录形式记录教学管理情况,每个记录的长度必须等于数据量最大记录的长度,例如如果统计出学生选课门数最多为 5 门课程,那么即使只有一个学生选 5 门课程,而大多数学生只选修 3 门课程,教学管理记录中也要设置 5 个数据项以记录选课情况,这样会浪费大量的存储空间。这是文件系统的局限性。

在数据库管理系统中,数据不再只针对某一个应用,而是面向全组织,具有整体结构化。例如一个学校的教学管理涉及许多应用,不仅涉及学生的个人信息,还要考虑选课信息、课程信息、教师信息、教学效果等。可以按图 6-4 所示方式组织教学管理系统中的数据。

这种数据组织方式为各部分的管理提供了必要的记录,使数据结构化了。因此描述数据时不仅要描述数据本身,还要描述数据之间的联系。使用数据库后,不仅数据是结构化的,而且存取数据的方式也很灵活,可以是一组记录、一个记录、一组数据项,甚至是一个数据项,而在文件系统中,数据的最小存取单位是记录,不能存取数据项。

2. 数据由 DBMS 管理和控制

数据管理由专用的软件——数据库管理系统 DBMS 实现。数据库管理系统是位于用户与操作系统之间的一种数据管理软件,如 Access 2010 等,DBMS 能够科学地组织和存取数据,高效地获得和维护数据。

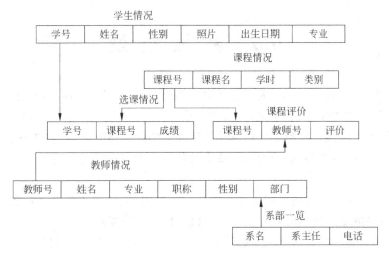

图 6-4　教学数据的组织

3. 数据共享性和独立性高

数据库中的数据不再是面向某一个应用,而是面向整个系统,因此数据可以被多个用户或多个应用共享,大大减少了数据冗余,节约了存储空间。如果应用需求改变,如添加某些功能时,系统较容易扩充。同时由于所有数据统一管理,还能避免人工管理和文件管理中存在的数据间的不一致性与不相容,方便了数据的修改和维护。

数据独立性包括逻辑独立性和物理独立性。逻辑独立性是指应用程序与数据库的逻辑结构相互独立,数据的逻辑结构变了,而应用程序不用改变。物理独立性是指用户的应用程序与存储在磁盘上的数据库中的数据相互独立,数据存储方式由 DBMS 实现,用户不需要了解存取细节。当数据的物理存储改变了,应用程序不用改变。

数据的独立性是通过数据库系统在数据的物理结构与整体结构的逻辑结构、整体数据的逻辑结构与用户的数据逻辑结构之间提供的映像实现的。

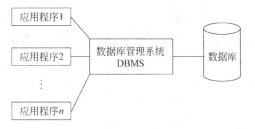

在数据库管理阶段,程序与数据间的关系可用图 6-5 表示。

图 6-5　数据库管理阶段应用程序与数据间的关系

数据库管理系统的出现,使信息系统从简单的数据处理发展到信息管理和更高层次的决策支持系统,数据库已成为现代信息系统重要的基础组成部分。从 1968 年 IBM 研制出第一个商品化的数据管理系统(Information Management System,IMS)开始,数据库系统成为信息处理、办公自动化、计算机辅助设计/制造、人工智能等应用的主要软件工具之一,而数据库技术也成为计算机领域中发展最快的技术之一。

数据库技术的发展是以数据模型的发展为基础的,可以称数据模型的发展过程就是分析数据库技术发展的主线。下面将讨论数据模型。

6.2 数据模型

现实世界的事物是复杂的,人们在认识事物时,通常将事物的主要特征抽取出来,并以一种形式化的方式表示,以简化问题,便于处理,如使用地球仪表述地球概貌。一张地图,一架航模都是模型。模型是人们对客观世界中某种事物的概括,它具备了该事物的基本特征,是现实世界数据特征的抽象。将事物的主要特征抽象地描述表示出来的过程就是建立模型的过程。

数据库是针对一个应用系统所涉及的所有数据的集合,它不仅要反映数据自身的内容,而且要反映数据之间的联系。由于计算机不能直接处理现实世界中的具体事物,因此必须要把具体事物转换为计算机可以处理的数据形式,这个转换过程就是对现实世界进行模拟,通过建立模型的手段,创建数据模型,利用这一工具表示和处理现实世界中的数据和信息。

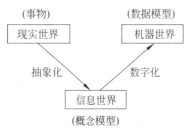

图 6-6 事物、概念模型和数据
模型的关系

根据应用的不同,模型分为两类,它们分属两个不同层次,如图 6-6 所示。一类模型是概念模型,也称信息模型,是从现实世界到信息世界的第一层抽象。这种模型不涉及信息在计算机中的表示和实现,是按用户的观点进行数据信息建模,强调语义表达能力,这种模型比较清晰、直观,容易被理解。另一类是数据模型,也称为结构数据模型,是从信息世界到机器世界的转换。这种模型是面向数据库中数据逻辑结构的,如关系模型、层次模型、网状模型和面向对象的数据模型等,数据库管理系统正是使用这些数据模型,来定义、组织和操纵数据库中的数据。

概念模型用于信息世界的建模,是将客观世界中的事物用某种信息结构表示出来,达到从现实世界到信息世界的抽象。但概念模型是独立于计算机系统的,不是某一个DBMS 支持的模型,计算机不可能直接处理,因此必须把概念模型转换为计算机能够处理的数据,即用数据模型这个工具来抽象和表示各种事物,实现从信息世界到机器世界的转换。而要将现实世界的事物转换为机器世界(计算机)能处理的数字信息,需要经过抽象和数字化:首先从现实世界的事物抽象到信息世界的概念模型,再将信息世界的概念模型经过数字化,转化为机器世界的数学模型(如图 6-6 所示)。

下面分别介绍两个层次的模型——概念模型和数据模型。

6.2.1 概念模型

概念模型用于信息世界的建模,是现实世界到信息世界的第一层抽象,是数据库设计人员和用户间进行数据库设计的有力工具。概念模型描述了现实世界中各种具体事物、事物间复杂的联系,以及用户对数据对象的处理要求,因此要求概念模型具有较强的语义表达能力,而且应该简单、清晰、灵活,易于理解。

要建立概念模型,首先应学习一些信息世界中的基本概念。

1. 信息世界中的基本概念

在信息世界的描述中,涉及的主要概念有以下几个。

1)实体

客观存在并相互区别的事物称为实体(Entity)。如一个学生、一个系、一门课程都是实体。

2)实体集

具有相同特征的实体的集合称实体集(Entity Set)。全体教师是一个实体集,全体学生也是一个实体集。

3)属性

属性(Attribute)是实体所具有的特征。例如"学生"实体的属性可以由学号、姓名、性别、出生日期、专业、照片等组成,这些属性表示了学生的特征。再如实体"系"的属性则为系名、系号、系主任。不同的实体具有不同的特征,因此也就具有不同的属性,从属性的集合可以区分出不同的实体。

而(961105,林伟,男,79-02-03,计算机,)这组数据则表征了一个学生的属性的具体值。

4)关键字

关键字(Key)是能唯一标识实体的属性组。一个实体具有很多属性,在这些属性中会存在由一个或若干属性构成的属性组,这个属性组的值能够区分出一个实体集中的不同的个体,例如每一个学生的学号是不同且唯一的,因此学号可以标识每一个学生,是学生实体的关键字。关键字也称键或码。

5)域

属性的取值范围称为该属性的域(Domain)。例如:当学号由 6 位整数组成时,学号的域就为 6 位整数;若规定姓名必须由字符串构成,则姓名的域为字符串;而性别的域为"男"或"女"。

6)实体型

用实体名及其属性名描述同一类实体为实体型(Entity Type),如描述学生实体的实体型为"学生(学号、姓名、性别、出生日期、专业、照片)",而描述教师实体的实体型为"教师(教师号、姓名、专业、职称、性别、年龄、部门)"。

以上是信息世界中的基本概念,在理解了这些概念的基础上,我们将学习如何建立概念模型。

2. 实体间的联系

建立概念模型的关键是分析实体间的相互联系。

现实世界中事物内部和事物之间都是有联系的,这些联系在信息世界中反映为实体内部和实体间的联系。实体内部的联系是指组成实体的各属性间的联系;实体间的联系是指不同实体集间的联系。

下面重点讨论实体间的联系。

两个实体间的联系分为三类。

1）一对一联系

如果实体集 A 中的每一个实体在实体集 B 中只有一个实体与之联系，反之亦然，则实体集 A 与实体集 B 具有一对一联系，记作 1∶1。假设有实体集"系"和实体集"系主任"（如图 6-7 所示），由于一个系只有一个系主任，而一个系主任也只能是某一个系的主任，例如在"系"实体集中的存在一个实体"自动化系"，则在"系主任"实体集中只有实体"胡敏"与之对应，系主任实体集中的其他实体与"自动化系"均不存在系与系主任的对应关系；反之，"胡敏"也只能与"自动化系"存在对应关系，这时称"系"与"系主任"之间具有一对一联系。

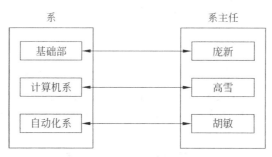

图 6-7　实体间一对一关系

2）一对多联系

如果实体集 A 中的每一个实体在实体集 B 中有 n 个实体与之联系，反之，对于实体集 B 中的每一个实体在实体集 A 中只有一个实体与之联系，则实体集 A 与实体集 B 具有一对多联系，记作 $1∶n$。例如一个系有多个教师，而每个教师只属于某一个系，则实体集"系"与实体集"教师"之间具有一对多联系，如图 6-8 所示。

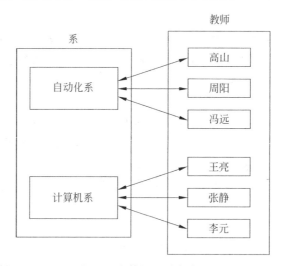

图 6-8　实体间一对多关系

3）多对多联系

如果实体集 A 中的每一个实体在实体集 B 中有 n 个实体与之联系，反之，对于实体集 B 中的每一个实体在实体集 A 中有 m 个实体与之联系,则实体集 A 与实体集 B 具有多对多联系,记作 $m:n$。例如对于实体集"课程"和"学生"(如图 6-9 所示),如果规定一个学生可以同时选修多门课程,而每门课程同时有多个学生选修,则"学生"与"课程"之间具有多对多联系。

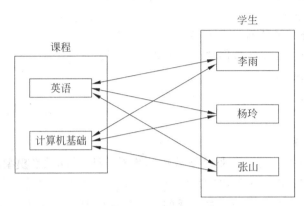

图 6-9　实体间多对多关系

同一个实体集内的各实体之间也存在着一对一、一对多和多对多的联系。

3. 概念模型的表示方法

概念模型应该以简单、清晰、灵活,易于理解的表达方式来表示实体间的联系。概念模型的表示方法很多,其中最著名的是 P. P. S. Chen 于 1976 年提出的实体-联系方法(Entity-Relationship Approach),这种方法也称 E-R 模型(Entity-Relationship Model)。该方法用 E-R 图描述概念模型,E-R 图提供了表示实体、属性和实体间联系的方法,具体画法将在下一章讨论。

6.2.2　数据模型

概念模型虽然将现实世界中的具体事物进行了抽象,但还不能作为计算机直接处理的对象。数据库之所以能统一管理和操纵数据,是因为数据库中的数据是按照特定方式组织和存储的。这种数据的组织方式也就是我们要讨论的数据模型,即结构数据模型。数据模型应满足三方面的要求:一是能真实地模拟事物;二是容易为人所理解;三是便于在计算机上处理。数据模型的形式与数据库系统是密切相连的,是 DBMS 的存储模型。

1. 数据模型的组成

数据模型通常由数据结构、数据操作和数据完整性三部分组成。

数据结构是研究存储在数据库中对象的型的集合,是对系统静态特性的描述。例如人事管理的数据库中,每个人的基本情况(姓名、单位、出生年月、工资、工作年限等)说明了对象"人"的特征,是数据库中存储的框架,即对象的型。它是系统建立数据库逻辑结构的方式。

数据操纵是指对数据库中各种对象实例的操作及有关的操作规则,是对系统动态特性的描述。例如检索、插入、删除、修改对象实例的值等。

数据完整性是用来限定符合数据模型的数据库状态以及状态的变化,保证数据的正确性、有效性和相容性。

在这三个组成部分中,数据结构是描述数据模型的最根本要素,它决定着 DBMS 的功能、组成及管理数据的方式,也决定着数据模型的种类。不同种类的数据模型,这三部分的具体内容也不相同。

2. 常用数据模型的种类

目前 DBMS 中最常用的数据模型有 4 种:

(1) 层次模型;

(2) 网状模型;

(3) 关系模型;

(4) 面向对象模型。

层次模型、网状模型是早期 DBMS 采用的数据模型,属非关系模型;关系模型是 1970 年由美国 IBM 公司首次提出的,自 20 世纪 80 年代以来推出的数据库管理系统几乎都支持这种关系模型,因此是目前应用最广泛的一种数据模型;面向对象模型是数据库技术与面向对象程序设计方法的产物,是一种新型的数据模型。

层次模型的特点是:

(1) 有且仅有一个结点无双亲,该结点称为根结点;

(2) 其他结点有且只有一个双亲;

(3) 上一层和下一层记录类型间联系是 $1:N$。

例如:在一个学校中,每个系分为若干个专业,而每个专业只属于一个系。系与教师、专业与学生、专业与课程之间也是一对多的联系。其数据模型如图 6-10 所示。

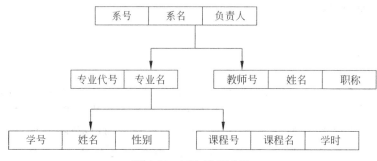

图 6-10　层次模型示例

网状模型的特点是:

(1) 有一个以上的结点没有双亲;

(2) 结点可以有多于一个的双亲。

网状模型去掉了层次模型的限制,允许多个结点没有双亲结点,也允许结点有多个双亲结点,其模型示例如图 6-11 所示。

面向对象数据模型至今没有一个统一的严格的定义,虽然有很多论文对面向对象数据模

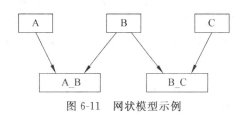

图 6-11　网状模型示例

型进行讨论,但目前仍然缺少统一的规范说明。但是有一点是统一的,即面向对象数据模型具有面向对象的根本特征——对象、类、类层次、封装和继承等,这里就不做详细介绍了。

关系模型是目前 DBMS 使用最多的一种组织数据的方式,是最重要的一种数据模型,其应用最为广泛,下面重点介绍以关系模型为数据模型的关系数据库理论。

6.3 关系数据库理论基础

1970 年美国 IBM 公司 San Jose 研究室的 E. F. Codd 首次提出了数据库的关系模型,开创了关系数据库的理论研究。关系模型的提出,是数据库发展史上具有划时代意义的重大事件。关系理论的研究,进一步促进了关系数据库管理系统的研制。20 世纪 80年代以来推出的数据库管理系统大多支持关系模型,其产品都称为关系型数据库,如第 1章中提到的 Microsoft Access、Oracle、Microsoft SQL Server、Sybase、Informix 和 DB2等,关系型数据库管理系统的应用几乎遍布各个领域。

关系模型由关系数据结构、关系操作和关系完整性组成。下面分析一下这三要素在关系模型中的具体内容。

6.3.1 关系的定义

在介绍关系的定义前,先了解域和笛卡儿积的概念。

1. 域

域是一组具有相同数据类型的值的集合。例如整数、实数、字符串、大于 0 且小于500 的整数、{"男","女"}等都可以是域。

2. 笛卡儿积

给定一组域 $D_1, D_2, \cdots, D_n$,则 $D_1, D_2, \cdots, D_n$ 的笛卡儿积(Cartesian Product)表示为:

$$D_1 \times D_2 \times \cdots \times D_n = \{(d_1, d_2, \cdots, d_n) \mid d_i \in D_i, i = 1, 2, \cdots, n\}$$

其中每一个 $(d_1, d_2, \cdots, d_n)$ 叫作一个 n 元组或简称元组,元组中的每一个值 d_i 叫作一个分量。

笛卡儿积可以表示为一张二维表。表中每一行即对应一个元组,表中的每一列对应一个域。

若 $D_i (i = 1, 2, \cdots, n)$ 为有限集,其基数为 $m_i (i = 1, 2, \cdots, n)$,则 $D_1 \times D_2 \times \cdots \times D_n$ 的基数 M 为 $M = \prod_{i=1}^{n} m_i$。

例如给出三个域:

$D_1 =$ 男人集合 Men $= \{$王兵,李军,张伟$\}$;

$D_2 =$ 女人集合 Women $= \{$丁梅,吴芳$\}$;

D_3＝孩子集合 Children＝{王一,李一,李二}。

$D_1 \times D_2 \times D_3$＝{(王兵,丁梅,王一),(王兵,丁梅,李一),(王兵,丁梅,李二),(王兵,吴芳,王一),(王兵,吴芳,李一),(王兵,吴芳,李二),(李军,丁梅,王一),(李军,丁梅,李一),(李军,丁梅,李二),(李军,吴芳,王一),(李军,吴芳,李一),(李军,吴芳,李二),(张伟,丁梅,王一),(张伟,丁梅,李一),(张伟,丁梅,李二),(张伟,吴芳,王一),(张伟,吴芳,李一),(张伟,吴芳,李二)}

该笛卡儿积的基数＝3×2×3＝18,即有 18 个元组,这 18 个元组可以组成一张二维表,如表 6-2 所示。

表 6-2　D_1,D_2,D_3 的笛卡儿积

Men	Women	Children	Men	Women	Children	Men	Women	Children
王兵	丁梅	王一	李军	丁梅	王一	张伟	丁梅	王一
王兵	丁梅	李一	李军	丁梅	李一	张伟	丁梅	李一
王兵	丁梅	李二	李军	丁梅	李二	张伟	丁梅	李二
王兵	吴芳	王一	李军	吴芳	王一	张伟	吴芳	王一
王兵	吴芳	李一	李军	吴芳	李一	张伟	吴芳	李一
王兵	吴芳	李二	李军	吴芳	李二	张伟	吴芳	李二

3. 关系

$D_1 \times D_2 \times \cdots \times D_n$ 的子集叫作在域 D_1,D_2,$\cdots$,D_n 上的关系,表示为:$R(D_1, D_2, \cdots, D_n)$。其中 R 表示关系名,n 是关系的度。

关系是笛卡儿积的有限子集,所以关系也是一张二维表。表中的每列对应一个域,表中的每行对应一个元组。由于域可以相同,为了加以区分,必须给每列起一个名字,称为属性。

例如针对 Men、Women、Children 集合,存在这样事实:王兵与丁梅是一对夫妻,拥有子女王一;李军和吴芳是一对夫妻,拥有李一和李二两个子女。则从原笛卡儿积中可以得到一个子集 R:

R={(王兵,丁梅,王一),(李军,吴芳,李一),(李军,吴芳,李二)}

R 即称为一个关系,若将该关系命名为 Family,可得到二维表 6-3。

表 6-3　关系 Family

Men	Women	Children
王兵	丁梅	王一
李军	吴芳	李一
李军	吴芳	李二

关系具有以下性质。

（1）关系中每一列的值都是同一类型的数据，来自同一个域。

（2）关系中不同的列可以对应同一个域，但必须给予不同的属性名。

（3）关系中任意两个元组不能完全相同。

（4）关系中元组的次序可以随意交换。

（5）关系中列的次序可以任意交换。

（6）关系中每一个分量必须是不可分的数据项。

每个表中的分量都是唯一的，不可再分的。也就是说，二维表中的每一行、每一列的交叉位置上总是存在一个值，而不是值的集合。

6.3.2　关系模型的常用术语

在现实世界中，人们经常以表格的形式表示数据信息，例如表 6-4 和表 6-5 分别是"教师情况"表和"系部一览"表。从表 6-4 中可知每一个教师的基本情况，从表 6-4 和表 6-5 可知李元的系主任是高雪（注意有阴影的两行），说明这两个表是有联系的，这一联系通过"部门"建立起来。

关系（二维表）

表 6-4　"教师情况"表

教师号	姓名	专业	职称	性别	年龄	部门
010103	林宏	英语	讲师	男	32	基础部
020211	高山	自动化	副教授	男	48	自动化系
020212	周阳	自动化	讲师	女	30	自动化系
030101	王亮	计算机	教授	男	58	计算机系
030106	李元	计算机	助教	男	27	计算机系

表 6-5　"系部一览"表

部门编号	部　门	系主任
0101	基础部	庞新
0202	自动化系	胡敏
0301	计算机系	高雪
0302	信息工程系	韩克
0303	管理系	任强

一个元组
（行）

属性
（列）

在关系模型中,数据的组织形式都类似于上述的二维表格。在关系模型中有一些常用术语。

(1) 关系:即二维表格,如表 6-4 所示。

(2) 元组:表中的一行。

(3) 属性:表中的一列,通常每列有一个列名,即属性名,如表 6-5 对应三个属性:部门编号、部门和系主任。

(4) 键:表中可以唯一确定一个元组的属性组,如表 6-5 中"部门编号",只要给定一个确定的部门编号,就可以确定该部门的部门名称及电话等其他属性值。

注意:键可以是一个属性,也可能由几个属性构成。如"选修"关系中,需要将属性"学号"和"课程号"组合起来才可以唯一确定一个元组,这时键就是"学号"和"课程号"组合构成的属性组。

一个关系中可能存在多个属性组都可以唯一确定一个元组,那么这些属性组就分别是这个关系的候选键。例如"学生"关系中,如果确定学生没有重名,这时属性"学号"、"姓名"就都是候选键,可以从候选键中选取任意一个作为主键。一个关系的候选键可能有多个,但主键只能有一个。

(5) 域:属性的取值范围,如表 6-4 所示教师情况表中,属性"性别"的域是"男"或"女";属性"部门"的域是一个学校所有部门的集合。

(6) 关系模式:对关系的描述,其表示形式为

关系名(属性 1,属性 2,…,属性 n)

例如表 6-5 的关系可描述为:

系部一览(部门编号,部门,系主任)

关系名   属性

注意:关系模式是型,可以理解为是二维表的表头;而关系是值,是若干元组(行)的集合。要注意两者的区别。

6.3.3 关系代数

关系的操作通常用代数方式或逻辑方式来表示,分别称为关系代数和关系演算。这里只介绍关系代数。

关系代数是关系数据操纵语言的一种传统表达方式,其运算对象是关系,运算结果也为关系。

关系代数中使用的运算符包括 4 类:传统的集合运算符、专门的关系运算符、比较运算符和逻辑运算符,如表 6-6 所示。其中传统的集合运算将关系看成元组的集合,其运算是从关系的"水平"方向,即行的角度来进行;专门的关系运算不仅涉及行而且涉及列;比较运算符和逻辑运算符用于辅助专门的关系运算符进行操作。

表 6-6　关系代数运算符

运算符类型	运算符名称	运算符	运算符类型	运算符名称	运算符
传统的集合运算	并	∪	比较运算符	大于等于	≥
	交	∩		小于	<
	差	−		小于等于	≤
	广义笛卡儿积	×		等于	=
专门的关系运算	选择	σ		不等于	≠
	投影	∏	逻辑运算符	非	¬
	连接	⋈		与	∧
	除	÷		或	∨
比较运算符	大于	>			

1. 传统的集合运算

传统的集合运算包括并、交、差、广义笛卡儿积 4 种运算。

设关系 R 和关系 S 具有相同的度 n(即两个关系都有 n 个属性),且相应的属性取自同一个域,则它们的并、交、差和广义笛卡儿积运算定义如下。

1) 并

由属于关系 R 或关系 S 的元组组成的集合为 R 与 S 的并,记作:

$$R \cup S = \{t | t \in R \vee t \in S\}$$

通常关系中的每一个元组用 t 表示。

2) 交

同时属于关系 R 和关系 S 的元组组成的集合为 R 与 S 的交,记作:

$$R \cap S = \{t | t \in R \wedge t \in S\}$$

3) 差

由属于关系 R 而不属于关系 S 的元组组成的集合为 R 与 S 的差,记作:

$$R - S = \{t | t \in R \wedge t \notin S\}$$

关系 R 与 S 的交运算可以用差运算来表示,即 $R \cap S = R - (R - S)$。

4) 广义笛卡儿积

两个分别为 n 度和 m 度的关系 R 和 S 的广义笛卡儿积是一个 $(n+m)$ 度的关系,关系中的每一个元组的前 n 列是关系 R 中的一个元组,后 m 列是关系 S 中的一个元组。若 R 中有 x 个元组,S 中有 y 个元组,则关系 R 和 S 的广义笛卡儿积中有 $x \times y$ 个元组。记作:

$$R \times S = \{\| \overparen{t_r \; t_s} \| | t_r \in R \wedge t_s \in S\}$$

运算时可从 R 的第一个元组开始,依次与 S 的每一个元组组合,然后对 R 的第二个元组进行同样的操作,直至 R 的最后一个元组也进行完同样的操作为止。

例 6-1 已知关系 R、S 和 T 如表 6-7、6-8 及 6-9 所示,求出 $R \cup S$、$R \cap S$、$R - S$ 和 $R \times T$。

				表 6-7 关系 R					表 6-8 关系 S					表 6-9 关系 T

表 6-7 关系 R

A	B	C	D
A_1	B_1	C_1	D_1
A_1	B_2	C_2	D_2
A_2	B_2	C_1	D_3

表 6-8 关系 S

A	B	C	D
A_1	B_2	C_2	D_1
A_1	B_3	C_2	D_2
A_2	B_2	C_1	D_3

表 6-9 关系 T

B	E
B_1	E_1
B_2	E_2

$R\cup S$、$R\cap S$、$R-S$ 和 $R\times S$ 的结果分别如表 6-10、表 6-11、表 6-12 和表 6-13 所示。

表 6-10 关系 $R\cup S$

A	B	C	D
A_1	B_1	C_1	D_1
A_1	B_2	C_2	D_2
A_2	B_2	C_1	D_3
A_1	B_2	C_2	D_1
A_1	B_3	C_2	D_2

表 6-11 关系 $R\cap S$

A	B	C	D
A_2	B_2	C_1	D_3

表 6-12 关系 $R-S$

A	B	C	D
A_1	B_1	C_1	D_1
A_1	B_2	C_2	D_2

表 6-13 关系 $R\times T$

$R.A$	$R.B$	$R.C$	$R.D$	$T.B$	$T.E$
A_1	B_1	C_1	D_1	B_1	E_1
A_1	B_1	C_1	D_1	B_2	E_2
A_1	B_2	C_2	D_2	B_1	E_1
A_1	B_2	C_2	D_2	B_2	E_2
A_2	B_2	C_1	D_3	B_1	E_1
A_2	B_2	C_1	D_3	B_2	E_2

2. 专门的关系运算

专门的关系运算包括投影、选择、连接和除运算。

1）投影

关系 R 上的投影是从 R 中选择若干属性列组成新的关系,记作:

$$\prod_A(R)=\{\,t[A]\mid t\in R\,\}$$

其中 A 为 R 中的属性列。

投影可看作是对一个表的垂直分割,提供了交换列的次序和构造新关系的方法。

例 6-2 已知关系 S 如表 6-8 所示,计算出 $\prod_{A},c(S)$。

$\prod_{A},c(S)$ 的结果如表 6-14 所示。

表 6-14 关系 $\Pi_{A,c}(S)$

A	C
A_1	C_2
A_2	C_1

注意：关系中任意两个元组不能完全相同,因此进行投影运算后得到的关系应消去重复元组。

2）选择

选择是在关系 R 中选择满足给定条件的元组,记作：

$$\sigma_F(R) = \{t \mid t \in R \wedge F(t) = '真'\}$$

其中 F 表示选择条件,它是一个逻辑表达式,取逻辑值"真"或"假"。F 是由比较运算符或逻辑运算符连接组成的表达式,运算对象可以是常量、变量（属性名）或简单函数,属性名也可以用其序号来代替。

选择运算实际上就是从关系 R 中选取使逻辑表达式 F 为真的元组,它是对关系的水平分割。

例 6-3 已知关系 R 如表 6-7 所示,计算出 $\sigma_{A='A_1'}(R)$。

结果如表 6-15 所示。

表 6-15 关系 $\sigma_{A='A_1'}(R)$

A	B	C	D
A_1	B_1	C_1	D_1
A_1	B_2	C_2	D_2

3）连接

连接是从两个关系的笛卡儿积中选取属性间满足一定条件的元组,记作：

$$R \underset{A\theta B}{\bowtie} S = \{\widehat{t_r t_s} \mid t_r \in R \wedge t_s \in S \wedge t_r[A] \theta t_s[B]\}$$

其中 A 和 B 分别是 R 和 S 上的属性组,在 A 和 B 中包含的属性数相同且可比。θ 为比较运算符。连接运算是从 R 和 S 的广义笛卡儿积 $R \times S$ 中选取 R 关系在 A 属性组上的值与 S 关系在 B 属性组上值满足比较关系 θ 的元组。

在连接运算中,有两种最重要、最常用的连接为等值连接和自然连接。

等值连接是 θ 为"＝"的连接运算,它是从 R 和 S 广义笛卡儿积中选取属性组 A,B 属性值相等的元组,记作：

$$R \underset{A=B}{\bowtie} S = \{\widehat{t_r t_s} \mid t_r \in R \wedge t_s \in S \wedge t_r[A] = t_s[B]\}$$

自然连接是一种特殊的等值连接,它要求两个关系中进行等值比较的分量必须是相同的属性组,并且在结果中去掉重复的属性列。若 R 和 S 具有相同的属性组 B,则自然连接可记作：

$$R \bowtie S = \{\parallel \widehat{t_r t_s} \parallel \mid t_r \in R \land t_s \in S \land t_r[B] = t_s[B]\}$$

进行自然连接运算的步骤是：

（1）计算两个关系的笛卡儿积；

（2）在笛卡儿积中选择同名属性上值相等的元组；

（3）去掉重复属性。

例 6-4 已知关系 R 和 S 如表 6-16 和表 6-17 所示，计算出 $R \bowtie S$。

<table>
<tr><td colspan="3">表 6-16 关系 R</td></tr>
<tr><td>A</td><td>B</td><td>C</td></tr>
<tr><td>1</td><td>2</td><td>3</td></tr>
<tr><td>4</td><td>5</td><td>6</td></tr>
<tr><td>7</td><td>8</td><td>9</td></tr>
</table>

<table>
<tr><td colspan="2">表 6-17 关系 S</td></tr>
<tr><td>C</td><td>D</td></tr>
<tr><td>3</td><td>2</td></tr>
<tr><td>6</td><td>3</td></tr>
<tr><td>8</td><td>5</td></tr>
</table>

$R \bowtie S$ 是自然连接，结果如表 6-18 所示。

表 6-18 关系 $R \bowtie S$

A	B	C	D
1	2	3	2
4	5	6	3

4）除

设关系 $R(X, Y)$ 和 $S(Y, Z)$，其中 X, Y, Z 为属性组。R 中的 Y 与 S 中的 Y 为对应的属性，可以有不同的属性名，但必须出自相同的域集。则 R 与 S 的除运算得到一个新的关系 $P(X)$，记作：

$$R \div S = \{t_r[X] \mid t_r \in R \land \Pi_y(S) \subseteq Y_x\}$$

关系 P 的属性由属于 R 但不属于 S 的所有属性组成，且 P 的任一元组与关系 S 组合后都成为 R 中原有的一个元组。

例 6-5 已知关系 R、S_1 和 S_2 如表 6-19、表 6-20 和表 6-21 所示，计算出 $R \div S_1$ 及 $R \div S_2$。

表 6-19 关系 R

A	B	C
a	1	A
a	2	B
a	3	C
b	2	C
b	3	A
c	1	C
d	3	B
e	2	B

表 6-20 关系 S_1

B
3

表 6-21 关系 S_2

B	C
2	B

$R \div S_1$ 及 $R \div S_2$ 的结果如表 6-22 和表 6-23 所示。

表 6-22	关系 $R \div S_1$
A	C
a	C
b	A
d	B

表 6-23 关系 $R \div S_2$
A
a
e

下面再以第一部分的"教学管理"数据库为例,列举一个综合应用关系代数运算的实例。

例 6-6　使用关系运算表示出选修"计算机基础"课程的学生名单。

分析:首先对"课程一览"表进行选择和投影运算,得到一个新的关系 R_1,其内容是课程名为"计算机基础"的课程号,将此关系(R_1)与"学生成绩"表进行自然连接运算及投影运算后,得到选修"计算机基础"课程的学生的学号,再与"学生情况"表进行自然连接运算和投影运算,可得到学生姓名。

$$R_1 = \prod_{\text{课程号}}(\sigma_{\text{课程名}='\text{计算机基础'}}(\text{课程一览}))$$

$$R_2 = \prod_{\text{学号}}(R_1 \bowtie \text{学生成绩})$$

$$R_3 = \prod_{\text{姓名}}(\text{学生情况} \bowtie R_2)$$

6.3.4　关系的完整性

关系的完整性包括实体完整性、参照完整性和用户自定义完整性。

实体完整性要求主键属性的值不能为空值。主键是用来唯一标识实体集中的个体,也可以理解为在一个二维表(关系)中,可以找到唯一一行数据(元组)的值。

例如关系"选修(学号、课程号、分数)"中(如表 6-24 所示),记录了学生选修的课程和成绩。由于一个学生选修了多门课程,而一门课程又有多名学生选修,在这个关系中由学号和课程号构成的属性组是主键,这两个属性都不能为空。一个分数值只有在说明了是某人某门课程的成绩才有意义,只有给出了一对确定的学号和课程号,才能在关系中找到唯一的一个元组。

表 6-24　选修

学　号	课程号	分　数	学　号	课程号	分　数
961101	G03	85	961102	J01	94
961101	J01	90	…	…	…
961102	G03	73			

参照完整性是多个关系间属性引用的一种限制。

例如有以下三个关系模式,其中带下画线的属性为主键(以后带下画线的属性均为主键)。

学生 (<u>学号</u>、姓名) (如表 6-25 所示)
课程 (<u>课程号</u>、课程名) (如表 6-26 所示)
选修 (<u>学号</u>、<u>课程号</u>、分数) (如表 6-27 所示)

参照完整性保证两个关系间正确联系。在上述三个关系中,学生和课程是两个实体,通过选修建立联系,它们之间存在着多对多的关系,存在着属性的引用,即"选修"关系引用了"学生"关系的学号和"课程"关系的课程号,这就要求"选修"关系中学号和课程号的值必须分别是"学生"关系和"课程"关系中存在的值,即"选修"关系中学号和课程号的取值分别需要参照"学生"和"课程"关系中对应属性的取值。

表 6-25　学生关系

学　号	姓　名
961101	李雨
961102	杨玲
...	...

表 6-26　课程关系

课程号	课程名
G03	英语
J01	计算机基础
...	...

表 6-27　选修关系

学　号	课程号	分　数
961101	G03	85
961101	J01	90
961102	G03	73
961102	J01	94
...	...	...

用户定义完整性是根据数据库系统应用环境所形成的一些特殊约束条件。例如假定成绩采用百分制,则选修关系中分数属性的取值应在 0～100 之间;再如预订同一航班的旅客人数不能超过飞机的定员数等。用户定义完整性反映了某一具体应用所涉及的数据必须满足的逻辑要求。

6.4　数据库系统结构

虽然目前关系型数据库软件产品较多,但大多数数据库系统在内部体系上大多采用三级模式的总体结构,在这种模式下,形成两级映像,实现数据的独立性。

6.4.1　数据库系统的三级模式结构

数据库系统的三级模式结构由外模式、模式和内模式构成,如图 6-12 所示。

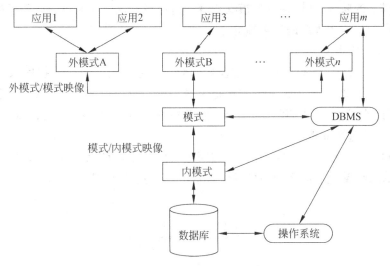

图 6-12 数据库系统的三级模式结构

1. 模式

模式又称逻辑模式,是数据库中全体数据的全局逻辑结构和特性的描述,与数据的物理存储和硬件环境无关,也与具体应用程序无关,它是数据库系统模式结构的中间层,用于连接外模式和内模式。

模式是数据库数据在逻辑级上的表示形式。一个数据库只有一个模式。它定义了数据的逻辑结构和数据之间的联系,还定义了有关数据的安全性和完整性。

2. 内模式

内模式又称存储模式,是数据在数据库系统中的内部表示,即数据的物理结构和存储方式的描述。内模式位于数据库系统模式结构的最底层。一个数据库只有一个内模式。它定义了数据的组织方式、存储方式和存储结构等。

3. 外模式

外模式又称用户模式或子模式,是数据库使用者能够看见和使用的数据的局部逻辑结构和特性的描述。外模式根据用户需求的不同而存在差异。一个数据库可以有多个外模式。同一个外模式可以被多个应用程序使用,但一个应用程序只能使用一个外模式。用户只能通过应用程序,访问所对应的外模式中的数据。

6.4.2 数据库系统的两级映像

数据库系统的三级模式是对数据库中数据的三级抽象,用户之所以可以不必考虑数据的物理存储细节,是因为数据库系统在这三级模式的结构中,提供了两级映像:外模式/模式映像,模式/内模式映像。

1. 外模式/模式映像

外模式/模式映像定义了外模式与模式的对应关系。对于每一个外模式,数据库系统都有一个映像,使之实现与模式的转换。当模式发生改变时,由数据库管理员相应修改各个外模式/模式的映像,从而保持外模式不变。这样根据外模式编写的应用程序也不必修改,保证了数据与应用程序的逻辑独立性。

2. 模式/内模式映像

模式/内模式映像定义了内模式与模式的对应关系。由于一个数据库只有一个模式和一个内模式,因此模式/内模式的映像也是唯一的。当内模式发生改变时,由数据库管理员相应修改模式/内模式的映像,从而保持模式不变,应用程序也不必改变,保证了数据与应用程序的物理独立性。

由于数据库系统结构上的三级模式和两级映像机制,使得数据的定义和描述从应用程序中分离出来,简化了应用程序的编制,减少了应用程序维护的工作量。

习　　题

一、单项选择题

【1】数据库管理系统是一种_____。

　　A. 采用了数据库技术的计算机系统

　　B. 包括数据库管理人员、计算机软硬件以及数据库系统的计算机系统

　　C. 位于用户与操作系统之间的一层数据管理软件

　　D. 包含操作系统在内的数据管理软件系统

【2】数据库是相关数据的集合,它不仅包括数据本身,而且包括_____。

　　A. 数据之间的联系　　　　　　　　B. 数据安全

　　C. 数据控制　　　　　　　　　　　D. 数据操纵

【3】数据模型是对实际事物的数据特征进行抽象来描述事物及事物之间的运动规律的。数据模型主要有关系模型、层次模型和_____。

　　A. 网状模型　　　B. E-R 模型　　　C. 树状模型　　　D. 实体模型

【4】按照所采用的数据模型划分,SQL Server 2008 应当是_____。

　　A. 层次型数据库管理系统　　　　　B. 网状型数据库管理系统

　　C. 关系型数据库管理系统　　　　　D. 混合型数据库管理系统

【5】数据库、数据库系统、数据库管理系统这三者之间的关系是_____。

　　A. 数据库系统包含数据库和数据库管理系统

　　B. 数据库管理系统包含数据库和数据库系统

　　C. 数据库包含数据库系统和数据库管理系统

　　D. 数据库系统就是数据库,也就是数据库管理系统

【6】在一个结构化的数据集合中,有且仅有一个节点无父节点,其他节点有且仅有一个父节点,该数据集合的数据模型是_____。

　　A. 面向对象模型　　B. 关系模型　　　C. 层次模型　　　D. 网状模型

【7】一个关系相当于一张二维表,二维表中的表头相当于该关系的_____。

A. 数据项　　　　　B. 元组　　　　　C. 型　　　　　D. 属性

　　【8】在关系理论中,如果一个关系中的一个属性或属性组能够唯一地标识一个元组,那么可称该属性或属性组为_____。

　　　　A. 索引码　　　　B. 关键字　　　　C. 域　　　　　D. 关系名

　　【9】设"职工档案"数据表中有职工编号、姓名、年龄、职务、籍贯等字段,其中可作为关键字的字段是_____。

　　　　A. 职工编号　　　B. 姓名　　　　　C. 年龄　　　　D. 职务

　　【10】在已知教学环境中,一名学生可以选择多门课程,一门课程可以被多名学生选择,这说明学生数据与课程数据之间存在_____的联系。

　　　　A. 一对一　　　　B. 一对多　　　　C. 多对多　　　　D. 未知

　　【11】下列实体类型的联系中,属于一对多联系的是_____。

　　　　A. 学生与课程之间的联系　　　　B. 学校与班级之间的联系
　　　　C. 商品条形码与商品之间的联系　　D. 公司与总经理之间的联系

　　【12】表示二维表中的"行"的关系模型术语是_____。

　　　　A. 数据表　　　　B. 元组　　　　　C. 记录　　　　D. 字段

　　【13】_____决定数据模型种类。

　　　　A. 数据操纵　　　B. 数据完整性　　C. 数据结构　　　D. 数据操作

　　【14】_____要求主键属性不能为空。

　　　　A. 关系完整性　　　　　　　　　　B. 用户自定义完整性
　　　　C. 参照完整性　　　　　　　　　　D. 实体完整性

　　【15】模式/内模式映像,可以保证数据和应用程序之间的_____。

　　　　A. 逻辑独立性　　B. 物理独立性　　C. 数据一致性　　D. 数据安全性

二、填空题

　　【1】数据管理技术经历了人工处理阶段、___①___和___②___三个发展阶段。

　　【2】现实世界中客观存在并且可以___③___的事物被称为实体,同类实体的集合被称为___④___。

　　【3】在关系中,一个属性的取值范围叫作___⑤___。

　　【4】当前数据库系统的主流是___⑥___型数据库系统。

　　【5】数据模型通常由___⑦___、___⑧___和___⑨___三部分组成。

　　【6】从数据库管理系统的角度划分数据库的体系结构可分为___⑩___、___⑪___和___⑫___三层。

　　【7】___⑬___是数据库中全部的逻辑结构和特征的描述。

　　【8】___⑭___是数据库物理结构和存储方式的描述。

　　【9】___⑮___是用户可以看见和使用的局部数据的逻辑结构和特征的描述。

三、简答题

　　【1】请简述数据管理技术各阶段的特点。

【2】实体间的联系有哪几种？请各举一例说明。

【3】以一个关系为例说明什么是关系、元组、属性、主键和关系模式。

四、综合题

【1】已知关系 R 和 S 如表 6-28 和表 6-29 所示，请计算出 $R \cup S$、$R \cap S$、$R - S$ 和 $R \times S$。

表 6-28　关系 R

x	y	z
X_1	Y_1	Z_1
X_1	Y_2	Z_2
X_2	Y_2	Z_1

表 6-29　关系 S

x	y	z
X_1	Y_2	Z_2
X_1	Y_3	Z_2
X_2	Y_2	Z_1

【2】针对第一部分的"教学管理"数据库中的数据表（如表 3-1～表 3-6 所示），使用关系运算表示出下列结果。

（1）输出课程为公共课或学时不小于 48 学时的课程信息。

（2）输出所有女生的姓名、性别和出生日期。

（3）请表示出学生姓名、选修课程名及分数。

第7章

数据库设计

前面的章节介绍了利用一个数据库管理系统(Access 2010)实现一个数据库应用系统——教学管理系统。前面的内容只解决了系统的实现过程,即如何建立各种对象,并没有解释为什么创建这些对象,如为什么是 6 个表,而不是 5 个或 7 个表;表中的字段名、字段类型和字段长度又是如何确定的等问题,这些问题都是属于数据库设计的内容。

数据库设计不是设计一个完整的数据库管理系统(DBMS),而是根据一个给定的应用环境,构造最优的数据模型,利用 DBMS,建立数据库应用系统(如"教学管理系统"),使之能够有效地存储数据,满足用户对信息的使用要求。在对信息资源合理开发、管理的过程中,数据库技术是最为有效的手段。如何建立一个高效适用的数据库应用系统,是数据库应用领域中的一个重要课题。数据库设计是一项软件工程,具有自身的特点,已逐步形成了数据库设计方法学。

简单地讲,数据库设计包括结构设计和行为设计。

结构设计是指按照应用要求,确定一个合理的数据模型。数据模型是用来反映和显示事物及其关系的。数据库应用系统管理的数据量大,数据间联系复杂,因此数据模型设计得是否合理,将直接影响应用系统的性能和使用效率。结构设计的结果简单地说就是得到数据库中表的结构。结构设计要求满足以下性能:能正确反映客观事物;减少和避免数据冗余;维护数据完整性。数据完整性是保证数据库存储数据的正确性。例如,一个人参加工作的时间不可早于他的出生日期;在教学管理系统中"学生成绩"表中出现的学生必须在"学生情况"表中有对应记录等。

行为设计是指应用程序的设计,即利用 DBMS 及相关软件,将结构设计的结果物理化,实施数据库,如完成查询、修改、添加、删除、统计数据,制作报表等。行为设计要求其能满足数据的完整性、安全性、并发控制和数据库的恢复。并发控制是当多个用户同时存取、修改数据时不发生干扰,不使数据的完整性受到破坏。

数据库设计是一项复杂的工作,它要求设计人员不但具有数据库基本知识,熟悉 DBMS,而且要有应用领域方面的知识,了解应用环境和具体业务内容,才能设计出满足应用要求的数据库应用系统。

7.1 数据库设计过程与设计实例

数据库设计过程一般分为以下 6 个阶段:

(1) 需求分析;

(2) 概念结构设计;

(3) 逻辑结构设计;

(4) 物理结构设计;

(5) 数据库实施;

(6) 数据库运行和维护。

下面介绍各阶段的工作。

7.1.1 需求分析

需求分析阶段的工作是详细准确地了解数据库应用系统的运行环境和用户要求。例如,第一部分中的"教学管理系统"的开发目的是什么;用户需要从数据库中得到何种数据信息;输出这些信息采用何种方式或格式等。这些问题都要在需求分析中解决。需求分析是数据库设计的起点,也是整个设计过程的基础,这个基础直接关系到整个系统的速度与质量。需求分析做得不好,开发出系统的功能可能就会与用户要求之间存在差距,严重时有可能导致整个设计工作从头再来。因此一定要保证需求分析准确、全面。

进行需求分析时首先是通过各种调查方式,明确用户的使用要求。调查的重点是"数据"和"处理"。调查数据就是了解用户需要从数据库应用系统中得到什么样的数据信息,从数据的内容和性质中推导出数据要求,从而决定在数据库中存储哪些数据。而数据处理是了解用户希望以怎样的方式和怎样的格式得到这些数据。

了解了用户的需求后,还需要进一步分析和表达用户的需求,并把结果以标准化的文档表示出来,如使用数据流程图、数据字典和需求说明等。

例如,第一部分中用到的"教学管理系统"的数据流程图和部分数据字典如表 7-1 和图 7-1、图 7-2 所示。

表 7-1 "教学管理系统"数据字典——数据项

数据项名称	数据类型及长度	说　　明
学号	字符,固定长度 6	前 4 位为班号,后两位为在班内序号
学生姓名	字符,可变长度 8	
学生性别	字符,固定长度 2	取值范围:"男"或"女"
……		

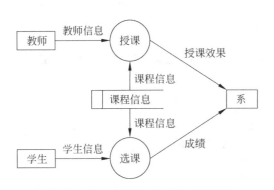

数据流名称：教师信息
来源：教师
去向：处理——授课
包含的数据项：
教师号
姓名
性别
年龄
职称
专业

图 7-1 "教学管理"系统的数据流程图　　　图 7-2 "教学管理"系统的数据字典——数据流

7.1.2　概念结构设计

完成了需求分析工作,只是了解了未来系统中涉及的具体事物及对各种事物的使用要求,而要将现实世界的事物转换为机器世界(计算机)能处理的数字信息,需要经过抽象和数字化:首先从现实世界的事物抽象到信息世界的概念模型,再将信息世界的概念模型经过数字化,转化为机器世界的数学模型。

概念结构设计主要实现由现实世界到信息世界的抽象,建立起概念模型。通常概念模型是以 E-R 图的方式表示出来的。"教学管理系统"的 E-R 图如图 7-3 所示。

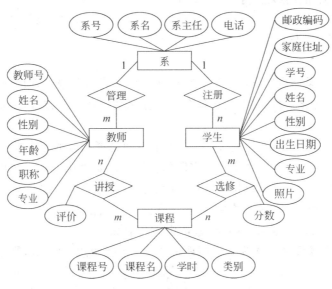

图 7-3 "教学管理系统"的概念模型

7.1.3 逻辑结构设计

概念结构设计主要实现由现实世界到信息世界的转化,建立数据模型。对于"教学管理"系统,其数据模型表示为:

系(<u>系号</u>,系名,系主任,电话)
教师(<u>教师号</u>,姓名,专业,职称,性别,年龄,系号)
学生(<u>学号</u>,姓名,性别,出生日期,专业,照片,家庭住址,邮政编码,系号)
课程(<u>课程号</u>,课程名,学时,类别)
课程评价(<u>教师号</u>,<u>课程号</u>,评价)
选修(<u>学号</u>,<u>课程号</u>,分数)

其中每一行称为一个关系模式,带有下画线的数据项称为主键。

建立了关系模式后,还要考虑数据模型的完整性。例如,在"教学管理系统"中,每个实体的完整性由主键确定;对于参照完整性,在这个例子中,表现在"教师"和"学生"关系模式中的"系号"的取值应来自于"系"关系模式中的"系号",它保证了"教师"和"学生"关系模式与"系"关系模式间属性的引用关系,反映了实体间的联系,另外,"选修"关系模式中的"课程号"、"学号"(关系模式中以斜体表示)的取值应来自于"课程"和"学生"关系模式中的对应值;对于参照完整性,表现为属性"性别"的值只能为"男"或"女"。

根据数据库设计的规范化理论,对于已建立的关系模式,还需要进行规范化设计,通过分析它们之间的相互依赖关系,得到最优的关系模式。

7.1.4 物理设计

进行物理结构设计是根据使用的计算机软硬件环境和数据库管理系统,确定数据库表的结构,并进行优化,为数据模型选择合理的存储结构和存取方法,决定存取路径和分配存取空间等。

数据库系统一般都提供多种存取方法,只有通过选择相应的存取方法,才能满足多用户的多种应用要求,实现数据共享。最常用的存取方法是索引方法。索引类似于图书的目录,在数据库中使用索引可以快速地找到所需信息。建立索引的基本原则是:

(1)如果一个属性(或一组属性)经常在查询条件或在连接操作的连接条件中出现,则考虑在这个属性(或这组属性)上建立索引(或组合索引);

(2)如果一个属性经常作为最大值或最小值等聚合函数的参数,则考虑在这个属性上建立索引。

建立索引的方法,与所使用的具体 DBMS 有关,将在后面的章节中详细论述索引的分类及建立方法。

对于记录的存取格式应考虑如何节省存取空间,例如,使用 0、1 分别代表性别的男、女,这个字段就可以节省一半的空间。

除了采用必要的存取方法外,还应确定数据的存放位置,这需要综合考虑存取时间、存储空间利用率和维护代价三方面的因素。这三个方面经常是相互矛盾的,因此需要进行权衡,选择一个折中的方案。

设计出物理结构后要进行评价,如果满足设计要求,就可以进入数据库实施阶段,否则就要修改甚至重新设计物理结构。

7.1.5　数据库实施

数据库实施是运用DBMS建立数据库,创建各种对象(表、窗体和查询等),编制与调试应用程序,录入数据,进行试运行。

建立表时,一个关系模式就是一个数据表,而关系模式括号内的每一项将成为表中的一个字段。可以使用关系模式的名称作为表的名称,也可以采用其他符号。每个表中的每一个字段应对应关系模式中的每一项。字段名可以使用关系模式中的描述,也可以重新命名。确定了表中包括哪些字段后,还应确定每一个字段的类型及数据长度。

例如,由上述"教学管理系统"的6个关系模式,可以将该系统设计为有6个表,表的名称与关系模式间的关系如表7-2所示。

表 7-2　教学管理系统关系模式与表名对照表

关 系 名 称	表　　名	关 系 名 称	表　　名
系	系部一览	课程	课程一览
教师	教师情况	课程评价	课程评价
学生	学生情况	选修	学生成绩

这一工作过程正是第一部分的内容,这里不再赘述。

7.1.6　数据库运行与维护

数据库系统正式投入使用后,还应不断进行评价、修改与调整。这一时期的工作就是数据库的运行和维护。

上述数据库设计过程可用图7-4表示。

数据库设计过程的基本思想是过程迭代和逐步求精。每完成一个设计阶段,就进行评价,根据评价结果,决定是进行下一阶段或是重新进行这一阶段的工作,甚至更前一阶段的工作。因此整个设计过程往往是上述6个阶段的不断反复。

注意:鉴于目前使用的DBMS大多是关系型的,因此这里所介绍的数据库设计方法也都是针对关系型数据库而言的。至于用其他数据模型建立的数据库的设计方法,这里就不讲述了。

在数据库设计部分将重点学习概念结构设计和逻辑结构设计。

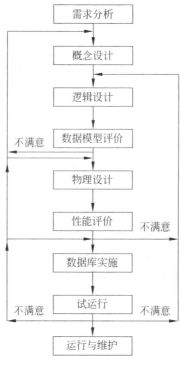

图 7-4　数据库设计流程

7.2　需 求 分 析

　　需求分析是数据库设计的起点,它的主要任务就是分析用户的要求。需求分析的结果是否正确,直接影响着后面几个阶段的设计和整个系统的可用性。

　　进行需求分析时首先是通过各种调查方式,明确用户的使用要求。调查的重点是"数据"和"处理"。如果设计者对系统的业务流程很熟悉,那么这一阶段的工作相对就简单一些,否则它将是最困难、最费时的一步。因为用户与设计者之间存在专业知识间的巨大差距,用户因缺乏计算机知识,一时无法准确、全面地以符合计算机专业术语要求的形式表述出最终需求;而设计者对未来系统应用领域又很陌生,对其业务过程和数据流程可能一无所知,这就要求设计人员深入地与用户交流,才能逐步确定用户的实际要求。

　　进行调查的步骤一般包括:调查各部门的组成和业务活动内容,在熟悉业务活动的基础上,帮助用户进一步明确系统的各种最终要求。调查中可以采取发调查表、请专业人员介绍、询问、跟班作业和查阅资料等方式。

　　在充分了解了用户的需求后,要认真分析用户的要求,与用户进行反复交流,达成共识,并将需求分析结果形成标准文档——数据流程图、数据字典等。

　　数据流程图的基本画法如图 7-5 所示。

　　数据流程图要表述数据来源、数据处理、数据输出以及数据存储,它主要反映了数据

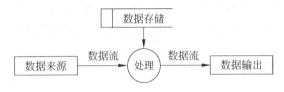

图 7-5　数据流程图基本画法

和处理的关系。

对于数据更详尽的内容则通过数据字典描述。数据字典通常包括数据流、数据存储、数据结构、数据项和处理 5 个部分。其中数据项是数据的最小组成单位,若干数据项构成一个数据结构,数据字典正是通过数据项和数据结构来描述数据流和数据存储的逻辑内容的。数据字典可以使用文字、卡片、表格等方式表示。

关于数据流程图和数据字典的具体画法,请参看软件工程等相关书籍,本书不做详细介绍。

需求分析后形成的文档,必须提交给用户,以取得用户的认可。

7.3　概念结构设计

概念模型的表示方法很多,最著名的是采用实体-联系方法,这种方法也称 E-R 模型法,该方法用 E-R 图描述概念模型。E-R 图提供了表示实体、属性和实体间联系的方法。

7.3.1　E-R 图的表示方法

E-R 图使用的图例如下。

(1) 实体:用矩形表示,矩形框内写明实体名。

(2) 属性:用椭圆表示,椭圆内写明属性名,并且将椭圆用线与相应的实体连接。

(3) 联系:用菱形表示,菱形框内写明联系名,并用线分别与有关的实体连接起来,同时在线上注明联系类型($1:1,1:n$ 或 $m:n$)。

例如有实体学生(学号,姓名,性别)和课程(课程号,课程名,学时),因为一个学生可以选修多门课程,而一门课程可能有多个学生选修,所以这两个实体间的关系是多对多的关系。图 7-6 所示为学生实体、课程实体的属性及其联系的 E-R 图。

图 7-6　学生实体和课程实体的属性及其联系

下面以"教学管理系统"为例,讲述构建 E-R 模型的一般方法。

根据设计要求,"教学管理系统"应对学校中的教师、学生、课程进行管理,掌握课程设置和教师配备情况,并对学生成绩进行管理。通过需求分析后,可知该系统涉及的实体包括教师、系、学生和课程。而对于每一实体集,根据系统输出数据的要求,抽象出如下属性:

系(系号,系名,系主任,电话)
教师(教师号,姓名,专业,职称,性别,年龄)
学生(学号,姓名,性别,出生日期,专业,照片)
课程(课程号,课程名,学时,类别)

作为一个系统内的实体集,这些实体间并不完全相互独立,而存在着联系,对实体间的联系分析如下:

(1) 假定在一个学校内,一个系有多名教师,而一个教师只能属于一个系,因此系与教师之间是一对多联系;

(2) 假定一个系有多名学生,而一个学生只能属于一个系,因此系与学生之间是一对多联系;

(3) 假定一个教师可以讲授多门课程,而一门课程也可以由多个教师讲授,每个教师讲授的每一门课程具有不同的效果(评价),因此教师与课程之间是多对多联系;

(4) 假定一个学生可以选修多门课程,而一门课程也可以被多个学生选修,每个学生选修某门课程都有一个分数,因此学生与课程之间是多对多联系。

将系、教师、学生和课程间的联系用 E-R 图表示的结果如图 7-7(此图略去实体属性)所示。

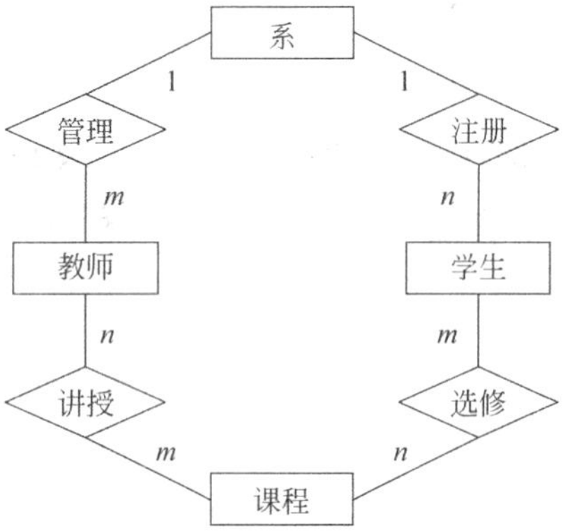

每个教师讲授的每一门课程具有不同的效果,如果希望将教师讲课的效果记录下来,教师与课程之间的联系"讲授"应具有属性,这里以"评价"表示。对于"教学管理系统",学生成绩的管理正是系统的重要内容,因此需要记录每个学生的每一门课程的成绩,而成绩是由学生选修课程后而获得的,因此学生和课程实体间的联系"选修"具有"分数"这一属性。

图 7-7　系、教师、学生和课程间的联系

将实体属性和联系的属性考虑后,图 7-8 给出了"教学管理系统"完整的 E-R 图。

7.3.2　建立 E-R 模型的几个问题

在建立 E-R 模型时有几点需要注意。

1. 相对原则

建立概念模型的过程是一个对现实世界事物的抽象过程,实体、属性、联系是对同一对象抽象过程的不同解释和理解,不同的人抽象的结果可能不同。

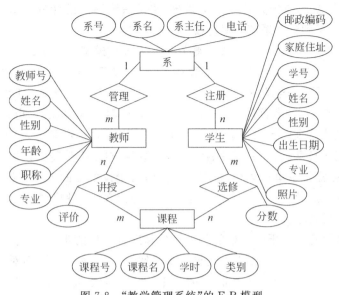

图 7-8 "教学管理系统"的 E-R 模型

2. 简单原则

建立 E-R 模型时,为了简化模型,若现实世界的事物中有能作为属性对待的,则应尽量将其归为属性处理。

属性和实体间没有一定的界限,一般一个事物如果满足以下两个条件之一的,可作为属性对待:

(1) 属性在含义上是不可分的数据项,不再具有需要描述的性质;

(2) 属性不可能与其他实体具有联系。

例如,在讨论学生实体时,有学号、姓名、性别、出生日期、专业等属性,假设还要考虑学生的住宿问题,需要记录下学生的宿舍编号,这时宿舍编号就可以作为学生实体的一个属性。学生实体的 E-R 图如图 7-9 所示。

如果对于宿舍还需要有进一步的详细信息,如宿舍的管理员、宿舍的等级、宿舍管理费、竣工时间、学生入住的时间等,这时宿舍就成为一个实体。其 E-R 模型如图 7-10 所示。

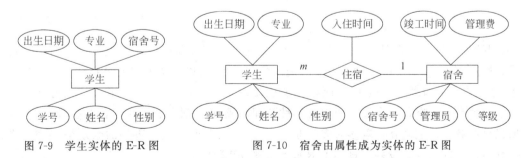

图 7-9　学生实体的 E-R 图

图 7-10　宿舍由属性成为实体的 E-R 图

3. 设计过程

对于复杂的系统,建立概念模型时按照先局部,再总体的思路进行,也就是先根据需求分析的结果,将系统划分为若干个子系统,按子系统逐一设计分 E-R 图,然后再将分 E-R 图集成,最终得到整个系统的概念模型——E-R 图。

下面以一个企业的应用为例,讲述复杂系统的 E-R 模型的建立过程。

例 7-1 一个企业应用包括人员管理、生产管理、设备管理等功能模块。其中,人员管理需要记录职工编号、姓名、职务(干部/工人)、年龄、性别等。一个职工工作于一个部门,一个部门有若干职工。对于各部门应记录部门的编号、部门名称、负责人、电话等信息。

设备管理模块管理设备处的若干人员和若干设备,对于设备需要记录设备编号、名称、价格、装配完成日期、装配的零件名称和零件数量;对于零件需要记录零件编号、名称、规格;对于设备处需记录单位编号、负责人、电话;对于设备处的人员同样记录职工编号、姓名、职务(干部/工人)、年龄、性别等。每一个设备由多种零件装配而成,而一种零件也可能装配在多种设备上。

生产管理模块管理若干生产处的若干人员和进行零件的生产,对于各生产处需记录生产处编号、负责人、电话;对于零件需要记录零件编号、名称、规格;而对于生产处的人员同样记录人员编号、姓名、职务(干部/工人)、年龄、性别等。每一个生产处生产多种零件,而一种零件也可能由多个生产处生产,对于生产需要记录生产日期、生产数量等。

具体建立步骤如下。

(1)设计局部 E-R 模型。

整个系统分为三个模块,因此分别建立各模块的 E-R 图。

首先,设计人员管理的 E-R 模型。人员管理涉及人员和部门,每个人员和部门都有若干具体特征,所以这个模块包含两个实体:人员和部门。由于一个职工工作于一个部门,而一个部门有若干职工,因此部门与人员之间是一对多的关系。人员管理的 E-R 模型如图 7-11 所示。

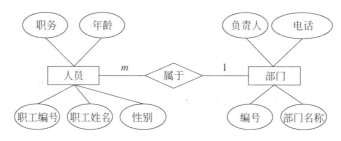

图 7-11 人员管理的 E-R 图

其次,设计设备管理的 E-R 模型。根据系统的需求可以得出:该模块涉及设备处、人员、设备和零件 4 个实体。设备处要管理人员和设备,所以设备处与人员和设备之间有联系,根据设备处有若干人员和若干设备,所以设备处与人员和设备处与设备之间分别是一对多的关系。再有每一个设备由多种零件装配而成,而一种零件可能装配在多种设备上,所以设备和零件之间存在着多对多的联系,装配完成日期和装配零件的数量是"装配"这一联系具有的属性。设备管理的 E-R 模型如图 7-12 所示。

最后,设计生产管理的 E-R 模型。类似设备管理的分析,生产管理模块涉及生产处、人员和零件三个实体。生产处与人员是一对多的关系,生产处与零件之间存在着一对多

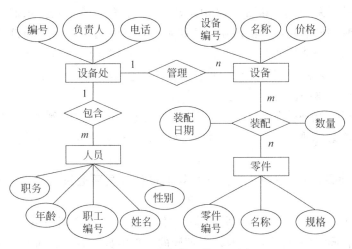

图 7-12　设备管理的 E-R 图

的联系。生产管理的 E-R 模型如图 7-13 所示。

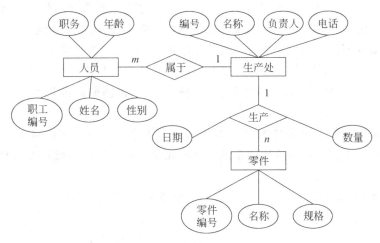

图 7-13　生产管理的 E-R 图

以上就是局部 E-R 模型的设计。

（2）将局部 E-R 模型集成全局 E-R 模型。

由于各个局部的 E-R 模型可能面对不同的应用特点，由不同的人员设计，因此各局部 E-R 模型通常存在许多不一致的地方，形成冲突，在集成全局 E-R 模型时，首先要合理地消除局部 E-R 模型之间的冲突，初步生成 E-R 图。

冲突的种类主要有以下三类。

① 命名冲突：指实体名、属性名、联系名之间存在同名异义或同义异名的情况。

同名异义，即不同意义的对象在不同的局部 E-R 图中具有相同的名称。例如，局部 E-R 图中具有很多称为"名称"的属性，但这些属性并不是同一实体的属性，有的是零件的名称，有的是设备的名称。

同义异名，即同一意义的对象在不同的局部 E-R 图中具有不同的名称。例如，图 7-11

中部门与人员的联系"属于"和图 7-12 中设备处与人员的联系"包含"虽然名称不同,但它们表示的是两种相同的实体间的联系。再如生产管理中的"生产处"和设备管理中的"设备处",实际上都是企业中的部门,与人员管理中的部门是同一个实体。

对于这类冲突,各模块的设计人员要通过讨论、协商等手段,达成一致,使同一意义的对象具有相同的且唯一的命名。

② 属性冲突:指属性值类型、取值范围、取值单位的冲突。例如,对于"年龄",有的模块以出生日期表示职工的年龄,有的模块可能用整数表示职工的年龄,这就出现了冲突。

对于这类冲突,解决的办法也是各模块的设计人员要通过讨论、协商等手段,达成一致。

③ 结构冲突:有两种情况,一种是同一实体在各局部 E-R 图中包含的属性个数和属性次序不完全相同;另一种是同一对象在不同的应用中具有不同的抽象。例如,在人员管理中,"部门"包括编号、部门名称、负责人、电话属性,而在设备管理中,"设备处"具有编号、负责人、电话属性,它们具有的属性个数不同。对于这种冲突的解决办法是使该实体的属性取各分 E-R 图中属性的并集,即将所有不同的属性组合起来作为该实体的属性。此例中"部门"的最终属性应包括编号、部门名称、负责人、电话 4 个属性。

同一对象在不同的应用中具有不同的抽象是指:同一对象在某个局部 E-R 图中被当作实体,而在另一个局部 E-R 图中又被作为一个属性。这时通常根据情况,考虑是将实体变换为属性,或是将属性变换为实体。变换时仍然要遵循前面讲到的有关实体与属性的设计原则。

消除了冲突后形成的 E-R 图,还可能存在一些冗余的实体或实体间联系。所谓冗余的联系是指可以由其他联系导出的联系。出现冗余会增加数据库维护的难度,应当予以消除,以形成最终的 E-R 图。

根据上述的方法和原则,这个企业应用的最终 E-R 图如图 7-14 所示。

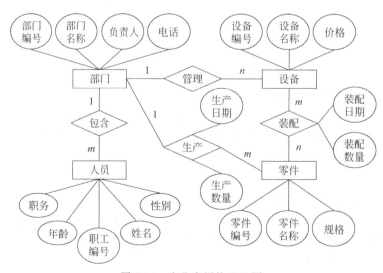

图 7-14　企业应用的 E-R 图

　数据库原理与应用(第 3 版)

7.4 逻辑结构设计

逻辑结构设计的内容简单地说,就是将概念结构设计结果 E-R 图转换为某一种 DBMS 支持的数据模型。使用 Access 2010 设计数据库应用系统时,就要根据 E-R 图设计出数据表结构:共有几个表;每一个表包括哪些字段;每一个字段的类型和数据域是什么;数据完整性有哪些。

逻辑设计的步骤一般分为三步。

(1) 将概念结构转换为数据模型;

(2) 将转换来的模型向特定 DBMS 支持的数据模型转换;

(3) 对数据模型进行优化。

因为目前使用的 DBMS 多为支持关系数据模型的 RDBMS(Relationship Database Management System),因此这里只介绍由概念设计结果 E-R 模型向关系模型的转化。有关数据模型的优化将在 7.5 节论述。

7.4.1 E-R 模型转换为关系模型的方法

E-R 模型向关系模型的转化要解决的问题是如何将实体和实体间的联系转换为关系模型中的关系模式,以及如何确定关系模式的属性和主键。

E-R 模型向关系模型转化时,对于不同的实体、联系及实体间的联系类型,需要采用不同的转换方法。转换时一般遵循以下原则。

1. 实体的转换

一个实体转换为一个关系模式,实体的属性就是关系模式的属性,实体的键就是关系的键。例如,7.3 节中分析的教学管理系统中共有教师、系、学生和课程 4 个实体(如图 7-8 所示),它们转换为关系模式后分别为:

教师 (<u>教师号</u>,姓名,专业,职称,性别,年龄)
系 (<u>系号</u>,系名,系主任,电话)
学生 (<u>学号</u>,姓名,性别,出生日期,专业,照片,家庭住址,邮政编码)
课程 (<u>课程号</u>,课程名,学时,类别)

2. 实体间联系的转换

对于实体间的联系分为以下几种不同情况。

(1) 对于 1∶1 联系可以转换为一个独立的关系模式,也可以与任意一端对应的关系模式合并。图 7-15 所示为具有一对一联系实体的 E-R 图。其中实体"班级"和"班长"转换为关系模式分别为:

班级 (<u>班号</u>,专业,人数)
班长 (<u>学号</u>,姓名,专长)

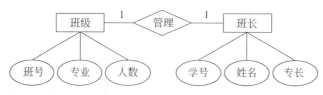

图 7-15 "班级"和"班长"的 E-R 模型

如果联系"管理"转换为一个独立的关系模式,则关系的属性由联系本身的属性和与之联系的两个实体的键组成,而关系的候选键是各实体的键。

管理(<u>班号</u>,学号)

键可以选择"班号"或"学号"。

对于一对一的联系也可以与某一端的关系模式合并。如果与某一端的关系模式合并,则在该关系模式中加入联系自身的属性及另一关系模式的键。如将联系"管理"与"班级"关系模式合并,则"班级"修改为(此例的联系"管理"本身无属性,因此只加入关系模式"班长"的键——学号):

班级(<u>班号</u>,专业,人数,学号)

(2)对于 1∶n 联系可以转换为一个独立的关系模式,也可以与"n"端对应的关系模式合并。

如果转换为一个独立的关系模式,则关系的属性由联系本身的属性和与之联系的两个实体的键组成,而关系的候选键通常为"n"端实体的键。例如,图 7-16 所示的 E-R 图中,"系"和"教师"通过管理建立一对多联系。其中实体"系"和"教师"转换为关系模式后分别为:

系(<u>系号</u>,系名,系主任,电话)
教师(<u>教师号</u>,姓名,专业,职称,性别,年龄)

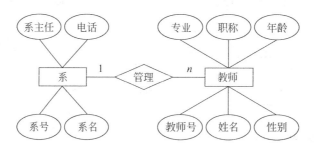

图 7-16 "系"和"教师"的 E-R 模型

如果将管理转换为一个独立关系模式,则关系模式中包括两个实体的键(教师号和系号)及联系的属性(此例的联系"管理"本身无属性),关系的候选键通常由"n"端实体"教师"的键,即"教师号"构成:

管理(<u>教师号</u>,系号)

如果采用合并的方式,应将"管理"与"n"端的实体"教师"关系模式合并,合并时在教师属性中加入"1"端实体"系"的键。合并后候选键没有变化,教师关系模式修改为:

教师(<u>教师号</u>,姓名,专业,职称,性别,年龄,系号)

此例的联系"管理"本身无属性,因此最好采用合并的方式。

(3) 对于 $m:n$ 联系转换为一个关系模式,关系的属性由联系本身的属性和与之联系的两个实体的键组成,而关系的候选键由各实体的键组合而成。例如,"学生"和"课程"实体(如图 7-17 所示)间通过"选修"存在多对多的联系,此联系转换为:

选修(<u>学号,课程号</u>,分数)

其中"分数"为联系本身的属性,"学号"和"课程号"分别是"学生"实体和"课程"实体的键。

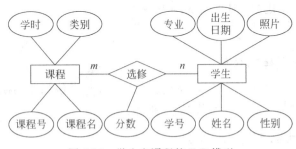

图 7-17 学生和课程的 E-R 模型

7.4.2 E-R 模型转换为关系模型举例

下面将 7.3 节中的教学管理和企业应用实例转换为关系模型。

例 7-2 根据图 7-8 所示的"教学管理系统"E-R 模型建立教学管理系统的关系模型。

(1) 首先将各实体转换为关系模式,分别为:

系(<u>系号</u>,系名,系主任,电话)
教师(<u>教师号</u>,姓名,专业,职称,性别,年龄)
学生(<u>学号</u>,姓名,性别,出生日期,专业,照片,家庭住址,邮政编码)
课程(<u>课程号</u>,课程名,学时,类别)

(2) 将"系"与"教师"间的联系——管理,与教师关系模式合并,由于系与教师是一对多的关系,且联系无属性,这里采用合并的方式,将实体"系"的主属性——系号(以斜体标注),合并到关系"教师"中,键不变,得到新的教师关系模式:

教师(<u>教师号</u>,姓名,专业,职称,性别,年龄,系号)

(3) 将"系"与"学生"间的联系——注册,与"学生"关系模式合并,合并方法同上,得到新的"学生"关系模式:

学生(<u>学号</u>,姓名,性别,出生日期,专业,照片,家庭住址,邮政编码,系号)

（4）将"学生"与"课程"间的联系——选修，转换为关系模式"选修"，因为"学生"与"课程"间是多对多联系，所以必须转换为一个独立的关系模式，其属性由两个实体的主属性及联系自身的属性构成，关系的候选键由两个实体的键组合而成：

选修(<u>学号</u>,<u>课程号</u>,分数)

（5）同上，将"教师"与"课程"间的联系转换为关系模式——课程评价：

课程评价(<u>教师号</u>,<u>课程号</u>,评价)

（6）整理后，图7-8所示的"教学管理系统"的关系模型为：

系(<u>系号</u>,系名,系主任,电话)
教师(<u>教师号</u>,姓名,专业,职称,性别,年龄,系号)
学生(<u>学号</u>,姓名,性别,出生日期,专业,照片,系号)
课程(<u>课程号</u>,课程名,学时,类别)
选修(<u>学号</u>,<u>课程号</u>,分数)
课程评价(<u>教师号</u>,<u>课程号</u>,评价)

例7-3 根据图7-14所示的E-R模型建立企业应用系统的关系模型。

（1）首先将各实体转换为关系模式，分别为：

人员(<u>职工编号</u>,姓名,性别,年龄,职务)
部门(<u>部门编号</u>,部门名称,负责人,电话)
设备(<u>设备编号</u>,设备名称,价格)
零件(<u>零件编号</u>,零件名称,规格)

（2）转换"部门"与"人员"间的联系——包含，因为"部门"与"人员"之间是一对多的联系，且联系无属性，可以采用合并的方式，将"部门"的主属性——部门编号，合并到关系"人员"中，得到新的"人员"关系：

人员(<u>职工编号</u>,姓名,性别,年龄,职务,部门编号)

（3）同上，将"部门"与"设备"间联系——管理，与"设备"关系模式合并，"设备"关系模式修正为：

设备(<u>设备编号</u>,设备名称,价格,部门编号)

（4）转换"部门"与"零件"间的联系——生产，"部门"与"零件"之间是一对多的联系，仍然可以采用合并的方式，但是该联系具有"生产日期"和"生产数量"两个属性，因此建立独立的关系模式更好一些：

生产(<u>零件编号</u>,部门编号,生产日期,生产数量)

（5）转换"设备"与"零件"间的联系——装配，这两个实体间是多对多的联系，因此必须转换为独立的关系模式：

装配(<u>设备编号</u>,<u>零件编号</u>,装配日期,装配数量)

（6）整理后，由图7-14所示的关系模型建立的数据模型为：

人员 (<u>职工编号</u>,姓名,性别,年龄,职务,部门编号)
部门 (<u>部门编号</u>,部门名称,负责人,电话)
设备 (<u>设备编号</u>,设备名称,价格,部门编号)
零件 (<u>零件编号</u>,零件名称,规格)
生产 (<u>部门编号,零件编号</u>,生产日期,生产数量)
装配 (<u>设备编号,零件编号</u>,装配日期,装配数量)

7.4.3　数据完整性设计

数据完整性设计是指实体完整性、参照完整性和用户定义完整性。

实体完整性在确定主键时就完成了,因此不再考虑。

参照完整性是维护实体间的联系,保证关系模式间属性的正确引用。这些属性通常出现在由实体间的联系转换出的关系模式中所联系的实体的主键属性,如企业应用系统中关系模式"装配"中的"设备编号"和"零件编号";或者实体间的联系为一对多或多对多关系,在采用与实体关系模式合并的方法转换实体间联系时,这些属性出现在它合并到的实体关系模式中,如关系模式"人员"和"设备"中的"部门编号",它在实体关系模式中,不是该实体的主键,但是它是被合并的实体的主键,即"部门编号"的值必须来自实体"部门"的主键值。因此要保证被引用的属性的值必须来自它所相对应实体的主键属性值。具体实现方法在不同的 DBMS 中有不同的方法,如 Access 2010 中是通过建立数据表关系实现的。

用户定义完整性要根据具体应用的实际逻辑要求定义。通常是属性值的取值范围,如学生课程成绩只能取 0~100 间的数据;或者是几个属性间数据取值的相互约束关系,如对于一个库存管理,出库数量必须小于现有库存数量。要保证用户定义完整性的正确,一定要认真做好需求分析,了解实际系统的数据要求。

得到关系模式,进行了数据完整性设计后,逻辑结构设计部分的工作就完成了大部分,有时有些模式可能还需要进行规范化(见第 7.5 节内容)。如果没有必要进行规范化,就可以进入数据库设计的下一个阶段——物理设计。根据使用的计算机软硬件环境和数据库管理系统,为数据模型选择合理的存储结构和存取方法,决定存取路径和分配存取空间,以便完成数据库的实施、运行和维护。

7.5　关系模式的规范化

7.5.1　问题的提出

为了提高数据库应用系统的性能,一般应根据需要适当地修改、调整数据模型结构,这就是数据模型的优化。关系模型具有严格的数学理论基础,并形成了一个有力的工具——关系数据库规范化理论。数据模型的优化以规范化理论为基础,本节将介绍有关规范化理论的知识。

一个关系模型中的各属性值之间有时存在着相互依赖而又相互制约的关系。例如，针对供应商建立了如表7-3所示的关系模式。

表7-3　供货(供应商编号,供应商名称,联系方式,商品名称,商品价格)

供应商编号	供应商名称	联系方式	商品名称	商品价格
101	华讯	12345678	光驱	180
101	华讯	12345678	光盘	150
101	华讯	12345678	打印纸	20
102	欣欣	87654321	光盘	160
102	欣欣	87654321	鼠标	56
…				

这个模式存在如下问题。

(1) 数据冗余大。每个供应商可能提供多种商品,如编号为101的供应商提供的商品有光驱、光盘、打印纸,因此在此关系中同一供应商,每提供一种商品就要重复保存一次供应商名称和联系方式,出现大量重复数据。

(2) 数据不一致性。由于冗余大,易产生数据的不一致性。多次重复输入供应商名称和联系方式时,如果出现误操作,就可能造成同一个编号的供应商具有两个不同的名称或联系方式,造成数据错误;而当供应商联系方式发生变化时,就要修改涉及的每一个元组,漏改一项数据又会造成数据的不一致性。

(3) 操作异常。如果某一个供应商还未提供商品,则无法记录该供应商的编号、名称和联系方式等信息,此为插入异常;而如果删除某供应商的全部商品,则该供应商的其他全部信息也将丢失,这称为删除异常。

由此可见该关系模式不是一个好的模式,为了解决上述问题,需要对关系模式进行规范化。

7.5.2　函数依赖与键

在进行规范化过程中有两个很重要的概念——函数依赖和键。

1. 函数依赖

现实世界中实体的属性之间具有相互依赖而又相互制约的关系,这种关系称为数据依赖。数据依赖是通过关系中属性值的相等与否体现出来的数据间的相互关系。目前有许多种类型的数据依赖,其中最重要的是函数依赖。

函数依赖在现实生活中广泛存在,例如,描述"学生"关系:

学生 (学号,姓名,性别,出生日期,专业)

这个关系中有多个属性,由于一个学号只对应一个学生,因此只要学号的值确定了,姓名、性别、出生日期、专业等属性的值也就被唯一确定了，这就类似于当自变量 x 确定后，函数值 $f(x)$ 也就唯一确定了一样。这种数据依赖称为函数依赖，上例中称学号函数决定姓名、性别、出生日期、专业，或者说姓名、性别、出生日期、专业函数依赖于学号，该关系的函数依赖集表示为：

学号→性别

学号→出生日期

学号→专业

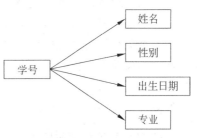

图 7-18 "学生"关系的函数依赖关系

学生关系的函数依赖关系如图 7-18 所示。

函数依赖又分为完全依赖、部分依赖和传递依赖。例如，有一个"成绩"关系：

成绩 (学号,姓名,课程号,课程名,分数)

在"成绩"关系中，学号和课程号是关键码，其函数依赖关系如图 7-19 所示，分数完全依赖于学号和课程号，即只有确定了学号值和课程号的值时才能确定分数值；而课程名只依赖于课程号，姓名只依赖于学号。这里分数就是完全依赖，其函数依赖集表示为：

(学号,课程号)→分数

课程名和姓名是部分依赖，它们的函数依赖集表示为：

学号→姓名

课程号→课程名

注意：在函数依赖中起决定因素的属性可以是单个属性，也可以是复合属性，如此例中的学号和课程号就是复合属性，分数函数依赖于学号和课程号。

假设一个学生只属于一个班，一个班有一个辅导员，但一个辅导员负责几个班，这样可以得到一个关系：

辅导 (学号,班级,辅导员)

此关系的函数依赖关系如图 7-20 所示。在关系中学号决定其所在班级，而班级决定了辅导员，即

图 7-19 "成绩"关系的函数依赖关系

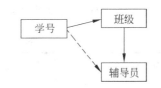

图 7-20 "辅导"关系的函数依赖关系

学号→班级

班级→辅导员

这个关系中就存在着传递依赖，这时辅导员传递依赖于学号，即

学号→辅导员

注意：班级不能决定学号。

2. 键

前面已介绍过键的概念,这里用函数依赖的概念理解键,简单地说在函数依赖中起决定因素的属性或属性组合即为键,也称为候选键。

在一个关系模型中,包含在候选键中的属性称主属性;不包含在候选键中的属性称非主属性。例如前面"成绩"关系中,学号和课程号是主属性,而姓名、课程名和分数是非主属性。

外部键是另一个重要概念。观察下面两个关系：

系(部门编号,系名,系主任,电话)

教师(教师号,姓名,专业,职称,性别,年龄,部门编号)

在关系"教师"中有一个属性——部门编号。它不是此关系的键,但它是关系"系"的主键,这时"部门编号"就称为关系"教师"的外部键,即若属性(或属性组)X 并非关系 R 的主键,但却是另一关系的主键时,则属性 X 是关系 R 的外部键。

7.5.3 关系模式的范式与规范化

当关系满足不同层次的要求时称为范式,满足最低要求的是第一范式,记作 1NF。目前范式包括 1NF、2NF、3NF、BCNF、4NF 和 5NF。

一个低一级范式的关系模式可以分解转换为若干高一级范式的关系模式的集合,这个过程叫作规范化。简单地说,规范化的过程就是将低级范式进行分解的过程。

在数据库设计中通常应达到第三范式。下面讲述 1NF、2NF、3NF 的具体要求和如何进行规范化。

1. 范式与规范化

1) 第一范式(1NF)

如果关系模式 R 的每一个属性只包含单一的值,则关系模式 R 满足 1NF。

例如,表 7-4 所示的关系 score0 就不满足 1NF,因为它的课程名和成绩属性出现重复组,不是单一值——每一个学生有多个成绩,将 score0 修改为表 7-5 所示的关系 score1 后,关系中每一个属性就只包含单一的值了。这时关系 score1 满足了 1NF。

表 7-4 非规范化的关系 score0

学　号	姓　名	课 程 名	成　绩
991101	李雨	英语 计算机基础	85 90
991102	杨玲	英语 计算机基础	73 94
991103	张山	英语 计算机基础	76 85

表 7-5　满足 1NF 的关系 score1

学　号	姓　名	课　程　名	成　绩
991101	李雨	英语	85
991101	李雨	计算机基础	90
991102	杨玲	英语	73
991102	杨玲	计算机基础	94
991103	张山	英语	76
991103	张山	计算机基础	85

关系 score1 虽然满足 1NF,但存在以下的问题。

(1) 如果删除某门课程的成绩,则将学生的信息(学号和姓名)也一同删除了,出现删除异常。

(2) 如果某个学生没有考试成绩,则学生的信息(学号和姓名)也无法输入,出现插入异常。

(3) 学生的信息(学号和姓名)重复数据较多,冗余大,这一方面造成存储空间的浪费,另一方面又可能会出现数据的不一致。

要解决这些问题,就要将关系 score1 进一步进行规范,将其变换为满足 2NF 的关系模式。

2) 第二范式(2NF)

如果关系模式 R 满足 1NF,而且它的所有非主属性完全依赖于主属性,则关系模式 R 满足 2NF。分析关系 score1 的函数依赖关系,如图 7-21 所示,可得到下面结论:

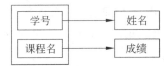

图 7-21　score1 关系的函数依赖关系

学号→姓名
(学号,课程名)→成绩

由此可知,学号和课程名是主属性,姓名和成绩是非主属性,其中成绩完全依赖于主属性学号和课程名,而姓名只依赖于学号,属于部分依赖。遵循第二范式的要求,将关系 score1 中属于部分依赖的属性分解出来,生成一个新的关系模式,即将关系 score1 分解为关系 score2_1 和 score2_2(参见表 7-6 和表 7-7)。

score2_1(学号,姓名)
score2_2(学号,课程名,成绩)

这样每一个关系都满足完全依赖(见图 7-22 和图 7-23)。

表 7-6　满足 2NF 的关系 score2_1

学　号	姓　名
991101	李雨
991102	杨玲
991103	张山

表 7-7 满足 2NF 的关系 score2_2

学　号	课 程 名	成　绩	学　号	课 程 名	成　绩
991101	英语	85	991102	计算机基础	94
991101	计算机基础	90	991103	英语	76
991102	英语	73	991103	计算机基础	85

图 7-22　score2_1 关系的函数依赖关系

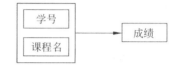

图 7-23　score2_2 关系的函数依赖关系

有些满足了 2NF 的关系仍然有可能存在操作异常的问题,例如,前面提到的关系"辅导":

辅导(学号,班级,辅导员)

在这个关系中,一旦确定了学号,其所在的班级和辅导员就可确定,因此满足 2NF,但在插入、删除时还会存在这样的问题:

(1) 未分配辅导任务的教师就无法加入到关系中;

(2) 如果教师不再承担辅导任务,从关系中删除时相应的学号和班级信息也将被删除;

(3) 如果某个班级更换了辅导员,则要修改与该班级有关的所有元组的内容,稍有疏忽就有可能造成数据的不一致。

存在这些问题的原因是该关系中虽然满足 2NF,但存在传递函数依赖,因此要向 3NF 转换,去除非主属性对主属性的传递函数依赖。

3) 第三范式(3NF)

如果关系模式 R 满足 2NF,而且它的所有非主属性都不传递依赖于主属性,则关系模式 R 满足 3NF。

关系辅导(学号,班级,辅导员)中辅导员传递依赖于学号,要去除非主属性辅导员对主属性学号的传递函数依赖,应将原关系分解为两个关系:班级和辅导。

班级(学号,班级)
辅导(班级,辅导员)

分解后的两个关系模式就满足 3NF 了。

在关系数据库中,对关系模式的基本要求是满足第一范式,实际应用中通常要求满足第三范式。关系模式的规范化过程是通过对关系模式的分解实现的,把低一级的关系模式分解为若干高一级的关系模式。

进行规范化的关键是分析函数依赖,在保证关系中每一个属性只包含单一值的情况下,将关系模式中存在部分函数依赖和传递函数依赖的属性分离出来,分别建立新的关系模式,这样形成的关系模式就达到了第三范式要求。

2. 数据库规范化应用实例

下面举两个数据库规范化的应用实例。

例 7-4 分析 7.5.1 节中关系模式"供货(供应商编号,供应商名称,联系方式,商品名称,商品价格)"的函数依赖集,并将其规范到第三范式。

分析:由于每一个供应商编号可以唯一确定一个供应商,因此供应商编号决定了供应商的名称和联系方式。对于同一种商品,不同的供应商提供该商品的价格会不同,所以商品价格是由供应商编号和商品名称共同决定的。通过上述分析,可知这个关系模式的函数依赖集为:

供应商编号→供应商名称

供应商编号→联系方式

(供应商编号,商品名称)→商品价格

可以看出这个关系模式存在部分依赖,需要进行分解,转换为以下两个关系:

供应商 (供应商编号,供应商名称,联系方式)

供货信息 (供应商编号,商品名称,商品价格)

分解后得到的关系模式不再存在部分函数依赖,满足了第二范式;同时由于其不存在传递函数依赖,因此也达到了第三范式。

例 7-5 建立一个关于系、学生、班级、学会等信息的关系数据库模型。

有关各实体的属性和实体间关系描述如下。

描述学生的属性有:学号、姓名、出生年月、班号、宿舍区。描述班级的属性有:班号、专业名、人数、入校年份。描写系的属性有:系名、系号、系办公室地点、人数。描述学会的属性有:学会名、成立年份、地点、人数。

每个学生可参加若干学会,每个学会有若干学生。学生参加某学会有一个入会年份。

一个系有若干专业,一个专业只属于一个系,每个班有若干学生。

一个班的学生住在同一宿舍区,一个宿舍区有若干个班的学生。

经过建立 E-R 模型和将 E-R 模型转换为关系模型后,得到以下 5 个关系模式:

系 (系号,系名,系办公室地点,人数)

班级 (班号,系号,专业名,人数,入校年份)

学生 (学号,班号,姓名,出生年月,宿舍区)

学会 (学会名,成立时间,会员人数)

入会 (学号,学会名,入会时间)

下面分析各关系模式的函数依赖关系。

1)系

由于每个系具有不同的编号,因此系号决定系名、系办公室地点和系的人数,其函数依赖集为:

系号→系名

系号→系办公室地点

系号→人数

这个模式中每一个属性只包含单一的值,每个非主属性都完全依赖于主属性,且不存在传递函数依赖,因此此模式满足 3NF。

2) 班级

由于每个班具有不同的编号,因此班号函数决定专业名称、班级人数和班级的入校年份。而一个专业只属于一个系,所以专业名决定了系号,整个关系模式的函数依赖集为:

班号→专业名
班号→人数
班号→入校年份
专业名→系号

可以看出这里存在传递依赖:班号→专业名→系号,这个关系只满足 2 NF,需要进一步规范化,将其分解为"班级"和"专业"两个关系模式:

班级 (班号,专业名,人数,入校年份)
专业 (专业名,系号)

3) 学生

由于学号是主键,所以学号决定姓名、班号、出生年月、宿舍区,但是由于一个班的学生住在同一宿舍区,所以更准确地说,应该是班号决定宿舍区。整个关系模式的函数依赖集为:

学号→姓名
学号→班号
学号→出生年月
班号→宿舍区

这里又存在传递依赖:学号→班号→宿舍区。所以将原来的"学生"关系分解为:

学生 (学号,班号,姓名,出生年月)
宿舍 (班号,宿舍区)

4) 学会

学会关系模式的函数依赖集为:

学会名→成立年份
学会名→地点
学会名→人数

显然这个模式满足 3 NF。

5) 入会

"入会"关系模式的函数依赖集为:

(学号,学会名)→入会年份

显然这个模式也满足 3 NF。

综合上面的分析,此例最终建立的关系模式为:

系(系号,系名,系办公室地点,人数)

班级 (<u>班号</u>,专业名,人数,入校年份)

专业 (<u>专业名</u>,系号)

学生 (<u>学号</u>,班号,姓名,出生年月)

宿舍 (<u>班号</u>,宿舍区)

学会 (<u>学会名</u>,成立年份,地点,人数)

入会 (<u>学号</u>,<u>学会名</u>,入会年份)

7.6 设计实例——期刊采编系统

下面以设计一个期刊杂志社的期刊采编系统为例,按照数据库设计步骤,依次完成各阶段设计任务,完整地演示关系型数据库设计过程。

7.6.1 需求分析

期刊采编的主要任务是由编辑部的编辑人员对稿件进行编辑,决定稿件收录的期刊的刊次和栏目;设计排版部的设计人员,负责期刊的设计排版工作。对应这一过程的数据流程图如图 7-24 所示。

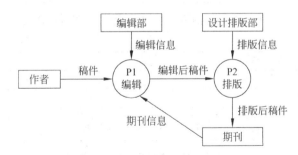

图 7-24 期刊采编系统的数据流程图

对应图 7-24 中各数据流的数据字典如图 7-25~图 7-30 所示。

数据流名称:稿件
来源:作者
去向:P1编辑
包含的数据项:标题、作者、字数、正文

图 7-25 期刊采编系统的数据流——稿件

数据流名称:编辑信息
来源:编辑部
去向:P1编辑
包含的数据项:编辑部编号、名称、负责人、电话、职工编号、职工姓名、年龄、性别、职务、权限

图 7-26 期刊采编系统的数据流——编辑信息

数据流名称：期刊
来源：期刊
去向：P1编辑
包含的数据项：期刊名称、刊号、出版日期

图 7-27　期刊采编系统的数据流——期刊

数据流名称：编辑后稿件
来源：P1编辑
去向：P2排版
包含的数据项：稿件编号、标题、作者、字数、正文、编辑姓名、编辑日期、期刊名称、刊号、所属栏目

图 7-28　期刊采编系统的数据流——编辑后稿件

数据流名称：排版信息
来源：设计排版部
去向：P2排版
包含的数据项：设计部编号、名称、负责人、电话、职工编号、职工姓名、年龄、性别、职务、权限

图 7-29　期刊采编系统的数据流——排版信息

数据流名称：排版后稿件
来源：P2排版
去向：期刊
包含的数据项：稿件编号、标题、作者、字数、正文、编辑姓名、编辑日期、期刊名称、刊号、所属栏目、设计者、完成日期、出版日期

图 7-30　期刊采编系统的数据流——排版后稿件

期刊采编系统的数据项如表 7-8 所示。

表 7-8　期刊采编系统的数据项

数据项名称	数据类型及长度	说　　明
部门编号	整型	采用序列编号
部门名称	字符,可变长度 50	
负责人	字符,可变长度 50	不能为空
电话	字符,可变长度 24	
职工编号	整型	采用序列编号
姓名	字符,可变长度 30	不能为空
性别	字符,固定长度 2	取值为"男"或"女"

数据项名称	数据类型及长度	说 明
年龄	整型	取值范围 1～100
职务	字符,可变长度 20	多数人为"编辑"
权限	字符,可变长度 100	
期刊编号	字符,固定长度 9	前 3 位是期刊名称缩写,中间 4 位是年号,最后两位是年度内序号
期刊名称	字符,可变长度 50	
设计者	字符,可变长度 30	
完成日期	日期	
出版日期	日期	
稿件编号	整型	采用序列编号
标题	字符,可变长度 180	不能为空
作者	字符,可变长度 30	
正文	字符	不能为空
字数	整型	
编辑者	字符,可变长度 30	
编辑日期	日期	
所属栏目	字符,可变长度 50	

经过需求分析后,将系统的功能目标整理如下:期刊采编系统包括人员管理、稿件生产管理、期刊设计排版管理等功能模块。

人员管理模块管理部门及职工信息。一个职工工作于一个部门,一个部门有若干职工。

稿件生产管理模块管理若干编辑部的若干人员和进行稿件的生产。每一个编辑部编辑多篇稿件,而一篇稿件只由一个编辑部编辑。

期刊设计排版模块管理设计排版部的若干人员和若干期刊。每一本期刊由多篇稿件编排而成,并由一个部门负责排版设计。

7.6.2 概念结构设计

这个系统包括三个管理模块,因此建立概念模型时按照先局部,再总体的思路进行,也就是先根据需求分析的结果,按子系统逐一设计分 E-R 图,然后再将分 E-R 图集成,最终得到整个系统的概念模型——E-R 图。

具体建立步骤如下。

(1) 设计局部 E-R 模型。

整个系统分为三个模块,因此分别建立各模块的 E-R 图。

首先,设计人员管理的 E-R 模型。人员管理涉及人员和部门,每个人员和部门都有若干具体特征,所以这个模块包含两个实体"人员"和"部门"。由于一个职工工作于一个部门,而一个部门有若干职工,因此"部门"与"人员"之间是一对多的关系。人员管理的E-R 模型如图 7-31 所示。

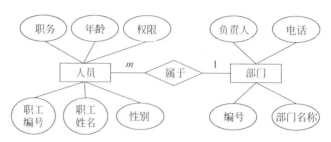

图 7-31　人员管理的 E-R 图

其次,设计稿件生产管理的 E-R 模型。稿件生产管理模块涉及中文编辑部、人员和稿件三个实体。中文编辑部与人员是一对多的关系,中文编辑部与稿件之间存在着一对多的联系。稿件生产管理的 E-R 模型如图 7-32 所示。

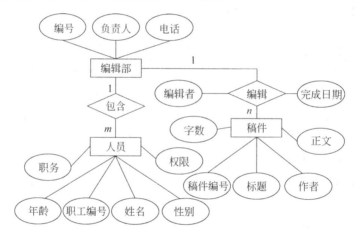

图 7-32　稿件生产管理的 E-R 图

最后,设计期刊设计排版的 E-R 模型。根据系统的需求可以得出:该模块涉及设计排版部、人员、期刊和稿件 4 个实体。设计排版部管理人员和编排期刊,所以设计排版部与人员和期刊之间有联系,根据设计排版部有若干人员和若干期刊,可得设计排版部与人员和设计排版部与期刊之间分别是一对多的关系。再有每一本期刊由多篇稿件编排而成,所以期刊和稿件之间也存在着一对多的关系。期刊设计排版的 E-R 图如图 7-33所示。

（2）合成全局 E-R 图。

分析三个局部 E-R 图可以看出涉及的实体有:部门、编辑部、设计排版部、人员、稿件和期刊。其中编辑部和设计排版部就是期刊杂志社的部门,因此部门、编辑部、设计排版部三个实体存在同义异名的冲突,解决的办法是使用唯一的实体名"部门"。注意,使用统

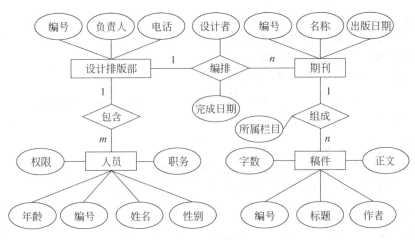

图 7-33　期刊设计排版的 E-R 图

一的实体"部门"后,出现了结构冲突,部门的属性有 4 个,而实体"编辑部"和"设计排版部"的属性是三个,相差在"部门名称"上。使用"部门"实体名后,取它们属性的并集,即属性保留原部门实体的 4 个属性。

另外,图 7-33 中存在许多同名异义冲突,如许多实体属性中都存在"编号",合成总 E-R 图时要修改这些属性名。

期刊采编系统的最终 E-R 如图 7-34 所示。

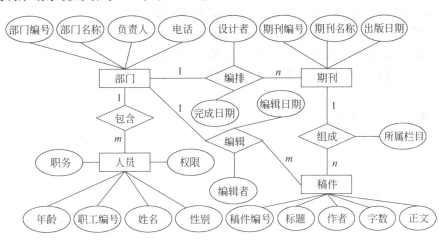

图 7-34　期刊采编系统总 E-R 图

7.6.3　逻辑结构设计

逻辑结构设计包括将 E-R 图转换为关系模式、设计数据完整性、分析数据模型的规范化等。

（1）由 E-R 图转换为关系模式。

首先,将 4 个实体转换为关系模式的结果为:

部门(<u>部门编号</u>,部门名称,负责人,电话)
人员(<u>职工编号</u>,姓名,性别,年龄,职务,权限)
期刊(<u>期刊编号</u>,期刊名称,出版日期)
稿件(<u>稿件编号</u>,标题,作者,字数,正文)

其次,将4个联系转换为关系模式,由于这4个联系都是一对多的类型,因此采用与"多"端的实体合并的方法,结果为:

部门(<u>部门编号</u>,部门名称,负责人,电话)
人员(<u>职工编号</u>,姓名,性别,年龄,职务,权限,部门编号)
期刊(<u>期刊编号</u>,期刊名称,出版日期,部门编号,设计者,完成日期)
稿件(<u>稿件编号</u>,标题,作者,字数,正文,部门编号,编辑者,编辑日期,期刊编号,所属栏目)

(2)设计数据完整性。

实体完整性通过确定主键已完成。

对于参照完整性,实体"部门"与"人员"的联系"包含"转换时采用了合并的方式,因此"多"的一端实体的关系模式"人员"中的属性"部门编号"来自于"一"的一端主键,是实体间的引用属性,保证实体"部门"与"人员"间的正确联系。同样关系模式"期刊"中的属性"部门编号"以及关系模式"稿件"中的属性"部门编号"和"期刊编号"也都是实体间的引用属性。

用户定义完整性包括:

关系模式"人员"中的属性"性别"的值只能为"男"或"女";

关系模式"人员"中的属性"年龄"的值只能为1~100间;

关系模式"人员"中的属性"职务"的默认值为"编辑";

关系模式"期刊"中的属性"期刊编号"固定为9位,前三位是期刊名称的缩写码,为字母,后6位由数字构成。

(3)数据模型的规范化。

这4个模式都只存在完全依赖,不存在部分依赖和传递依赖,因此均满足第三范式。

7.6.4 物理设计

数据存放的位置设定在"d:\magmis\data"下。

在存取方法的设计上,采用索引方法。对于4个关系模式,分别以主键建立索引,另外在关系模式"人员"中的属性"年龄"和关系模式"稿件"中的属性"字数"上分别建立索引,以提高统计函数(如求极值、平均值等)的运算效率。

对于数据库的实施、运行、维护,与选定的具体数据库管理系统有关。具体内容将在以后的章节中论述。

习　题

一、单项选择题

【1】数据库设计过程的流程为_____。

  A. 需求分析、概念设计、逻辑设计、物理设计、数据库实施、数据库运行和维护

  B. 需求分析、逻辑设计、概念设计、物理设计、数据库实施、数据库运行和维护

  C. 需求分析、概念设计、物理设计、逻辑设计、数据库实施、数据库运行和维护

  D. 需求分析、概念设计、逻辑设计、物理设计、数据库运行和维护、数据库实施

【2】若采用关系数据库来实现应用,在数据库设计的_____阶段将关系模式进行规范化处理。

  A. 需求分析　　　B. 概念设计　　　C. 逻辑设计　　　D. 物理设计

【3】在数据库设计中,E-R 模型是进行_____的一个主要工具。

  A. 需求分析　　　B. 概念设计　　　C. 逻辑设计　　　D. 物理设计

【4】关系模型是由一个或多个_____组成的集合。

  A. 元组　　　　　B. 关系　　　　　C. 属性　　　　　D. 关系名

【5】在信息世界表示实体型和实体间联系的模型称为_____。

  A. 层次模型　　　B. 关系模型　　　C. 网状模型　　　D. E-R 模型

【6】在关系模式 R 中,若所有非主属性都完全依赖于主属性,则 R 一定满足_____。

  A. 2NF　　　　　B. 3NF　　　　　C. 4NF　　　　　D. 5NF

【7】若关系模式 R 满足 2NF,则_____。

  A. 一定满足 3NF　　　　　　　　　　B. 消除了插入异常

  C. 消除了删除异常　　　　　　　　　D. 可能仍然存在插入和删除异常

【8】关系模式规范化的常规流程为_____。

  A. 先消除非主属性对主属性的部分依赖,再消除非主属性对主属性的传递依赖

  B. 先消除非主属性对主属性的传递依赖,再消除非主属性对主属性的部分依赖

  C. 对于满足 1NF 的关系模式,先消除非主属性对主属性的部分依赖,再消除非主属性对主属性的传递依赖

  D. 对于满足 1NF 的关系模式,先消除非主属性对主属性的传递依赖,再消除非主属性对主属性的部分依赖

【9】_____不能独立于数据库管理系统。

  A. 逻辑设计　　　B. 概念设计　　　C. 需求分析　　　D. 物理设计

【10】将 E-R 图中实体间满足一对多的联系转换为关系模式时_____。

  A. 可以将联系合并到"一"端实体转换后得到的关系模式

  B. 可以将联系合并到"多"端实体转换后得到的关系模式

C. 必须建立独立的关系模式

D. 只能合并到"一"端实体转换后得到的关系模式

二、填空题

【1】在 E-R 图中,实体用　①　表示,属性用　②　表示,实体之间的联系用　③　和　④　表示。

【2】在关系模式 R 中,若每个属性都是单一值,则 R 满足　⑤　范式。

【3】将局部 E-R 图集成全局 E-R 图时,需要解决　⑥　冲突、　⑦　冲突和　⑧　冲突。

【4】　⑨　完整性维护实体间的联系。

【5】在函数依赖集"学号→姓名"中,　⑩　是决定因素。

三、简答题

【1】将现实世界的事物转换为计算机能处理的数字信息需要经过哪两个过程?

【2】在 E-R 图中如何表示实体间一对一、一对多和多对多的关系?

【3】关系完整性有哪几种? 请各举一例说明。

【4】逻辑设计的任务和步骤是什么?

【5】由 E-R 图转换为关系模型的关键是什么?

【6】实体间的一对一、一对多、多对多关系转换为关系模型时各有什么方法?

【7】什么是函数依赖? 一个关系模式的函数依赖关系怎样表述?

【8】函数依赖有哪几种? 请举例说明。

【9】关系模式的 1NF、2NF、3NF 的要求是什么? 如何实现。

【10】举例说明什么是主键和外部键。

四、综合题

【1】某图书管理系统对图书、读者及读者借阅情况进行管理。系统要求记录图书的书号、书名、作者、出版日期、类型、页数、价格、出版社名称、读者姓名、借书证号、性别、出生日期、学历、住址、电话、借书日期和还书日期。请用 E-R 图表示出该业务的概念模型,并设计出系统的关系模型。

【2】现有一个网上商城订单管理系统,需要管理订单信息。主要记录包括用户名、收货人姓名、联系电话、送货地址、邮政编码、订货日期、订单状态。每张订单需要有流水号,且一张订单可以购买多种商品。订单中要记录商品编号、商品名称、商品规格、商品单价、购买数量。请用 E-R 图表示出该系统的概念模型,并设计出系统的关系模型。

【3】工厂(厂名和厂长名)需要管理以下信息:

(1) 厂内有多个车间,每个车间有车间号、车间主任名、电话;

(2) 一个车间内有多名工人,每个工人有职工号、姓名、年龄、性别、工种及等级;

(3) 一个车间生产多种产品,产品有产品号、产品名;

(4) 一个车间生产多种零件,一种零件也可能由多个车间制造,零件有零件号、重量、材料；

(5) 一个产品由多个零件组成,一种零件也可能装配在多种产品上。

根据以上信息,建立系统的 E-R 模型,并设计出系统的关系模型。

【4】有一图书发行公司,将各出版社的图书发行到各书店。书店订书时,每笔订单可能订购多种图书。假设有如下一个关系模式:图书发行(订单号,书店编号,书店名称,书店地址,书店联系电话,书号,书名,单价,订购数量,出版社编号,出版社名称,出版社联系电话,付款方式,经手人,订书日期)。请将该关系模式规范为第三范式。

第三部分

提高篇——SQL语言

第8章

SQL 概述

前面的章节中,讲解了一种数据库管理系统——Access 2010 的使用方法,并介绍了数据库基本理论知识以及关系型数据库的设计方法。掌握这些知识,可以初步解决一定的实际应用问题,如建立教学管理系统。但 Access 2010 属于小型的桌面数据库系统,在如今的网络时代,数据量极大,实际应用中,像 Access 2010 这样的 DBMS 很难解决所有的应用问题,有时必须使用像 Oracle、DB2、SQL Server 等大中型数据库。

每一种数据库软件都有其不同的可视化操作界面和使用方法,这里不可能一一列举。但是对于关系型数据库系统软件,有一种共同的面向集合的数据库语言——结构化查询语言(Structured Query Language,SQL)。它可以完成创建、修改数据库各种对象的功能,类似于 Access 2010 中创建表、进行查询等的操作,都可以使用结构化查询语言中的命令完成。可以说,掌握了结构化查询语言,就掌握了使用关系型数据库的精髓。

因此,为使读者的数据库知识能提高一个层次,从这一章开始,将讲述有关结构化查询语言的知识,以使读者具有更强的应变能力,将来能适应不同的关系型数据库软件,快速掌握各种 DBMS。

8.1 SQL 的历史

结构化查询语言简称为 SQL,是由 IBM 实验室的 Boyce 和 Chamberlin 开发的。1974 年,IBM 的 Ray Boyce 和 Don Chamberlin 将 Codd 关系数据库的 12 条准则的数学定义以简单的关键字语法表现出来,里程碑式地提出了 SQL 语言。SQL 语言的功能包括查询、操纵、定义和控制,是一个综合的、通用的关系数据库语言;同时又是一种高度非过程化的语言,只要求用户指出做什么而不需要指出怎么做。在 SQL 产生之前,所有的查询语言都是由不同的数据库管理系统自己实现的。SQL 集成实现了数据库生命周期中的全部操作。自产生之日起,SQL 语言便成了检验关系数据库的试金石,而 SQL 语言标准的每一次变更都引导着关系数据库产品的发展方向。

在 SQL 语言取得进展的同时,IBM 研究中心于 1973 年开始着手 SystemR 项目,其目标是论证一个全功能关系 DBMS 的可行性。该项目结束于 1979 年,建立了第一个实现 SQL 的 DBMS。1986 年 10 月,美国国家标准局(American National Standard Institute, ANSI)的数据库委员会 X3H2 把 SQL 批准为关系型数据库语言的美国标准,并公布了标准文本——ANSI SQL-86,同年公布了标准 SQL 文本。1987 年,国际标准化组织(International Standard Organization,ISO)也通过了该标准。

目前 SQL 标准有多个版本。基本 SQL 定义是 ANSIX3135-89,“Database Language-SQL with Integrity Enhancement”[ANSI89],一般叫作 SQL-89。SQL-89 定义了模式定义、数据操作和事务处理。SQL-89 和随后的 ANSIX3168-1989,“Database Language-Embedded SQL”构成了第一代 SQL 标准。ANSIX3135-1992[ANSI92]描述了一种增强功能的 SQL,叫作 SQL-92 标准。SQL-92 包括模式操作、动态创建和 SQL 语句动态执行、网络环境支持等增强特性。在完成 SQL-92 标准后,ANSI 和 ISO 即开始合作开发新的 SQL 标准,推出 SQL-95、SQL-99。其主要特点在于抽象数据类型的支持,为新一代对象关系数据库提供了标准。

SQL 语言简洁,功能丰富,很快被许多数据库厂商采用,经过不断修改完善,SQL 最终成为关系型数据库的标准语言。

SQL 成为国际标准后,它在数据库以外的领域也受到了重视,在许多领域,不仅把 SQL 作为数据检索的语言规范,还把它作为图形、声音等信息类型检索的语言规范。SQL 已经成为并将在今后相当长时间里继续成为数据库领域以及信息领域的主流语言。

8.2 SQL 的主要特点和组成

SQL 是一种非过程化、面向集合的数据库语言。

所谓非过程化,就是只要向系统说明需要做什么,希望得到的结果是什么即可,而不需要列出实现目标的详细过程。例如,在“教学管理”系统中,如果希望检索出课程为公共课或学时不小于 48 学时的课程,使用 SQL 表述为:

```
select 课程名,学时,类别
    from 课程一览
        where 类别="公共课"  or 学时>=48
```

即只要表示为:从“课程一览”表中找出课程类别是公共课或课程学时不小于 48 的课程的课程名、学时、类别,不需要写明如何查找到就能得到结果。如果使用传统的高级语言,实现这样一个功能,需要编写一段程序,采用某种检索算法,详细描述出查找的过程。这就是 SQL 不同于那些面向过程的高级语言的地方,因此它是非过程化的语言。

面向集合的特点是指 SQL 的运算参数和结果都是集合形式——表。例如,上例中查询操作的参数是“课程一览”表;结果是由课程名、学时、类别三列数据组成的,包括多行数据的表。

SQL 语句的主要内容正如它的名字——结构化查询语言,其最核心的语句是实现查询功能的 select 语句。但 SQL 的功能不仅限于完成查询操作,还包括数据定义、数据操纵及数据控制方面的功能。每一个语句有一个主要动词，SQL 语句的核心动词有 9 个，详见表 8-1。

表 8-1　SQL 语句的 9 个核心动词

功 能 分 类	动 词	含 义
数据定义(DDL) Data Definition Language	create	创建对象
	alter	修改对象
	drop	删除对象
数据操纵(DML) Data Manipulation Language	select	检索数据
	insert	添加数据
	update	更新数据
	delete	删除数据
数据控制(DCL) Data Control Language	grant	授予用户权限
	revoke	删除用户权限

　　SQL 虽然具有国际标准，但各数据库厂商在自己的数据库产品上，都有各自的实现版本，每种 SQL 版本都有自己的扩充。例如，大型数据库管理系统 Oracle 使用的是 PL/SQL，适用于 Oracle 的所有版本。它是由标准 SQL 和一组能够根据不同条件控制 SQL 语句执行的命令组成。再如 Transact-SQL 是 Sybase 和 Microsoft SQL Server 的数据库产品，也称为 T-SQL。它不仅包含了 ANSI SQL 的大多数功能，而且对语言做了一些扩充，加入了流程控制语句和局部变量等功能，可以执行更为复杂的语句。

　　考虑到目前大多数用户使用的计算机是微型计算机，操作系统是 Microsoft 的 Windows 系列，因此在后面的章节中，为了利于用户搭建应用环境，将选用 Microsoft 的数据库产品——SQL Server 2008 作为运行软件，以 Transact-SQL 为标准，学习 SQL 命令。

8.3　SQL Server 2008 的安装

　　Microsoft SQL Server 2008(基于结构化查询语言的数据库服务器)是 Microsoft 公司的数据库产品，是基于客户/服务器结构的数据库管理系统。它具有在企业级应用的特点：能够存储大容量数据，保证数据安全性、维护数据完整性，具有自动高效的机制，能运行分布式事务。

8.3.1　SQL Server 2008 安装前的准备

1. SQL Server 2008 的版本

在讲述 SQL Server 2008 的安装之前，先介绍一下它的版本，不同的版本对安装环境有着不同的要求。

SQL Server 2008 的版本有：

（1）企业版（Enterprise Edition）；

（2）标准版（Standard Edition）；

（3）工作组版（Workgroup Edition）；

（4）Web 版（Web Edition）；

（5）简易版（Express Edition）；

（6）压缩版（Compact Edition）；

（7）开发版（Developer Edition）；

（8）试用版（Enterprise Evaluation Edition）。

各版本特点、支持的细节和安装时在硬件、软件上的不同要求，读者可以参考 SQL Server 2008 联机丛书或从 Microsoft 官方网站获取。其中简易版是免费版本，很适合学习或创建小型服务器应用，下面以安装 SQL Server 2008 Express 为例，介绍安装要求。表 8-2 示出了 SQL Server 2008 Express 对硬件环境的最低要求。

表 8-2　SQL Server 2008 Express 安装时硬件环境

硬　件	最　低　要　求
处理器	x64 要求 AMD Opteron、AMD Athlon 64、具有 Intel EM64T 支持的 Intel Xeon、具有 EM64T 支持的 Intel Pentium IV
	32 位要求 Pentium III 兼容处理器或更快处理器
内存（RAM）	至少 512MB，建议 1GB 或更大
硬盘空间	根据选择的 SQL Server 数据库组件从 150MB 到 800MB
监视器	VGA 或更高分辨率，分辨率至少为 1024×768 像素

以上要求只是 SQL Server 运行的最低需求，实际工作中在上述参数上运行 SQL Server 时，效率是非常低的，所以一般应高于以上配置。由于对服务器的访问时间不确定，所以一般要求 SQL Server 应使用不间断电源。

2. 操作系统要求

安装 SQL Server 2008 Express 时，对操作系统也有一定要求，常用的是 Windows XP SP2、Windows Vista、Windows 7、Windows Server 2003 SP2 和 Windows Server 2008。

3. 网络软件要求

在客户/服务器系统中，用户在本地计算机上运行被称为客户端的应用程序，如果要访问网络中远程服务器上的数据库时，需要通过网络协议实现通信。

SQL Server 2008 独立的命名实例和默认实例支持以下网络协议：

（1）Shared Memory；

（2）Named Pipes；

（3）TCP/IP；

（4）VIA。

SQL Server 2008 不支持 Banyan VINES 顺序包协议（SPP）、多协议、AppleTalk 和 NWLink IPX/SPX 网络协议。

任意一个用户应该通过设置网络连接属性，选择其中一种网络协议。具体设置方法参见有关网络书籍。

4. 软件组件要求

安装 SQL Server 2008 Express 之前，需要事先安装以下软件组件。

（1）.NET Framework 3.5 SP1；

（2）Windows Installer 4.5；

（3）Windows PowerShell 1.0。

这些软件可以从 Microsoft 官方网站免费得到。如果没有事先安装，也可以在安装过程中，依据安装向导提示，进行安装。

8.3.2 SQL Server 2008 的安装过程

下面以安装 SQL Server 2008 Express 为例讲述安装过程。下载原始安装程序时要选择 SQL Server 2008 with Advanced Services，还要注意与处理器一致，即 64 位或 32 位。

（1）执行安装程序，解压文件后，打开如图 8-1 所示的"SQL Server 安装中心"界面。

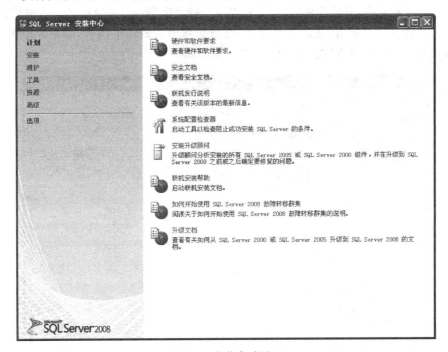

图 8-1　安装启动界面

（2）单击左侧"安装"按钮，选择"全新 SQL Server 独立安装或向现有安装添加功能"选项，如图 8-2 所示。

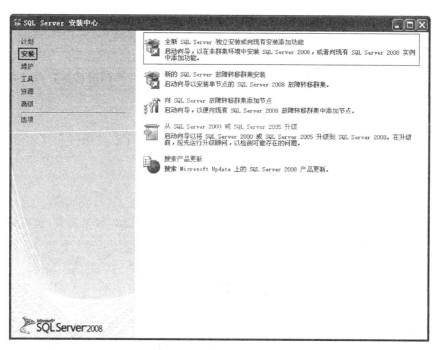

图 8-2　选择安装功能

（3）进入安装后，系统首先弹出"安装程序支持规则"界面，系统配置检查器将验证要运行安装的计算机。单击"显示详细信息"按钮会列出规则详细内容，如图 8-3 所示。所有检查通过后，单击"确定"按钮，继续安装。

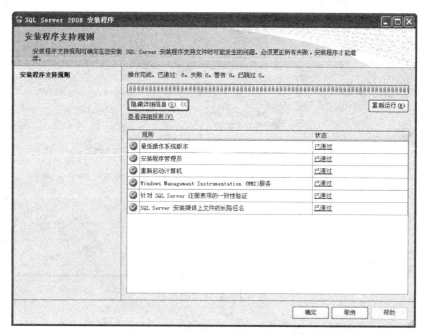

图 8-3　"安装程序支持规则"界面（一）

（4）安装程序进入"安装程序支持文件"界面，如图 8-4 所示。单击"安装"按钮，完成必要文件安装。如在 8.3.1 中提到的. NET Framework 3. 5 SP1、Windows Installer 4. 5 等。如果之前没有安装这些组件，系统会提供向导，给出下载地址的链接，指导用户进行安装。安装成功后，系统会显示安装检查结果，如图 8-5 所示。通过检查后，单击"下一步"按钮。

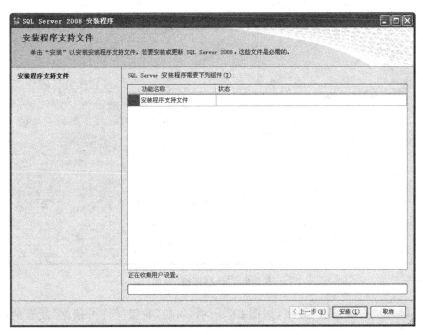

图 8-4 "安装程序支持文件"界面

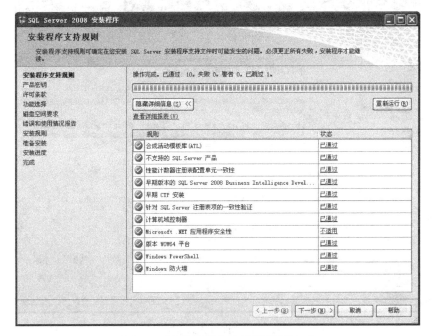

图 8-5 "安装程序支持规则"界面(二)

（5）在图 8-6 所示的"产品密钥"窗口直接单击"下一步"按钮。

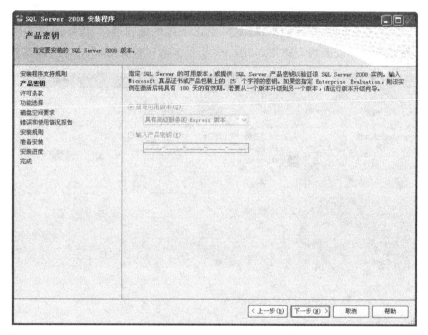

图 8-6 "产品密钥"界面

（6）随后是"许可条款"界面,如图 8-7 所示,勾选"我接受许可条款"复选框,单击"下一步"按钮。

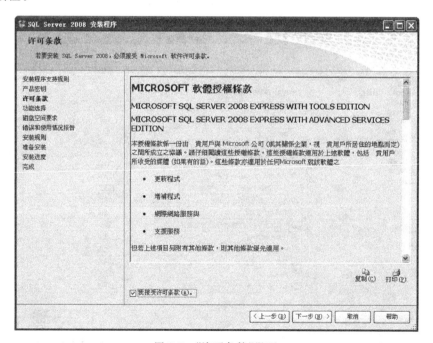

图 8-7 "许可条款"界面

（7）进入如图 8-8 所示"功能选择"界面，在"功能"区域，勾选选择安装的组件后单击"下一步"按钮。

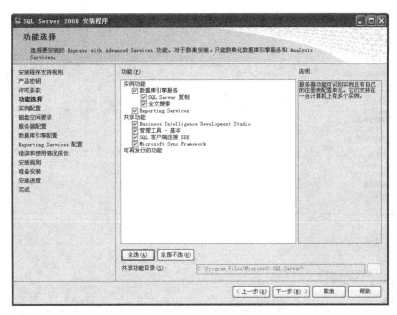

图 8-8　"功能选择"界面

（8）图 8-9 所示对话框用于配置安装实例。如果是默认安装或升级默认的实例，用户可以使用默认选项"默认实例"，直接单击"下一步"按钮。如果用户需要升级命名实例或安装命名实例，则选择"命名实例"选项，在文本框中自己输入实例名或单击"已安装的实例"按钮，查看已安装实例，选择用于升级的实例名。设置安装实例名后单击"下一步"按钮。

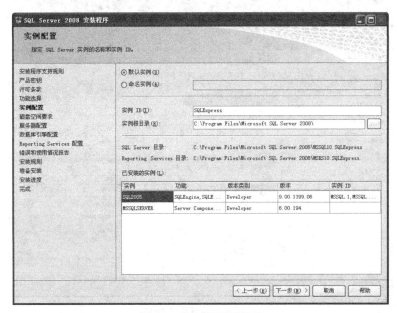

图 8-9　"实例配置"界面

（9）图 8-10 界面为空间磁盘要求，系统会检查磁盘可用空间的大小，直接单击"下一步"按钮。

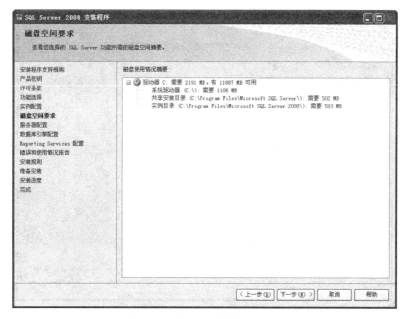

图 8-10　"磁盘空间要求"界面

（10）图 8-11 所示界面用于服务器配置。在"服务帐户"选项卡界面，用户可以设置各个服务的启动帐户及是否自动启动等功能。这里选用本地系统帐户 NT AUTHORITY\SYSTEM。

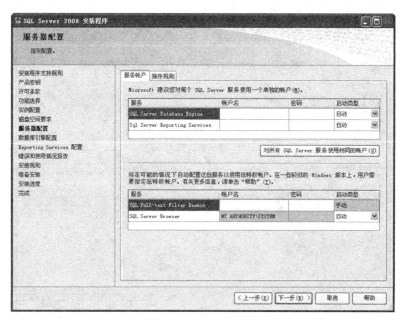

图 8-11　设置服务帐户

打开"排序规则"选项卡的内容,如图 8-12 所示,可以采用系统默认配置,或单击"自定义"按钮,打开图 8-13 所示界面,进行规则设置。完成设置后,单击"下一步"按钮。

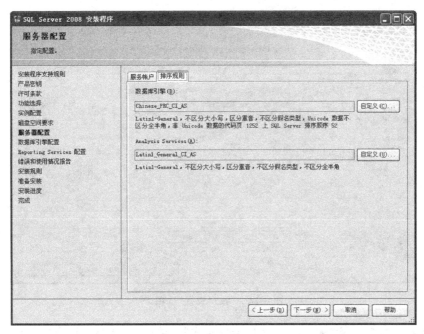

图 8-12 "排序规则"选项卡

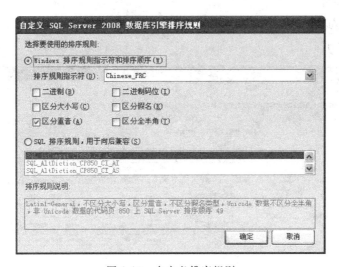

图 8-13 自定义排序规则

(11) 图 8-14 所示界面为数据库引擎设置。"帐户设置"选项卡用于确定身份验证模式。SQL Server 2008 提供了两种验证方式。

① Windows 身份验证模式:指通过了操作系统的身份验证后,即可使用 SQL Server。

② 混合模式:指通过了操作系统的身份验证后,还要通过 SQL Server 的身份验证才可使用 SQL Server。当安装时选择此验证模式时需要为系统内置的用户 sa 设置密码。

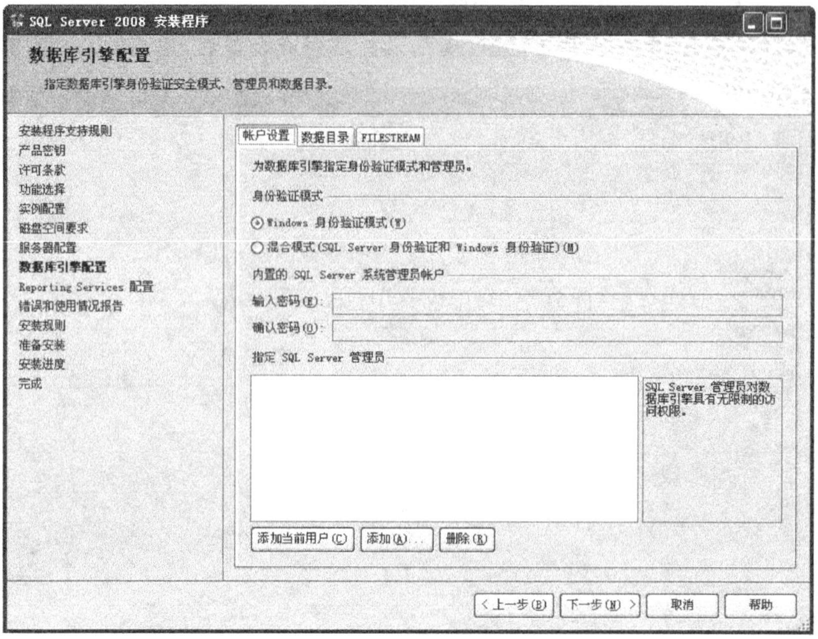

图 8-14 "帐户设置"选项卡

　　这里接受默认设置"Windows 身份验证模式"。单击"添加当前用户"或"添加"按钮,为系统指定管理员。

　　"数据目录"选项卡用于设置数据库安装、数据、备份等各种路径。这里使用默认选项,如图 8-15 所示。

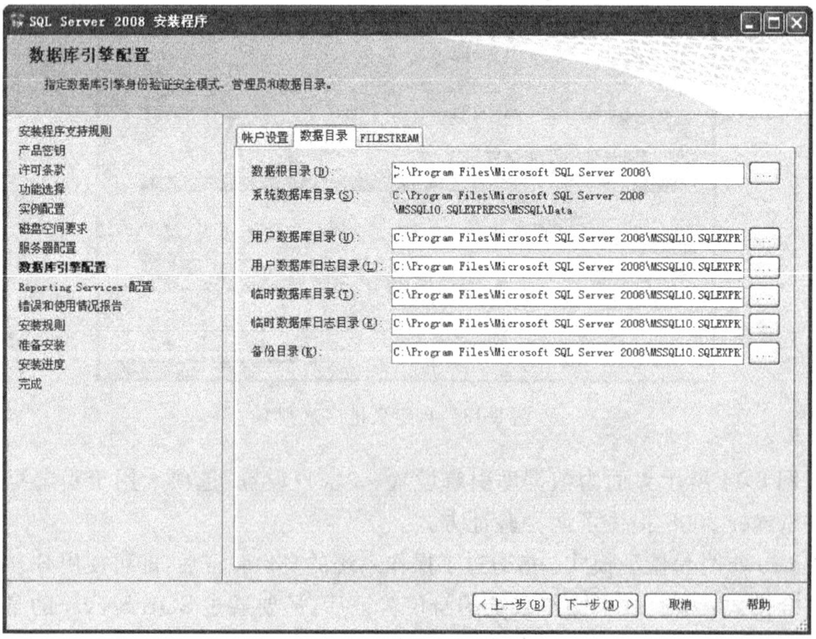

图 8-15 "数据目录"选项卡

"FILESTREAM"选项卡用于设置是否启用 FILESTREAM,这里选择不启用,如图 8-16 所示。单击"下一步"按钮。

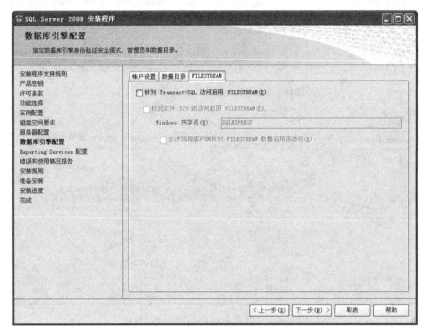

图 8-16 "FILESTREAM"选项卡

(12) 图 8-17 所示为"Reporting Services 配置"界面,采用默认设置,直接单击"下一步"按钮。

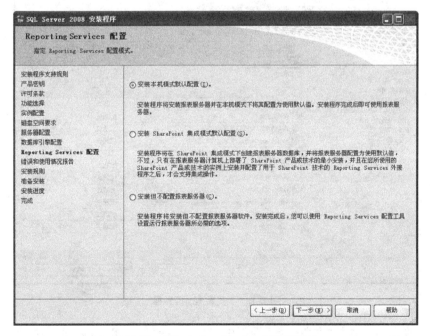

图 8-17 "Reporting Services 配置"界面

（13）图 8-18 所示为"错误和使用情况报告"界面，直接单击"下一步"按钮。

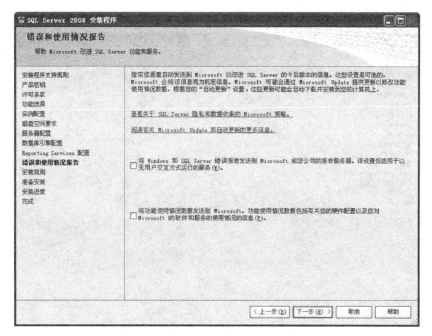

图 8-18 "错误和使用情况报告"界面

（14）图 8-19 所示为"安装规则"界面，检查通过后，单击"下一步"按钮。

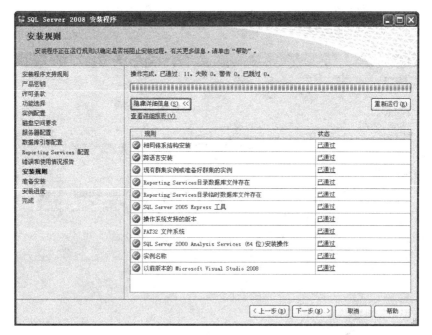

图 8-19 "安装规则"界面

（15）在随后出现的"准备安装"界面中列出选择的安装组件，如图 8-20 所示。如果用户需要修改安装设置,则单击"上一步"按钮,否则单击"安装"按钮,进入安装过程。

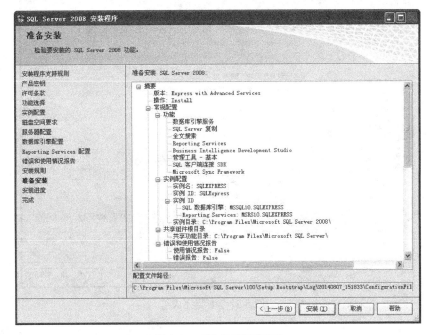

图 8-20 "准备安装"界面

(16) 安装过程中系统将显示安装进度,如图 8-21 所示。各功能安装成功后,单击"下一步"按钮。图 8-22 为安装"完成"界面,单击"关闭"按钮,结束安装。

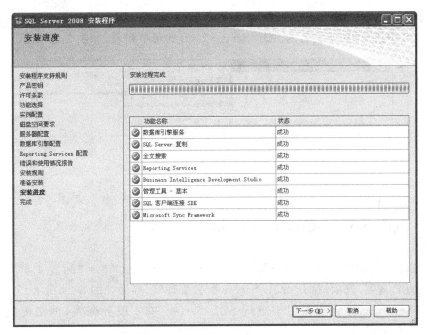

图 8-21 "安装进度"界面

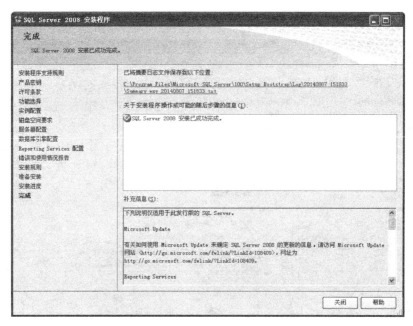

图 8-22　安装完成

8.4　SQL Server 2008 的管理工具

成功安装了 SQL Server 2008 和联机丛书后,单击"开始"→"程序"→Microsoft SQL Server 2008 按钮,得到安装后的 SQL Server 2008 的菜单列表,如图 8-23 所示。

图 8-23　菜单列表

下面介绍几个最常用的管理工具。

8.4.1　SQL Server Configuration Manager

依次选择"开始"→"程序"→Microsoft SQL Server 2008→"配置工具"→"SQL Server 配置管理器"选项,打开 SQL Server 配置管理器,界面如图 8-24 所示。

SQL Server 配置管理器用于进行 SQL Server 2008 服务配置、网络配置和 SQL Native Client 配置。

SQL Server 2008 服务包括 SQL Server、SQL Server Analysis Services、SQL Server

SQL Server服务

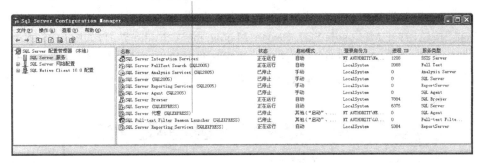

图 8-24　SQL Server 配置管理器

Integration Services、SQL Server Agent、SQL Server Browser 服务和 SQL Server FullText Search，具体拥有的服务数量与安装时选项有关（如图 8-14 所示），其中 SQL Server 服务是最基本最重要的服务，要使用 Microsoft SQL Server 2008，必须保证 SQL Server 服务处于运行状态。若 SQL Server 服务处于"已停止"状态，则要通过右击 SQL Server(MSSQLSERVER)，打开快捷菜单，选择"启动"命令，使 SQL Server 运行起来。

8.4.2　Microsoft SQL Server Management Studio(MSSMS)

依次选择"开始"→"程序"→Microsoft SQL Server 2008→SQL Server Management Studio 进入 MSSMS，系统首先打开"连接到服务器"对话框，界面如图 8-25 所示。

图 8-25　"连接到服务器"对话框

对于"服务器类型"需保持"数据库引擎"。

打开组合框"服务器名称"，可以搜索到网络上的服务器，默认值通常是本机。

"身份验证"组合框具有两个待选值："Windows 身份认证"和"SQL Server 身份认证"。这里安装时选择的是"Windows 身份认证"，因此初次运行时只能选择该选项。单击"连接"按钮，打开 Microsoft SQL Server Management Studio 界面，如图 8-26 所示。如果安装时选择了"SQL Server 身份认证"，初次运行时也可以选择"SQL Server 身份认证"，当选择该选项时，系统要求输入用户名和密码，在没有建立其他用户时，只能以"sa"作为用户名登录。

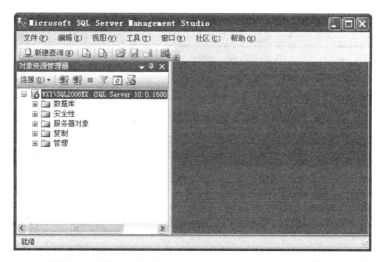

图 8-26　Microsoft SQL Server Management Studio 窗口

Microsoft SQL Server Management Studio 基本界面默认会打开"对象资源管理器"界面。选择"视图"菜单，如图 8-27 所示，可以看到系统还提供了其他工具，如常用的"已注册的服务器"、"模板资源管理器"和"属性窗口"等。用户可以根据需要打开相应工具。

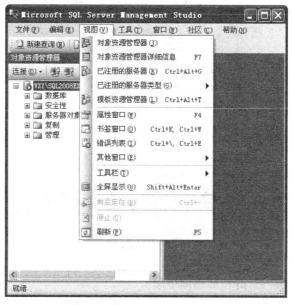

图 8-27　"视图"菜单

这些工具窗口的打开方式可以是浮动、可停靠、选项卡式文档、自动隐藏、隐藏等。右击工具窗口标题栏,打开快捷菜单,设置工具窗口打开方式,如图 8-28 所示。

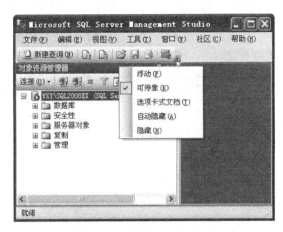

图 8-28　工具窗口打开方式

"对象资源管理器"是使用最频繁的工具,可以实现数据库管理的许多功能。"对象资源管理器"详细列出目前所连接的数据库引擎服务器下的所有对象,单击各节点前"＋"按钮,可以展开节点下的具体内容。

鼠标右击"对象资源管理器"某个节点,可以打开相应快捷菜单。如右击"数据库"节点,则打开图 8-29 所示快捷菜单。快捷菜单中列出针对该节点对象最常用的操作。

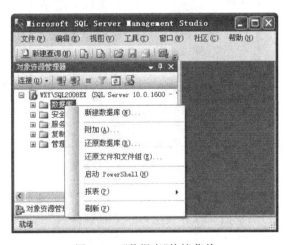

图 8-29　"数据库"快捷菜单

选择快捷菜单中某项任务后,系统通常进入向导式的页面,用户输入必要参数后,由系统自动完成相应任务。例如在图 8-29 所示界面中选择"新建数据库"命令,系统将打开"新建数据库"向导页,如图 8-30 所示。

创建数据库时的一些参数如数据库增长方式、存储路径等已有默认值,用户可单击该参数下的 [.....] 按钮,出现如图 8-31 所示界面,修改该参数。

图 8-30 所示向导页,在"数据库名称"文本框中输入欲建立的数据库名称(如

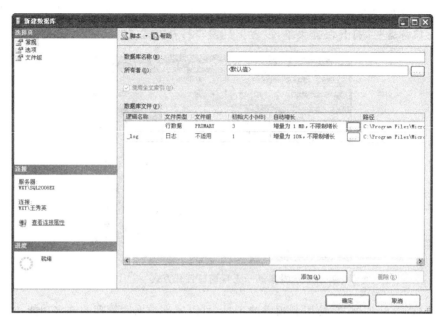

图 8-30 "新建数据库"窗口

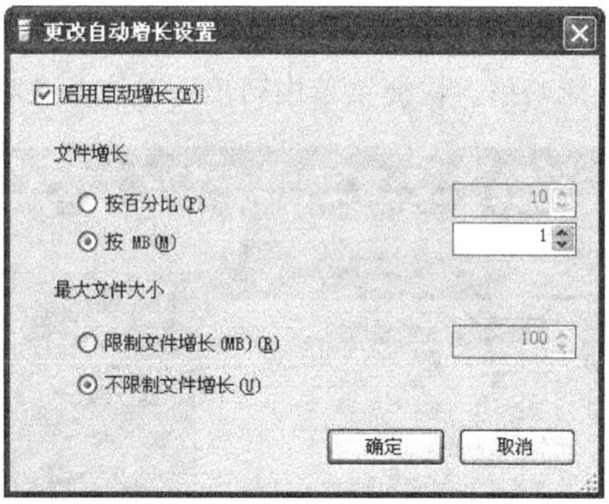

图 8-31 创建数据库参数设置

testDB),系统将自动填充数据库主数据库文件和日志文件的逻辑名称,如果需要添加其他数据文件或日志文件,则单击"添加"按钮,在"数据库文件"列表中出现新的一行,对各项参数设置后,可以单击"确定"按钮,等待系统执行后,完成数据库建立,系统自动关闭"新建数据库"窗口。右击打开数据库快捷菜单(如图 8-29 所示),选择"刷新"命令,单击"数据库"前的"+"按钮,可以显示出用户新创建的数据库。

如果需要运行 T-SQL 命令则需要通过"文件"→"新建"→"使用当前连接查询"或单击工具栏中 新建查询(N) 按钮,系统在文档区域打开新文档,在文档中输入 SQL 命令,如图 8-32 所示。单击 执行(X) 按钮,系统将执行 SQL 命令,并给出执行结果。

以上是 Microsoft SQL Server Management Studio 的一个简单介绍,工具中菜单项及工具栏的详细介绍,读者可以参看联机丛书,这里不做详尽介绍。

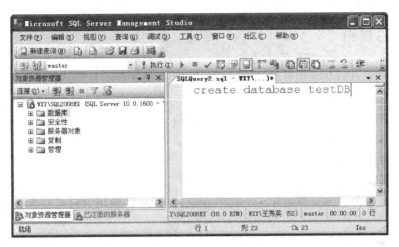

图 8-32 编辑 SQL 命令

8.4.3 联机丛书

联机丛书是 SQL Server 提供的强大的联机帮助系统,在这个资源丰富的帮助系统中,用户可以找到所有 SQL Server 2008 的命令、程序、语法等知识。SQL Server 2008 Express 安装程序中不包括联机丛书,需要从微软网站单独下载安装。

以上是 SQL Server 2008 最基本的管理工具,对于其他工具,这里就不介绍了。

8.5 T-SQL 基础

下面介绍一下 T-SQL 的标识符、运算符和变量。

8.5.1 标识符

标识符是由用户定义的可识别的字符序列,通常用来标识服务器、数据库、数据库对象、常量、变量等。命名标识符时必须遵循以下规则。

(1) 第一个字符必须是下列字符之一:

字母、下画线(_)、@或者♯,其中以@和♯为首字符时有特殊含义(在以后章节中介绍)。

(2) 后续字符可以是:字母、数字、_、♯、$、@等符号。

(3) 标识符最多 128 个字符,临时对象则是 116 个字符。

注意:不能使用 SQL 中的关键字和运算符,不允许嵌入空格或其他特殊字符。

8.5.2　运算符

运算符用来进行数学运算或比较运算。T-SQL 的主要运算符共有以下几类：

(1) 算术运算符；

(2) 赋值运算符；

(3) 比较运算符；

(4) 逻辑运算符；

(5) 连接运算符。

下面对常用的几类运算符作一个简单介绍,更详尽的使用方法将在后面的章节中通过具体实例学习。

1．算术运算符

算术运算符用于数值的算术运算。算术运算符包括加(＋)、减(－)、乘(＊)、除(/)和取模即整除取余(％)运算等。

2．赋值运算符

赋值运算符即等号(＝),用于对变量等赋值。

3．比较运算符

比较运算符用来比较两个表达式的相互关系。比较运算符包括等于(＝)、大于(＞)、小于(＜)、大于等于(＞＝)、小于等于(＜＝)和不等于(＜＞)。

比较运算符的结果通常有三种值：true、false 及 unknown。

4．逻辑运算符

逻辑运算用于测试表达式,以返回 true 或 false 值。逻辑运算符主要包括 and、between、exists、in、like、not、or 等,它们的具体含义如表 8-3 所示,具体用法将在第 11 章"查询"中结合实例讲述。

表 8-3　常用逻辑运算符含义

运　算　符	含　　义	运　算　符	含　　义
and	与	in	满足多个条件之一
or	或	like	匹配特定字符
not	非	exists	匹配记录
between…and…	在某数据范围内		

5．连接运算符

字符串进行连接时使用加号(＋)。

6．运算符的优先顺序

不同的运算符具有不同的运算优先级,使用时一定要注意运算符的优先级。上述运算符的优先顺序为：

(1) ＊、/、％；

(2) ＋、－；

(3) ＝、＞、＜、＞＝、＜＝、＜＞；

(4) not；

(5) and；

(6) between、in、like、or；

(7) ＝。

排在前面的运算符的优先级高于其后的运算符。在一个表达式中,先计算优先级高的运算,后计算优先级低的运算;相同优先级的运算按表达式自左向右的顺序依次进行;对于有括号的,自然先运算括号内的表达式。

8.5.3 变量

T-SQL 中的变量分为全局变量和局部变量。全局变量由系统定义及维护,用户只能定义局部变量。

1. 局部变量

局部变量是由用户定义,可对其赋值并参与运算的一个实体。

局部变量名前必须有一个@符号。用户使用局部变量时必须先通过 declare 语句对变量进行声明,declare 语句的格式如下:

```
declare @变量名 变量数据类型[,…]
```

有关数据类型的内容将在第 10 章"数据库表"中详细论述。

被声明的局部变量在没有赋值之前,它的值是空值,如果需要对变量赋值,使用 select 语句,select 语句的格式如下:

```
select @变量名=常量值
```

注意:如果 select 语句后面只有一个变量名时,系统将变量的值输出到屏幕上。

2. 全局变量

全局变量通常被服务器用来跟踪系统信息,不能被显式地声明或赋值。全局变量的变量名前必须有@@。系统中定义了许多全局变量,如@@servername(本地服务器名称)、@@version(SQL Server 和操作系统的版本),用户可以使用 select 语句查看全局变量的值,其格式为:

```
select @@变量名
```

8.5.4 书写规范

在书写 SQL 语句时要注意:SQL 语句中的西文字符不区分大小写,且标点必须使用西文标点。

在后面讲述 T-SQL 命令时,对于书写格式作以下约定:

(1) 中括号括起的参数表示可以省略;

(2) 大括号括起的参数表示选择项;

(3) 用竖线分隔开的参数表示从中选择其中之一。

习　　题

一、单项选择题

【1】SQL Server 2008 使用_____。

　　A. ANSI SQL-86　　　　　　　　　B. ANSI SQL-89

　　C. ANSI SQL-92　　　　　　　　　D. T-SQL

【2】SQL 适用于_____。

　　A. 层次型数据库管理系统　　　　　B. 网状型数据库管理系统

　　C. 关系型数据库管理系统　　　　　D. 混合型数据库管理系统

【3】SQL 的运算参数和结果都是_____形式。

　　A. 关系　　　　　B. 元组　　　　　C. 数据项　　　　D. 属性

【4】声明变量的正确格式为_____。

　　A. declare 变量名　　　　　　　　B. declare @变量名

　　C. declare @@变量名　　　　　　　D. declare #变量名

【5】下列标识符中正确的为_____。

　　A. select　　　　B. A BC　　　　C. 3max　　　　D. _name

二、填空题

【1】SQL 不仅包含查询功能,而且还包括　①　、　②　和　③　功能。

【2】SQL 是一种非　④　、面向　⑤　的数据库语言。

【3】目前关系型数据库的标准操纵语言是 SQL,它的中文含义是　⑥　,其英文表述为　⑦　。

【4】T-SQL 中的全局变量　⑧　显式说明或赋值。

【5】查看变量的命令格式为　⑨　。

三、简答题

【1】SQL 可进行哪些基本操作? 使用的动词是什么?

【2】SQL 中对标点符号有什么要求?

【3】目前 SQL 的实现版本有哪些? 适应何种环境?

【4】SQL Server 2008 的版本主要有哪些?

【5】安装 SQL Server 2008 Express 时对软件、硬件有哪些要求?

第**9**章

创建数据库

数据库是用来存储数据库对象和数据的地方。数据库对象一般包括表和视图等,对于这些对象将在后面的章节中介绍。本章将讲述如何使用 T-SQL 语句建立数据库、修改数据库及删除数据库。

9.1 创建和打开数据库

在讲述建立数据库的命令之前,先介绍一下有关数据库名称和文件名的概念。

大型数据库系统的数据库都有一个名称,称为数据库名,是用户针对某一个应用所定义的名称。数据库名称在服务器中必须唯一,并且符合标识符的规则。数据库名称最多可以包含 128 个字符。数据库中包括很多文件,主要分为数据文件和日志文件。数据文件用于保存数据库中的各种对象,如数据表、维护数据完整性的各种规则等。日志文件则是记录用户对数据库的每一次操作,保证数据安全性。每个数据库中的数据文件和日志文件可以由多个文件构成。

所有文件都拥有逻辑名和物理名。文件逻辑名是用户使用数据库文件时的称谓,而文件物理名则是文件存储在物理介质上的名称。

在 SQL Server 2008 中,数据文件又分为主数据文件和次数据文件,建议分别使用.mdf 和.ndf 作扩展名。一个数据库只能有一个主数据文件,但可以有多个次数据文件。日志文件建议使用.ldf 作扩展名。

一个数据库中文件个数很多,从安全考虑,通常将文件创建在不同磁盘驱动器上,如有条件,应将数据文件和日志文件放在不同的计算机中。为了便于管理和组织数据,可以将文件保存在不同的文件组中。每一个数据库中至少包含一个主文件组,用户还可以自己定义文件组。使用文件和文件组时要遵循以下规则:

(1) 主数据文件必须属于主文件组;

(2) 一个文件只能属于一个文件组;

(3) 一个文件或文件组只能属于一个数据库;

(4) 日志文件不能成为任何文件组的成员。

在 T-SQL 中使用 create database 命令建立数据库。语法格式如下:

```
create database 数据库名
[on primary
(name=…,filename=…,size=…,maxsize=…,filegrowth=…)
…
log on
(name=…,filename=…,size=…,maxsize=…,filegrowth=…)
…
filegroup 文件组名]
```

下面介绍命令中各关键字含义和对应的参数格式。

(1) on 表示将定义数据文件。

(2) primary 用来指定主文件。如果没有指定 primary 关键字,则命令中出现的第一个文件将成为主文件。

(3) name 定义文件逻辑名,是创建数据库后在 T-SQL 语句中引用文件时使用的文件名。

(4) filename 定义文件物理名,是在物理存储时使用的文件名。其参数需要注明文件的存取路径,并用单引号括起。

(5) size 指定文件的初始大小,默认以兆(MB)为单位,最小为 3MB。使用兆字节作单位时,参数的单位可以省略。

(6) maxsize 指定文件可以增长的最终大小,仍然以兆字节为默认单位,使用兆字节作单位时,参数的单位同样可以省略。

(7) filegrowth 指定文件由初始大小到最终大小每次增加的增长幅度,可以使用百分比参数,也可以直接指定增长的绝对值。使用绝对值方式时,数值单位的用法同 size 的用法。

(8) filegroup 指定该文件所属的文件组。

(9) log on 表示将定义日志文件。

有几点需要说明。

(1) name,filename 可以省略,省略时系统根据数据库名称,按一定规则自动命名。具体规则参看例 9-1。

(2) 当用户不自主定义 name 参数时,filename 也要省略。

(3) size,maxsize,filegrowth 可以省略,省略时,不同的 DBMS 会采用某一个固定大小。但要指定这几个参数时,不能省略 name 和 filename 参数。

(4) size,maxsize,filegrowth 参数中不要使用小数。对于非整数兆字节的文件,应将其大小乘以 1024 转换为千字节。如 3.5MB 用 3584KB 表示(3.5×1024=3584)。

使用 use 命令可以打开已创建的数据库,该命令的格式为:

```
use 数据库名
```

下面是使用 create database 命令建立数据库的示例。

例 9-1 创建未指定数据文件和日志文件的数据库 UserDb1。

创建数据库 UserDb1 的命令及运行结果如图 9-1 所示。

注意：这个例子中省略了参数的定义。在"对象资源管理器"中，右击"数据库"，打开快捷菜单，选择"刷新"命令，在"数据库"项下会出现新创建的数据库 UserDb1，如图 9-2 所示。

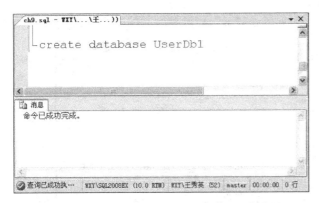

图 9-1　建立 UserDb1 数据库的命令及运行结果　　　　图 9-2　"对象资源管理器"界面

右击数据库 UserDb1，打开快捷菜单，选择"属性"命令，打开"数据库属性-UserDb1"窗口，如图 9-3 所示。

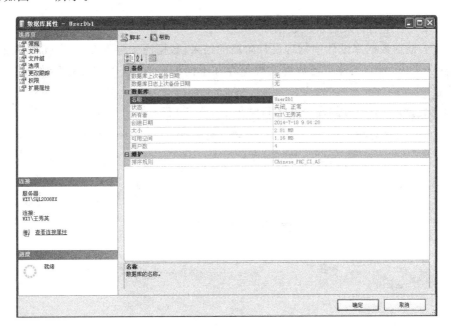

图 9-3　"数据库属性-UserDb1"窗口

单击左侧"选项页"按钮，选择"文件"选项，查看具体参数，如图 9-4 所示。UserDb1 和 UserDb1_log 分别是数据库 UserDb1 的数据文件和日志文件的逻辑名。文件的大小是由 SQL Server 2008 中的模板定义的。数据文件和日志文件的物理名分别为 UserDb1.mdf 和 UserDb1_log.ldf，存储路径与安装 SQL Server 2008 时指定的路径有关

（如图 8-15 所示），如果选择默认安装路径，则保存在安装路径下的\MSSQL\Data 中。

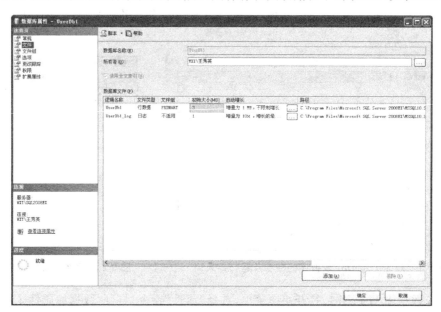

图 9-4　数据库文件参数

例 9-2　创建期刊采编系统数据库 MagDb。

分析：根据数据库设计中物理设计阶段的结果，数据库文件保存在 d:\magdata 目录下，从安全考虑，日志文件应与数据文件保存在不同的磁盘，这里选择存储在 e:\maglog 目录下。

创建数据库 MagDb 的命令及运行结果如图 9-5 所示。

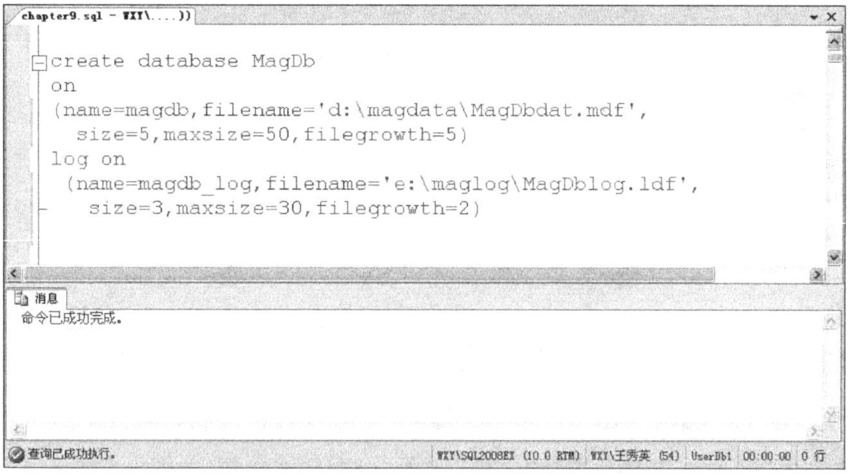

```
create database MagDb
on
(name=magdb,filename='d:\magdata\MagDbdat.mdf',
  size=5,maxsize=50,filegrowth=5)
log on
(name=magdb_log,filename='e:\maglog\MagDblog.ldf',
  size=3,maxsize=30,filegrowth=2)
```

命令已成功完成。

图 9-5　建立 MagDb 数据库的命令及运行结果

注意：此例中没有使用关键字 primary，则第一个文件为主文件；这里没有指定文件组，则默认是主文件组；文件大小的默认单位是 MB；文件夹 magdata 和文件夹 maglog 在运行前要预先建立。

例 9-3 创建数据库 UserDb,其主数据文件为 user1,次数据文件为 user2 和 user3,日志文件包括 userlog1 和 userlog2。

创建数据库 UserDb 的命令及运行结果如图 9-6 所示。

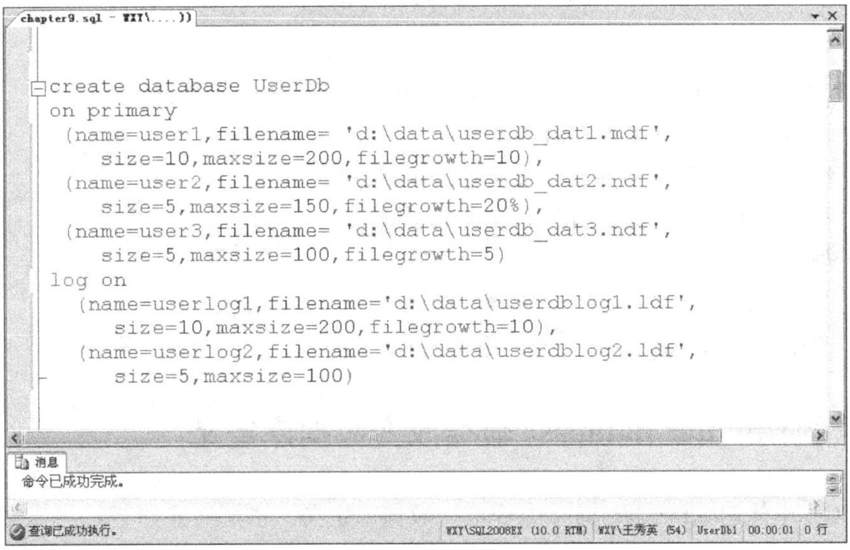
chapter9.sql - WXY\....))
create database UserDb
on primary
(name=user1,filename= 'd:\data\userdb_dat1.mdf',
size=10,maxsize=200,filegrowth=10),
(name=user2,filename= 'd:\data\userdb_dat2.ndf',
size=5,maxsize=150,filegrowth=20%),
(name=user3,filename= 'd:\data\userdb_dat3.ndf',
size=5,maxsize=100,filegrowth=5)
log on
(name=userlog1,filename='d:\data\userdblog1.ldf',
size=10,maxsize=200,filegrowth=10),
(name=userlog2,filename='d:\data\userdblog2.ldf',
size=5,maxsize=100)
消息
命令已成功完成。
查询已成功执行。
WXY\SQL2008EX (10.0 RTM)
WXY\王秀英 (54)
UserDb1
00:00:01
0 行

图 9-6　建立 UserDb 数据库的命令及运行结果

注意:主数据文件的扩展名为 mdf,次数据文件扩展名为 ndf;数据文件 user2 的增加方式选择了相对式(百分比值)。

例 9-4 创建包含多个文件组的数据库 UserDb2。

创建数据库 UserDb2 的命令及运行结果如图 9-7 所示。

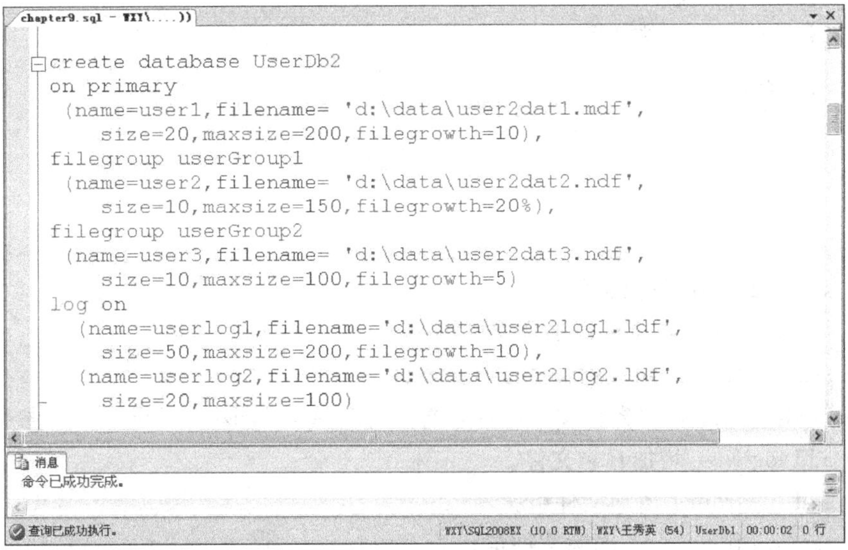
chapter9.sql - WXY\....))
create database UserDb2
on primary
(name=user1,filename= 'd:\data\user2dat1.mdf',
size=20,maxsize=200,filegrowth=10),
filegroup userGroup1
(name=user2,filename= 'd:\data\user2dat2.ndf',
size=10,maxsize=150,filegrowth=20%),
filegroup userGroup2
(name=user3,filename= 'd:\data\user2dat3.ndf',
size=10,maxsize=100,filegrowth=5)
log on
(name=userlog1,filename='d:\data\user2log1.ldf',
size=50,maxsize=200,filegrowth=10),
(name=userlog2,filename='d:\data\user2log2.ldf',
size=20,maxsize=100)
消息
命令已成功完成。
查询已成功执行。
WXY\SQL2008EX (10.0 RTM)
WXY\王秀英 (54)
UserDb1
00:00:02
0 行

图 9-7　建立 UserDb2 数据库的命令及运行结果

注意：这个数据库中共有三个文件组，主文件组包括数据文件 user1，用户定义的文件组 userGroup1 和 userGroup2 分别包括数据文件 user2 和数据文件 user3。

9.2 修改数据库

创建数据库后，可以对已经建立的数据库进行更改，这些修改包括：

（1）增加或删除数据文件和日志文件；

（2）缩小分配给数据文件或日志文件的空间；

（3）扩大分配给数据文件或日志文件的空间；

（4）创建文件组；

（5）改变默认文件组；

（6）改变数据库名称。

9.2.1 使用 alter database 命令改变数据库定义

T-SQL 中使用 alter database 命令改变数据库定义。语法格式如下：

```
alter database 数据库名
add file (文件参数) …
to filegroup  文件组名
remove file (文件参数) …
modify file (文件参数) …
add log file (文件参数) …
add filegroup  文件组名
remove filegroup  文件组名
```

其中文件参数的格式为：

```
(name=…,filename=…,size=…,maxsize=…,filegrowth=…)
```

各参数定义见 9.1 节。

命令中各参数的意义如下。

（1）add file：增加数据文件。

（2）to filegroup：将文件添加到文件组中。

（3）remove file：删除数据文件或日志文件。

（4）modify file：修改数据文件或日志文件的 size、maxsize 或 filegrowth 参数值。

（5）add log file：增加日志文件。

（6）add filegroup：增加文件组。

（7）remove filegroup：删除文件组。

注意：alter database 命令中的 modify file 只能将文件的初始大小或可以增长的最终

大小扩大,而不能缩小文件大小。

下面是使用 alter database 命令修改数据库的示例。

例 9-5   为数据库 UserDb1 增加一个数据文件 add_user1。

实现例 9-5 的 SQL 命令及运行结果如图 9-8 所示。

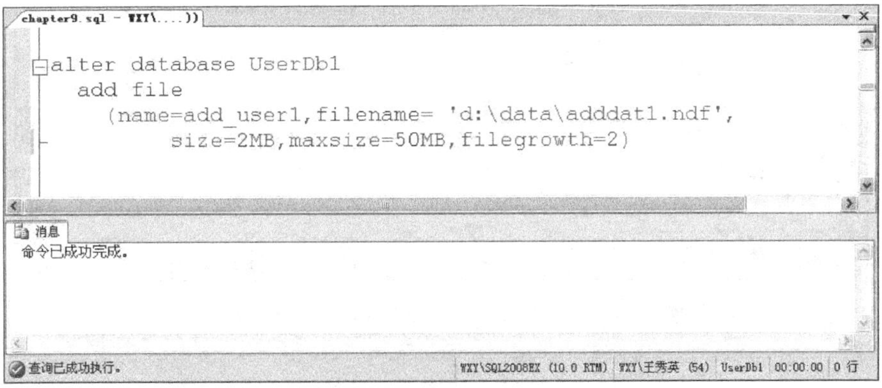

图 9-8   向数据库添加数据文件的命令及运行结果

注意:新增加的数据文件一定是次数据文件。

例 9-6   为数据库 UserDb1 增加一个日志文件 add_user1_log。

实现例 9-6 的 SQL 命令及运行结果如图 9-9 所示。

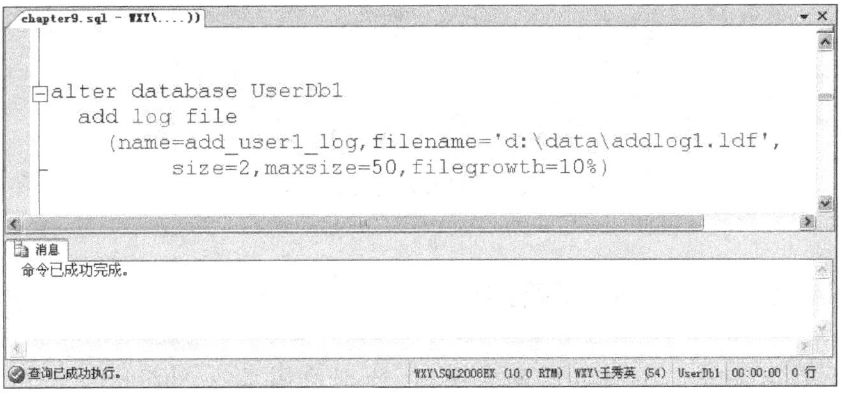

图 9-9   向数据库添加日志文件的命令及运行结果

例 9-7   为数据库 UserDb1 增加一个数据文件 add_user2 并添加到新建的文件组 userdbFG 中。

实现例 9-7 的 SQL 命令及运行结果如图 9-10 所示。

注意:增加文件组和增加文件要分别写在两个 alter database 语句中。

例 9-8   更改数据库 UserDb1 中文件 add_user2 的初始大小为 10MB。

实现例 9-8 的 SQL 命令及运行结果如图 9-11 所示。

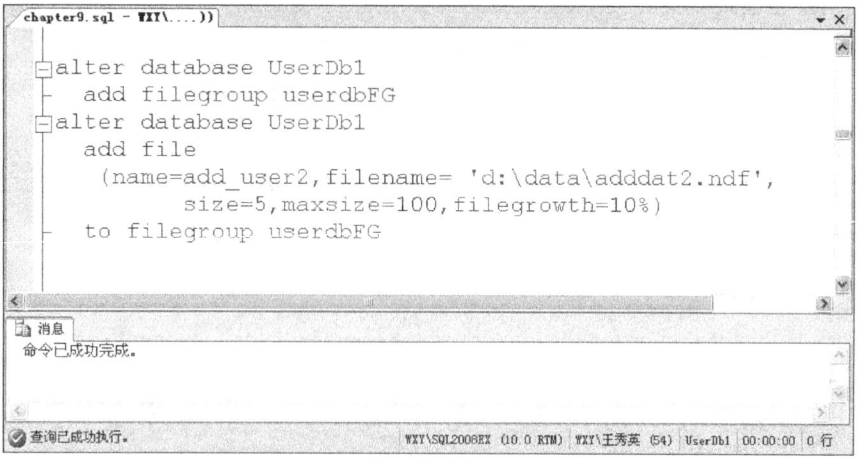

图 9-10　向数据库添加文件组的命令及运行结果

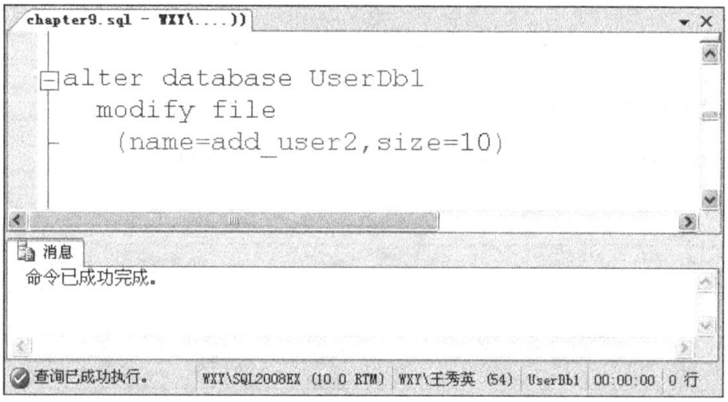

图 9-11　更改文件属性的命令及运行结果

9.2.2　缩小数据文件或数据库

缩小数据文件大小或数据库大小时,分别使用 dbcc shrinkfile 命令和 dbcc shrinkdatabase 命令,具体格式为:

dbcc shrinkfile(文件名,参数)
dbcc shrinkdatabase(数据库名,参数)

注意:

(1) 缩小数据文件时,参数的形式是数据文件缩小后的绝对数值,单位默认为 MB, 可以省略单位;

(2) 缩小数据库时,参数的形式是数据库缩小后目标百分比值;

(3) 缩小数据库或数据文件时,要保证缩小后目标值的大小不会丢失数据。

例 9-9　将数据库 UserDb2 中的文件 userlog2 的大小缩小为 10MB。

实现例 9-9 的 SQL 命令及运行结果如图 9-12 所示。

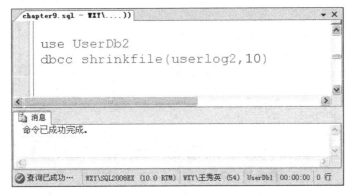

图 9-12　缩小文件的命令及运行结果

注意：缩小文件时，通常应使文件所在的数据库处于当前打开状态，因此先使用 use 命令打开数据库。

例 9-10　将数据库 UserDb1 的大小缩小为 70%。

实现例 9-10 的 SQL 命令及运行结果如图 9-13 所示。

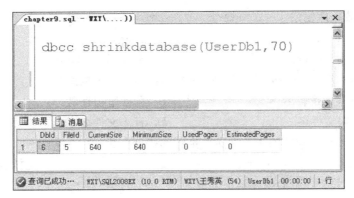

图 9-13　缩小数据库的命令及运行结果

注意：参数 70% 的百分号必须省略。

9.3　删除数据库

删除数据库的指令格式为：

```
drop database 数据库名
```

例 9-11　将数据库 UserDb 删除。

实现例 9-11 的 SQL 命令及运行结果如图 9-14 所示。

图 9-14　删除数据库的命令及运行结果

习　　题

一、单项选择题

【1】创建数据库使用_____命令。

　　A. create database　　　　　　B. alter database

　　C. drop database　　　　　　　D. dbcc shinkdatabase

【2】使用 create database 命令建立数据库时,给出的数据库名是_____。

　　A. 数据库逻辑名　　　　　　　B. 数据库物理名

　　C. 数据文件名　　　　　　　　D. 日志文件名

【3】SQL Server 2008 的主数据文件推荐的扩展名为_____。

　　A. ldf　　　　　B. mdf　　　　　C. ndf　　　　　D. 无扩展名

【4】下面有关文件组的叙述不正确的为_____。

　　A. 一个文件只能属于一个文件组

　　B. 一个文件或文件组只能属于一个数据库

　　C. 文件组中包括日志文件

　　D. 主数据文件只能属于主文件组

【5】创建数据库时不能省略的参数为_____。

　　A. name　　　　B. filename　　　C. filegroup　　　D. 数据库名

【6】如果创建的数据库文件的大小为 2.5MB,则参数 size 的正确写法是_____。

　　A. 2.5　　　　B. 2.5M　　　C. 2500KB　　　D. 2560KB

【7】下列说法正确的是_____。

　　A. 不能修改已创建的数据文件属性

　　B. 可以向数据库添加文件组

　　C. 不能删除数据库的文件组

　　D. 不能删除数据库中的文件

【8】DBMS 对数据库恢复的重要文件是_____。

    A. 日志文件   B. 数据文件   C. 数据库文件   D. 备注文件

二、填空题

【1】一个数据库可以包括___①___个主数据文件，___②___个次数据文件和___③___个日志文件。

【2】向数据库添加数据文件时使用___④___命令。

【3】缩小数据文件时使用___⑤___命令。

【4】命令"dbcc shrinkdatabase（userdb,30）"的含义是___⑥___。

【5】删除数据库的命令为___⑦___。

三、简答题

【1】请说明 create database 命令各参数含义及用法。

【2】请说明 alter database 命令各参数含义及用法。

四、综合题

【1】创建数据库 bankDb。

【2】创建数据库 libraryDb，其主数据文件名称是 library_data，物理文件保存在 D：\library\data 下，名称为 library.mdf，大小是 10MB，最大为 200MB，以 10% 的速度增加；该数据库的日志文件是 library_log，保存在 E：\ library\log 下，名称为 library.ldf，大小是 5MB，最大为 50MB，以 1MB 的速度增加。

【3】将数据库 bankDb 的主数据文件扩大到 50MB。

【4】向数据库 libraryDb 添加一个数据文件 library_data1 和一个日志文件 library_log1。

【5】向数据库 libraryDb 添加一个数据文件 library_data2，并将其加入到文件组 Fglibrary 中。

第**10**章

数 据 库 表

数据库最重要的功能之一是存储数据。在关系型数据库中,数据保存在表中。进行数据库逻辑结构设计时,得到了一系列的关系模式,进入数据库实施阶段,将把关系模式转换为 DBMS 的数据库表。数据库表是数据库的最基本构成元素,对数据库的操作大多基于数据库表。

10.1 创建数据库表

在关系型数据库系统中,数据库表的形式如图 10-1 所示。

	DepId	DepName	DepManager	DepTel
1	1	中文编辑部	王涓	68981000
2	2	排版设计部	李连生	68981200

图 10-1 mag_dept 表

创建数据库表,就是将数据库设计中逻辑设计阶段得到的关系模式用 DBMS 所支持的形式表述出来。每一个关系模式就是一张数据库表,或称为数据表。创建数据库表,可以理解为定义这张表的"表头"——如何命名每一列及每一列的属性特点是什么。

T-SQL 中创建数据库表的指令格式为:

```
create table 表名
(字段名 1  数据类型  { identity |not null| null },
 字段名 2  数据类型  { identity |not null| null },
 …)
```

其中大括号内的三个参数的含义分别如下。

(1) null:表示该字段的值可以为空值,空值意味着没有存储任何数据。这是默认参数,当所定义的字段允许为空值时,参数 null 可以省略。

注意:不要把空值理解为该字段的值是 0 或空字符串等值。

(2) not null:表示该字段的值不能为空值。

(3) identity:称为计数器,表示该字段的值是一组递增的整数数据。其初始值默认为 1,增长步长默认为 1。用户也可以自己指定初始值和增长步长。

例如,将某字段定义为 EmpId int identity(-20,4)后,字段 EmpId 的数据如表 10-1 所示。

表 10-1　具有 identity 属性的字段的数据

EmpId	...	EmpId	...	EmpId	...
−20	...	−12	...	...	...
−16	...	...	...	...	...

字段 EmpId 的数据随表中记录数的增加,从 −20 开始,以步长 4 逐步递增。

定义具有 identity 属性的字段时有一些规定:

(1) 每个数据表只能有一个具有 identity 属性的字段;

(2) 该字段的数据类型使用整型或精确数型(有关数据类型见 10.1.3 节);

(3) 该字段的数据值自动拥有,用户不能输入或修改该字段的数据值。

创建数据库表时,需要考虑数据表名、字段名和数据类型等问题。

10.1.1　表名

在同一个数据库内,数据库表的名称是唯一的。命名数据库表时,要依据数据库设计中逻辑设计阶段得到的关系模式,可以使用原关系名,或者重新命名。

数据库表的名称可以使用西文符号,也可以使用中文,注意一个汉字是两个字符。

通常所说的表都是指永久表,即一经创建后,只要不是显式删除,就永久保存。DBMS 还有一种表——临时表。随着数据库的关闭,临时表也会自动消失。建立临时表的命令仍然使用 create table,区别只在于表名,临时表的表名必须以 ♯ 打头。

例 10-1　确定期刊采编系统数据库中各数据表的表名。

分析:为以后书写 SQL 命令时减少中西文间切换,表名决定使用西文字符,所以对原关系模式重新命名。各关系模式名与表名的对应关系如表 10-2 所示。

表 10-2　期刊采编系统数据库中各表名称

关系模式名	数据库表名	关系模式名	数据库表名
部门	mag_dept	期刊	mag_info
人员	mag_emp	稿件	mag_doc

10.1.2　字段名

表中的每一列也称为字段,所以列名也叫字段名。字段的命名方式基本同数据表的命名。字段名在一个数据表中要求是唯一的,但在整个数据库中可以重名。

10.1.3　数据类型

定义数据表中的每一个字段时必须声明其数据类型,这样 DBMS 才能实现对数据的存储管理。为每一个字段选择合适的数据类型和数据长度将直接影响着数据库系统存储空间的利用和系统的性能。用户在创建了数据库表,输入了数据后,如果再修改字段的数据类型,则可能造成数据的损坏甚至丢失。因此在开发数据库系统之前,需要认真地学习各种数据类型的特点,在建立数据库表时,慎重决定每一个字段的数据类型,力争使开发出的数据库系统具有最优的存储性能。

T-SQL 中支持的常用数据类型如表 10-3 所示。

表 10-3   T-SQL 中支持的数据类型

数 据 类 型		标 识
字符型		char(n),varchar(n),text
Unicode 字符型		nchar(n),nvarchar(n),ntext
日期时间类型		datetime,smalldatetime,date,time(n)
数值类型	整数类型	bigint,int,smallint,tinyint
	浮点数类型	float(n),real
	精确数类型	decimal,numeric
	货币型	money,smallmoney
二进制型		binary,varbinary,image
位型		bit
特殊类型		timestamp,xml,cursor,table,HierachyID,Geography,Geometry

注:表中有(n)的类型表示使用时要定义数据长度,长度值为 n。

下面将详细介绍几种常用的数据类型的使用方法。

1. 字符型

字符型数据由字母、数字和符号等组成。输入字符型数据时必须用单引号将数据括起来。

在 T-SQL 中,当字符长度在 1～8000 之间时使用 char 或 varchar,而长度大于 8000 字符时使用 text。当定义某一个字段为 char 或 varchar 类型时,需要规定其存储长度。char 类型和 varchar 类型的区别在于:char 类型是固定长度的字符型,而 varchar 类型是可变长度的字符型。被定义为 char 类型的字段,当输入的数据未达到定义的长度时,系统则在数据尾部添加空格以达到定义的长度;而 varchar 类型的长度则是指该字段存储数据所允许的最大长度,实际存储时只保存有效数据,实际占用空间小于或等于该字段定义的长度。注意:当输入数据的长度大于定义的长度时,系统将报错,数据无法输入到数据表中,使用时一定要特别注意。在考虑字段的长度时,一定要分析将来数据的最大长度,并以此来定义该字段的长度。在决定数据长度时要注意一个汉字需要两个字节的长度,即如果某字段定义为 char(2),则该字段只能输入一个汉字或两个西文符号。

对于用户来说,选用 char 类型还是 varchar 类型,取决于该字段数据的长度是固定的还是不定的。例如,要存储身份证号码或邮政编码数据时,就应该定义为 char 类型,而存储通信地址时就应该选择 varchar 类型。

text 类型也称为大文本数据,其最大长度为 $2^{31}-1$ 个字符。

2. Unicode 字符型

Unicode 字符型数据是符合 Unicode 标准字符集定义的字符,其存储数据时所需的空间是非 Unicode 字符的两倍,因此 nchar(n) 和 nvarchar(n) 的定义长度 n 最大为 4000,ntext 可存储的数据长度最大为 $2^{30}-1$ 个字符。

3. 日期时间类型

SQL Server 2008 较前面版本,在日期型数据上做了一些补充,主要增加了 date 和 time 类型,解决只需要日期或时间数据的需要,而不是像以前版本只能把日期和时间存在一个字段里。表 10-4 给出了有关日期时间类型数据的主要参数。

表 10-4　日期时间类型数据的主要参数

比较内容	smalldatetime	datetime	date	time(n)
最小值	1900 年 1 月 1 日	1753 年 1 月 1 日	1 年 1 月 1 日	00:00:00.0000000
最大值	2079 年 6 月 6 日	9999 年 12 月 31 日	9999 年 12 月 31 日	23:59:59.9999999
精度	1 分钟	3.33 毫秒	1 日	100 纳秒
存储长度	4 字节	8 字节	3 字节	3~5 字节

只有 time(n) 需要定义长度,n 的取值范围 0~7,表示的含义是秒小数点下的精确位数。

T-SQL 提供了多种日期输入格式,其默认格式随安装时选择的字符集的不同而不同。中文字符集的默认格式为 yy/mm/dd(年/月/日);英文字符集的默认格式为 mm/dd/yy(月/日/年)。

T-SQL 语句中的日期时间类型数据必须用单引号括起来。

4. 整数类型

整数类型包括三种类型,它们存储的范围及占用的存储空间如表 10-5 所示。

表 10-5　整数类型数据的主要参数

比较内容	bigint	int	smallint	tinyint
最小值	-2^{63}	-2^{31}	-2^{15}	0
最大值	$2^{63}-1$	$2^{31}-1$	$2^{15}-1$	255
占用存储空间	8 字节	4 字节	2 字节	1 字节

整数类型可以以很少的存储空间存储较大的精确数值,因此十分有用。由于其存储结构效率高并且在各种平台上处理速度快,所以在使用数值类型数据时,能使用整型数据时应尽量使用整型数据。

5. 浮点数类型

浮点类型用来处理取值范围很大的数字量,使用时有一定的精确度。T-SQL 提供了两种浮点类型数据——float 类型和 real 类型,如表 10-6 所示。

表 10-6　浮点类型数据的主要参数

比较内容	float	real
最小值	$-1.79E+308$	$-3.40E+38$
最大值	$1.79E+308$	$3.40E+38$
占用存储空间	8B	4B
精度	最多 15 位	最多 7 位

6. 精确数类型

T-SQL 中的精确数类型也用于表示带有小数部分的数据,它与浮点类型数据的区别是:对于精确数类型,用户可以自定义精度的位数(最多 28 位)。精确数类型有两种形式:decimal 和 numeric。这两种数据类型可以相互转换,但只有 numeric 可用于定义为 identity 的字段。

定义精确数类型的数据时一般要指定数据的总有效位数及小数位数。如 num_col(6,2)表示 num_col 总位数最多是 6 位,小数位数为 2 位,即 num_col 可以表示的最大值是 9999.99。

7. 货币型

T-SQL 提供了两种专门处理货币的数据:money 和 smallmoney。这两种类型的比较如表 10-7 所示。

表 10-7　货币类型的比较

比 较 内 容	money	smallmoney
最小值	$-922\ 337\ 203\ 685\ 477.5808$	$-214\ 748.3648$
最大值	$922\ 337\ 203\ 685\ 477.5807$	$214\ 748.3647$
占用存储空间	8 字节	4 字节
精度	小数点后 4 位	小数点后 4 位

使用 SQL 语句输入货币类型数据时,可以在数据前加上货币符号(如￥、$ 等)。

8. 位数据类型

位数据类型 bit 是一种逻辑数据类型,只有 1 和 0 两种数值,一般常用作 true/false 使用。

位数据类型的长度为 1 个字节,如果同一个表中有多个位数据字段时,它们可以共用同一个字节。定义 bit 字段时,不允许为 null,也不能建立索引(有关索引内容见后面章节)。

9. 二进制

用于存储二进制数据,如声音、图像等。

对于其他数据类型这里不做详细介绍,读者可以参阅 SQL Server 2008 联机丛书。

例 10-2　确定期刊采编系统数据库中各数据表中字段的字段名和数据类型。

根据需求分析的数据字典中对数据项的整理结果,各属性的数据类型和长度如表 10-8 所示。

表 10-8　各属性的数据类型和长度

数据表名	属性名称	字段名	数据类型	说　明
mag_dept	部门编号	DepId	整型	设置为 identity 属性
	部门名称	DepName	字符	可变长度 50
	负责人	DepManager	字符	可变长度 50
	电话	DepTel	字符	可变长度 24
mag_emp	职工编号	EmpId	整型	设置为 identity 属性
	姓名	EmpName	字符	可变长度 30
	性别	SexInfo	字符	固定长度 2
	年龄	EmpAge	整型	
	职务	EmpRole	字符	可变长度 20
	权限	PermitStr	字符	可变长度 100
	部门编号	DepId	整型	
mag_info	期刊编号	MagId	字符	固定长度 9
	期刊名称	MagName	字符	可变长度 50
	设计者	DesignerName	字符	可变长度 30
	完成日期	DesFinishDate	日期	
	出版日期	PubDate	日期	
	部门编号	DepId	整型	
mag_doc	稿件编号	DocId	整型	设置为 identity 属性
	标题	DocTitle	字符	可变长度 180
	作者	AuthorName	字符	可变长度 30
	正文	DocText	文本型	
	字数	WordsSum	整型	
	编辑者	EditorName	字符	可变长度 30
	编辑日期	EditFinishDate	日期	
	所属栏目	ColumnName	字符	可变长度 50
	部门编号	DepId	整型	
	期刊编号	MagId	字符	固定长度 9

例 10-3　建立期刊采编系统数据库中各数据表。

根据例 10-2 的分析结果,建立各数据表的 T-SQL 语句如图 10-2、图 10-3、图 10-4 和图 10-5 所示。

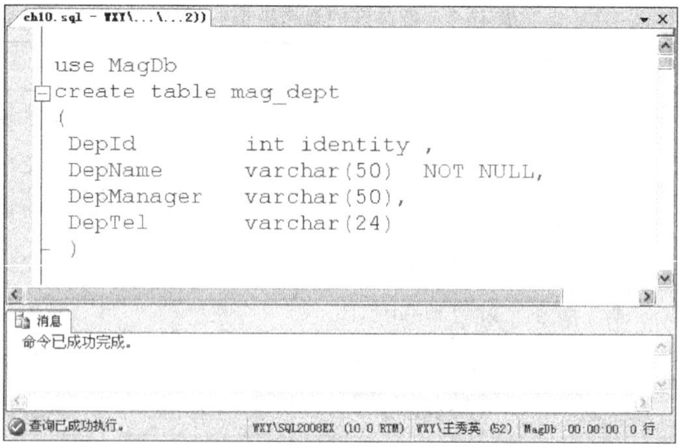

```
ch10.sql - WXY\...\...2))                              ▾ × 
 use MagDb
 create table mag_dept
  (
  DepId          int identity ,
  DepName        varchar(50)   NOT NULL,
  DepManager     varchar(50),
  DepTel         varchar(24)
  )

消息
命令已成功完成。

查询已成功执行。          WXY\SQL2008EX (10.0 RTM)  WXY\王秀英 (52)  MagDb  00:00:00  0 行
```

图 10-2　创建 mag_dept 表

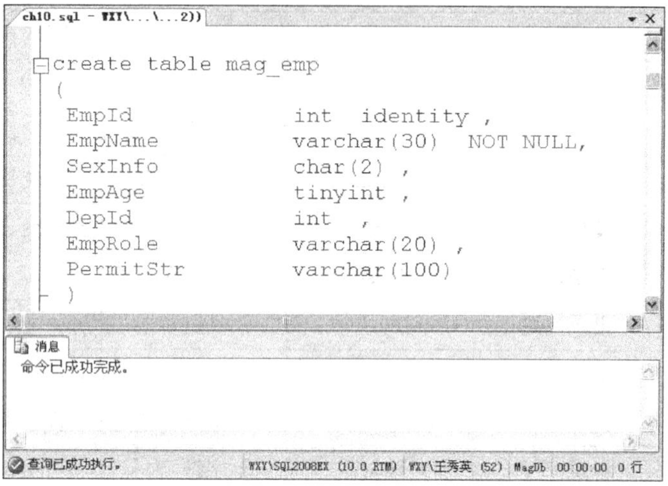

```
ch10.sql - WXY\...\...2))                              ▾ × 
 create table mag_emp
  (
  EmpId            int  identity ,
  EmpName          varchar(30)   NOT NULL,
  SexInfo          char(2) ,
  EmpAge           tinyint ,
  DepId            int ,
  EmpRole          varchar(20) ,
  PermitStr        varchar(100)
  )

消息
命令已成功完成。

查询已成功执行。          WXY\SQL2008EX (10.0 RTM)  WXY\王秀英 (52)  MagDb  00:00:00  0 行
```

图 10-3　创建 mag_emp 表

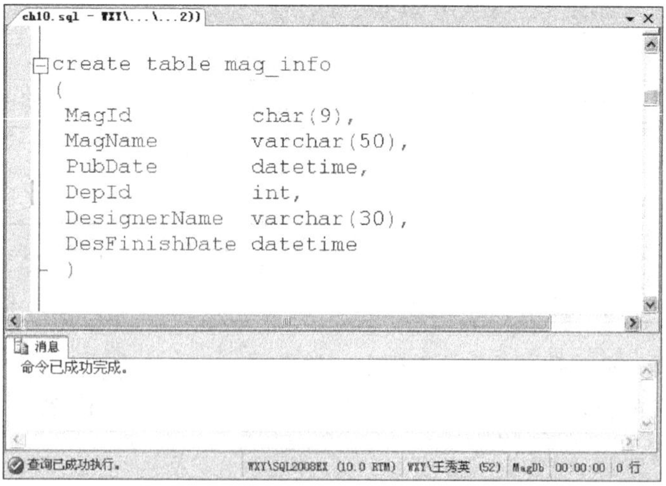

```
ch10.sql - WXY\...\...2))                              ▾ × 
 create table mag_info
  (
  MagId          char(9),
  MagName        varchar(50),
  PubDate        datetime,
  DepId          int,
  DesignerName   varchar(30),
  DesFinishDate  datetime
  )

消息
命令已成功完成。

查询已成功执行。          WXY\SQL2008EX (10.0 RTM)  WXY\王秀英 (52)  MagDb  00:00:00  0 行
```

图 10-4　创建 mag_info 表

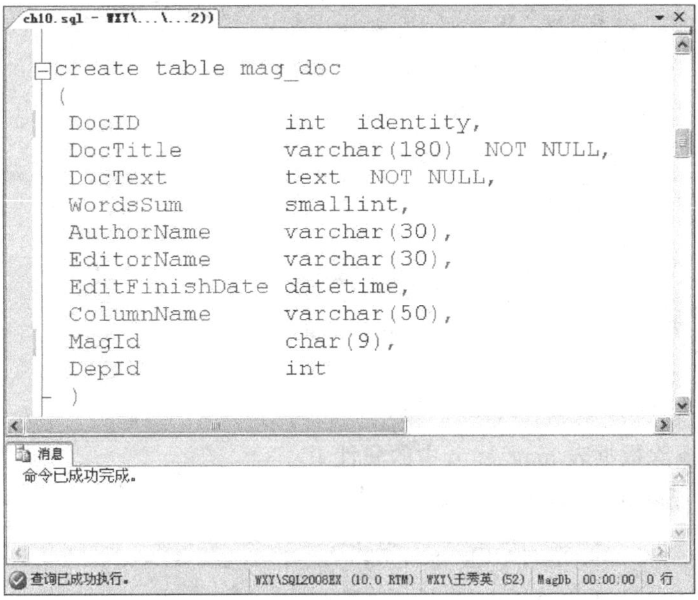

图 10-5　创建 mag_doc 表

数据库表建立后,在"对象资源管理器"中依次展开"数据库"|MagDb|"表"前"+"号,可以看到已建立的数据库表,展开其中某一个表前"+",再展开"列"前"+"可以看到各个字段定义的属性。

10.2　修改数据库表

数据库表建立后,有时可能需要添加新的字段或删除某些字段,也有可能修改字段的属性,或者希望更改数据表的表名或字段名。T-SQL 提供了 alter table 命令实现对表的修改,根据具体要求的不同,alter table 命令带有不同参数。而更改表名或字段名时使用sp_rename 命令。下面具体介绍各种操作。

10.2.1　添加或删除字段

添加数据字段的语句形式与建立数据表时定义数据字段的形式很相似,只是要使用关键字 add。具体格式为:

alter table 表名 add 字段名 数据类型 { identity |not null| null },…

例 10-4　向数据表 mag_emp 中添加一新属性 ID(身份证号码),数据类型为字符型,固定长度为 18。

实现这一操作的命令如图 10-6 所示。

删除字段的语句格式为:

图 10-6　向数据表添加字段

`alter table 表名 drop column 字段名`

例 10-5　删除数据表 mag_emp 中的属性 ID。

图 10-7 为删除属性 ID 的命令及运行结果。

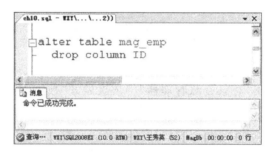

图 10-7　删除数据表中的字段

10.2.2　修改字段的属性

使用 alter column 关键字可以重新定义字段的属性。命令格式为：

`alter table 表名 alter column 字段名 数据类型 { identity |not null| null }`

例 10-6　将数据表 mag_info 中 PubDate 的数据类型更改为 smalldatetime。

图 10-8 为更改 PubDate 的数据类型的命令及运行结果。

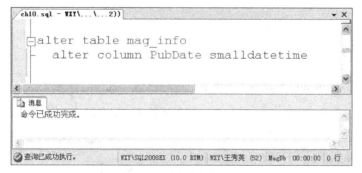

图 10-8　更改字段的属性

10.2.3 更改字段名和表名

更改字段名或表名的操作使用的是 SQL Server 中的内部存储过程,存储过程的内容将在后面的章节中详细介绍,这里可以将存储过程理解为一条命令。

更改字段名的具体写法为:

```
sp_rename '表名.字段名',新字段名
```

书写时字段名前要写明表名,表名与字段名间用"."作分隔符,并且表名和字段名要使用单引号括起来。

更改表名的具体写法为:

```
sp_rename 原表名,新表名
```

例 10-7 数据库 UserDb1 中建有数据表 test,包含 number、stu_name 和 class 三个字段,如图 10-9 所示。请将字段 class 更名为 class_no。

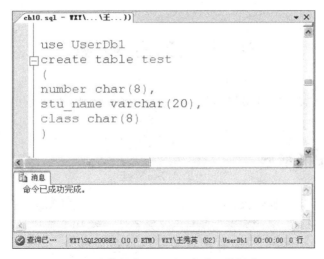

图 10-9 在数据库 Userdb1 中建立数据表 test

图 10-10 为更改 class 字段名的命令及运行结果。

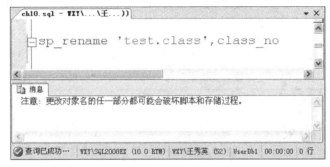

图 10-10 更改字段名

注意：消息框中给出的系统提示，提醒用户注意更改了字段名后，用户要修改已经建立的脚本或存储过程中涉及该字段名的地方，用户要自己更改，系统不会自动将脚本或存储过程中的用到 test 表中 class 字段名的地方自动更改为 class_no。

例 10-8 将数据库 UserDb1 中数据表 test 更名为 student。

图 10-11 为将表 test 更名为 student 的命令及运行结果。

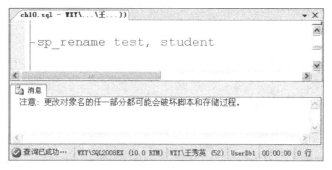

图 10-11　更改表名

10.3　使　用　约　束

在前面第 7 章"数据库设计"中，提到过数据完整性设计，通过使用约束可以实现数据完整性。

10.3.1　约束的类型

T-SQL 中提供了 5 种约束：primary key、unique、foreign key、check 和 default。它们可以实现实体完整性、参照完整性及自定义完整性。表 10-9 描述了每种约束的作用。

表 10-9　各种约束的作用

名　　称	作　　用	实施的完整性
primary key	定义主键，保证主键字段不出现重复值	实体完整性
unique	保证该字段不出现重复值	实体完整性
foreign key	定义外键，保证数据表间数据的一致性	参照完整性
check	定义表中某些字段的数据范围	自定义完整性
default	为字段的数据提供默认值	自定义完整性

10.3.2　建立约束

定义约束时使用 create table 语句，或使用 alter table 语句，即可以在定义数据表的数据字段时直接定义约束,也可以对已定义的数据表添加约束。

使用 alter table 语句添加约束的基本格式为:

alter table 表名
　　add [constraint 约束名] 约束定义

其中"约束定义"随约束类型的不同而使用不同格式。

使用 create table 语句建立约束时可以随字段定义或单独定义,其基本格式为:

create table 表名
　(字段名 1 数据类型 { identity |not null| null } [constraint 约束名] 约束定义,
　　字段名 2 数据类型 { identity |not null| null } [constraint 约束名] 约束定义,
　　…
[constraint 约束名] 约束定义)

约束名是一个可选项,如果用户不自己定义约束名,系统将按照一定规则命名该约束。

注意:若不命名约束名,则 constraint 关键字也要省略。

下面分别介绍各种约束的定义方法。

1. primary key

在一个数据表中能够唯一标识表中每一行数据的字段就是主键或主码,它可以由一字段或多字段构成。一个表中只能有一个主键。

定义主键约束的基本格式为:

[constraint 约束名] primary key (字段名 1[,字段名 2,…])

当主键是由多个字段构成时,则将字段名依次写在括号中。

例 10-9 向数据表 map_dept 中添加主键约束。

根据数据库设计分析结果,DepId 字段是数据表 map_dept 的主键。

图 10-12 为建立主键的命令及运行结果。

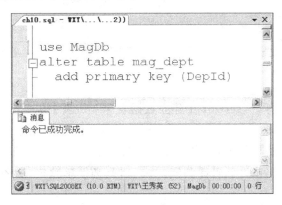

图 10-12　使用 alter table 语句建立主键

这里没有定义约束名,通过"对象资源管理器",展开"数据库"→MagDb→"表"→dbo.

map_dept 的"键"选项,可以看到 🔑 PK __ mag_dept __ DB9CAA5F023D5A04 图标,这里 "PK"是主键 Primary Key 的缩写表示方法, "PK __ mag_dept __ DB9CAA5F023D5A04" 是系统对建立的主键的命名,如图 10-13 所示。

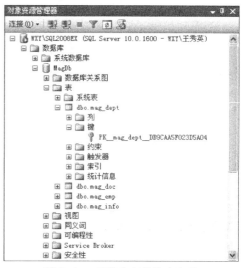

图 10-13　系统命名的约束名称

使用 create table 语句建立主键约束时,有两种写法:一种方法是在定义字段名和数据类型后,直接写上关键字 primary key;另一种方法是定义完字段名和数据类型后,单独写明 primary key(字段名 1[,字段名 2,…]),所谓单独写,是要求用","与字段的定义语句分隔开。对于表的主键是由多个属性构成时,必须采用后一种写法。

例 10-10　在数据库 UserDb2 中建立数据表 map_dept,同时定义主键约束。

图 10-14 为建立数据表 map_dept 的命令及运行结果。

```
ch10.sql - WXY\...\王...))
use UserDb2
create table mag_dept
(
DepId          int identity primary key,
DepName        varchar(50)  not null,
DepManager     varchar(50),
DepTel         varchar(24)
)

消息
命令已成功完成。

查询已成功执行。    WXY\SQL2008EX (10.0 RTM)  WXY\王秀英 (52)  UserDb2  00:00:00  0 行
```

图 10-14　使用 create table 语句建立主键

例 10-11　在数据库 UserDb1 中建立数据表 grade,表中包括学号 sno(char)、课程号 cno(char)、成绩 gmark(numeric)属性。主键由学号和课程号构成。

图 10-15 为建立数据表 grade 的命令及运行结果。

这个例子中,主键由两个属性共同构成,因此必须单独定义,不能随字段的定义而定义。

2. unique

数据表中非主键的字段有时也需要在各行记录中不能出现相同的非空值,这时就要通过约束 unique 来达到这个效果。一个数据表中可以有多个 unique 约束。

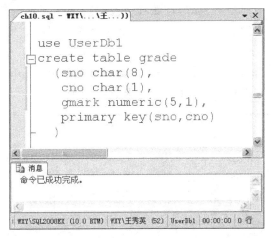

图 10-15　使用 create table 语句建立表及主键

主键自动具有 unique 的特性。

约束 unique 的定义方法与定义约束 primary key 的方法基本相同,只是将关键字 primary key 替换为 unique。

例 10-12　向数据库 UserDb2 中数据表 mag_dept 属性 DepManager 增加 unique 约束。

图 10-16 为建立 unique 约束的命令及运行结果。

图 10-16　建立 unique 约束

3. foreign key

当一个表与另一个表中的数据存在某种参照时,就需要定义外键。例如,期刊采编系统中,人员表 mag_emp 中属性 DepId 的值来自于部门表 mag_dept 中的属性 DepId,这两个表具有参照性,即每一个人员所在的部门编号必须是系统中已经存在的部门,且属性 DepId 在表 mag_dept 中一定是主键。这时 mag_emp 中的属性 DepId 就需要定义为外键,强制它的值与表 mag_dept 中的属性 DepId 的值相匹配。

定义外键的命令基本格式为:

[constraint 约束名] foreign key (字段名 1[,字段名 2,…]) references 表名(字段名 1 [,字段名 2,…])

当使用 create table 命令建表时,若随着字段的定义一同定义外键,可以省略关键字 foreign key 及字段名,但使用 alter table 命令增加外键定义时不能省略关键字 foreign key。

例 10-13 向数据库 MagDb 中数据表 mag_emp 的属性 DepId 添加外键约束。

图 10-17 为建立 foreign key 约束的命令及运行结果。

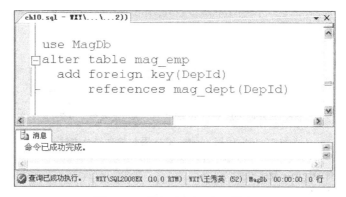

图 10-17　增加 foreign key 约束

注意:定义外键时要保证被定义为外键的属性在参照表中已经被定义为主键,即 DepId 只有在 mag_dept 中已经被定义为主键后,才可在 mag_emp 中被定义为外键,否则运行时将出错。

例 10-14 在数据库 UserDb2 中建立数据表 mag_emp,同时定义主键和外键。

图 10-18 为建立数据表 mag_emp 的命令及运行结果。

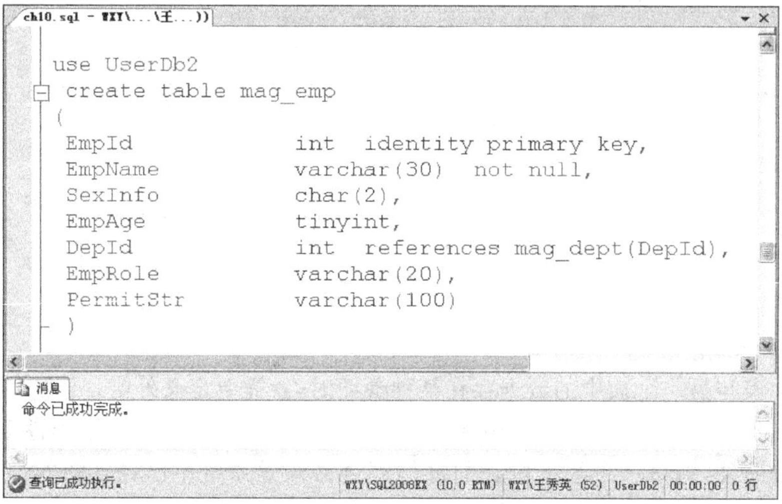

```
use UserDb2
create table mag_emp
(
EmpId              int  identity primary key,
EmpName            varchar(30)  not null,
SexInfo            char(2),
EmpAge             tinyint,
DepId              int  references mag_dept(DepId),
EmpRole            varchar(20),
PermitStr          varchar(100)
)
```

图 10-18　使用 create table 语句建立主键和外键

4. check

约束 check 也可以用于限定表中字段之间数据的参照关系。例如,在记录学生基本情况的表中,包含学生"出生日期"和"入学日期"两个字段,那么对于某一个学生的数据

(表中的一行数据),其出生日期必须早于其入学日期,此时可以使用 check(出生日期<
入学日期)实现这一限制。

定义约束 check 的命令基本格式为:

`[constraint 约束名] check(逻辑表达式)`

例 10-15 将数据库 MagDb 中数据表 mag_emp 的属性 EmpAge 的取值范围限定在
1~100 之间(含 1 和 100),并将此约束命名为 ck_age。

图 10-19 为建立 check 约束的命令及运行结果。

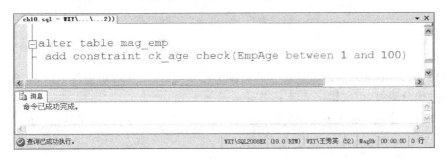

图 10-19　增加 check 约束

逻辑表达式 EmpAge(between 1 and 100)的含义等同于 EmpAge>=1 and EmpAge
<=100。

5. default

约束 default 用于指定某个属性的默认值。当数据表中某一字段具有大量相同数据
时,为减少数据录入的工作量,可以指定默认值,这样该属性自动具有了数据。例如期刊
采编系统中人员的职务以"编辑"居多,这时就可以指定 EmpRole 的默认值为"编辑"。

定义约束 default 的命令基本格式为:

`[constraint 约束名] default 常量表达式 for 字段名`

例 10-16 将数据库 MagDb 中数据表 mag_emp 的属性 EmpRole 的默认值指定为
"编辑"。

图 10-20 为建立约束 default 的命令及运行结果。

以上是建立约束的方法,下面进行总结。

(1) 建立约束有两种基本方式。

第一种是使用 create table 命令在建立表时一同定义约束。在这种方式中又可以随
着字段的定义一起定义约束,也可以单独定义约束。对于主键或外键由多个属性构成和
限制表中不同属性间取值的参照关系时,必须单独定义(用逗号与字段的定义分隔开)。

第二种是使用 alter table 命令针对已经建立的表添加约束。

(2) 书写时有几种省略的情况。

不自主定义约束名称时,要省略"constraint 约束名"项。

使用 create table 命令随着字段的定义一起定义约束时,可以省略字段名选项及关键
字 foreign key 或 for,但随字段定义约束 check 时除外,check 约束中的逻辑表达式中必

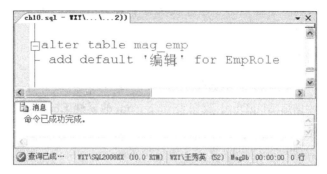

图 10-20   增加 default 约束

须有字段名。

使用 alter table 命令为已经建立的表添加约束时,可以同时添加多个约束,各个约束间用逗号作分隔符,但关键字 add 只书写一遍。

另外需要注意:命令中出现的分隔符,如逗号、括号、引号等,必须为西文符号。

10.3.3   删除约束

删除约束的语句格式为:

```
alter table 表名
    drop constraint 约束名
```

若定义约束时没有自主命名约束名称,则需要先查出系统自动命名的约束名。

例 10-17   删除数据库 UseDb2 中数据表 mag_dept 属性 DepManager 的 unique 约束。

通过"对象资源管理器",依次展开 UserDb2→"表"→mag_dept→"键"前的加号,可知该约束的名称为 UQ __ mag_dept __ 706296F8023D5A04。因此删除此约束的命令如图 10-21 所示。

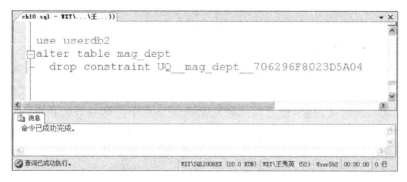

图 10-21   删除约束

10.4　建　立　索　引

索引是组织数据的一种方式,它可以提高查询数据的速度。对于没有建立索引的数据表,当需要从表中查询数据时,就只能按照表中数据存储的物理顺序,从头开始一条一条地查找,直到检索出来所需要的数据为止。很显然这种检索效率很低,可以设想一下,如果人们使用的字典,没有一定的组织方式,而是随意地将所有的字词编排在整本字典中,那么要想从字典中查找某一个字,将是多么费时的事情。对数据表建立索引,就如同在编写字典时采取了一种组织方式。索引可以基于表的某一字段,也可以基于表的多字段的组合。

通过使用索引,可以优化查询执行速度。

10.4.1　索引的类型

T-SQL 提供了两种类型的索引——聚集索引(Clustered)和非聚集索引(Nonclustered)。

聚集索引是一种物理存储方式。数据表中的数据是按照聚集索引指定方式或者说是顺序,保存在磁盘空间中的,因此一个数据表只能建立一个聚集索引。

非聚集索引是一种逻辑存储方式。索引的次序并不影响数据的物理存储顺序。SQL Server 中通过建立一个页,存放按非聚集索引次序形成的数据次序的指针,指向数据的实际存放地址。

对于聚集索引和非聚集索引的理解,仍然可以以字典为例。字典中字的顺序是以字的拼音顺序编排的,每一个字具有一个固定的页码,这如同是聚集索引,可以根据字的发音检索到要查询的字;另外字典还提供了部首目录,依据部首顺序建立的检字表,同样可以查到要检索的字,检字表中按照部首顺序,记录着每一个字在字典中保存的实际页码,这就如同非聚集索引。

一个数据表最多可以建立 999 个非聚集索引。

10.4.2　建立索引

建立索引的语法为:

```
create [unique] [clustered|nonclustered] index 索引名 on 表名(字段名 1,字段名 2,
...)
```

其中,unique 选项的含义为唯一索引,即数据表中任意两行数据在被索引字段上不能存在相同值;clustered|nonclustered 选项指定索引类型为聚集索引或非聚集索引。

默认情况下,创建的索引是非唯一的非聚集索引。

建立索引时,必须先建立聚集索引,后建立非聚集索引。因为非聚集索引中指针所指的数据位置是由聚集索引建立后确定的,如果颠倒建立次序,先建立非聚集索引,后建立聚集索引,则建立聚集索引后,先前建立的非聚集索引将被重新建立。

例 10-18　对数据表 mag_emp 属性 EmpAge 建立非唯一的非聚集索引 age_index。

建立 age_index 的命令如图 10-22 所示。

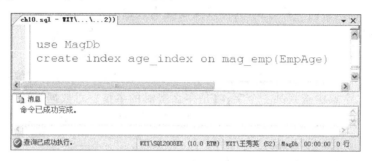

图 10-22　建立索引

10.4.3　设计索引

一个数据表是否需要建立索引,应该建立哪些索引,这是用户使用索引时要考虑的问题。应该在以下字段上创建索引:

(1) 经常要查找的字段;

(2) 经常要按顺序检索的字段;

(3) 经常用于多个数据表连接的字段;

(4) 经常用于进行统计计算(如求极值、求和等)的字段;

(5) 在查询条件中频繁使用的字段。

如果一个字段中只有几个不同的数据值,或者被索引的字段多于 20 个字节时,通常不应该建立索引。

还有以下两点需要注意:

(1) 当数据表建立主键后,就自动建立唯一聚集索引;

(2) 当数据表使用了 unique 约束后,可自动产生一个非聚集索引,但不影响索引数目。

10.4.4　删除索引

删除索引的语法为:

drop index 表名.索引名

注意:使用 primary key 约束和 unique 约束建立的索引不能删除。

例 10-19　删除例 10-18 中创建的索引 age_index。

删除 age_index 的命令如图 10-23 所示。

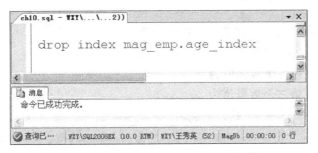

图 10-23　删除索引

10.5　删除数据库表

删除数据表的语法为：

`drop table` 表名

例 10-20　删除 usedb2 中数据表 mag_ emp。

删除数据表 mag_emp 的命令如图 10-24 所示。

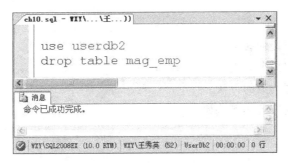

图 10-24　删除数据表

习　　题

一、单项选择题

【1】如果一个关系中的属性或属性组不是该关系的关键字,但它们是另外一个关系的关键字,则称这个关键字为该关系的_____。

　　A. 主关键字　　　B. 内关键字　　　C. 外部关键字　　D. 关系

【2】数据表中某个属性的值为 null,则表示该数据值是_____。

　　A. 0　　　　　　　B. 空字符　　　　C. 空字符串　　　D. 无任何数据

【3】如果数据表中某字段属性定义为 identity(10,5),则下列说法中正确的

是_____。

    A. 该字段相邻两条记录的数据值相差 1

    B. 该字段的数据类型为 float

    C. 该字段第一个数据值为 0

    D. 该字段第三个数据值为 20

【4】下列表名中_____是合法表名。

    A. table   B. ♯book   C. reader table   D. 一mag

【5】字符类型可允许定义的最大长度是_____。

    A. 没有限制   B. 256   C. 8000   D. 512

二、填空题

【1】字段名在数据表中要求唯一,在整个数据库中　①　。

【2】若某精确数定义为 num_col(8.3),则该数的最大值是　②　。

【3】时间戳类型数据与系统时间　③　关。

【4】修改数据表的命令是　④　。

【5】T-SQL 中提供了　⑤　、　⑥　、　⑦　、　⑧　和　⑨　5 种约束。

【6】索引的类型有　⑩　和　⑪　。

三、简答题

【1】如何修改字段的属性?

【2】如何更改字段名和表名?

【3】请简述创建约束的方法。

【4】设计索引时应遵循哪些原则?

四、综合题

根据第 7 章综合题 1 的设计结果(关系模式),在 libraryDb 数据库中创建数据表。各字段数据类型和数据长度的确定请参考表 10-10、表 10-11 和表 10-12,并为各数据表建立恰当的约束。

表 10-10　图书信息

书　号	书　　名	作者姓名	出版日期	类型	页数	价格	出版社名称
TP313/450	数据库原理与应用	赵杰	2002-2	编写	273	24	人民邮电
TP311.138ac/15	轻松掌握 Access 2000 中文版	罗运模	2001-9	编写	240	24	人民邮电
TP316/355	中文 Windows 98 快速学习手册	Jennifer Fulton	1998-8	译著	189	15	机械工业
TP393.4/71	带你走进 Internet 整装待发——上网前的准备	于久威	1998-1	编著	107	8	人民邮电

书 号	书 名	作者姓名	出版日期	类型	页数	价格	出版社名称
I310/210	教育与发展	林崇德	2002-10	著	743	36	北京师范大学
O125/78	项目采购管理	冯之楹	2000-12	编著	241	15	清华大学

表 10-11　读者信息

借书证号	姓 名	性 别	出生日期	学历/职称	地 址	电 话
11050	张宏	女	1964-5-16	副教授	海淀区	010-64900247
11069	李四	女	1956-9-14	讲师	丰台区	010-67524890
21079	王五	男	1978-6-2	硕士	海淀区	010-62795621
10054	郑立	男	1945-9-8	研究员	东城区	010-83905580
10007	周上	男	1979-10-1	大专	西城区	010-66075521

表 10-12　借阅信息

借书证号	书 号	借书日期	还书日期
11050	TP313/450	2004-4-18	2004-5-17
11069	TP311.138ac/15	2004-5-21	2004-6-15
21079	TP316/355	2004-6-3	2004-6-28
10054	TP393.4/71	2004-8-5	2004-9-5
10007	I310/210	2005-1-15	2005-2-14
11050	O125/78	2005-2-19	

第**11**章

查　　询

查询的作用在前面的章节中已经论述过,这里不再赘述。查询语句是 SQL 的核心,它的变化十分丰富,功能十分强大,本章将详细介绍查询语句的用法。

11.1　查询语句的基本格式

回想前面使用 Access 2010 查询对象的设计视图创建查询时的过程是先确定查询用到的表,然后选取输出字段列表和确定查询条件,根据具体情况,还可能要考虑分组情况和字段是否有序输出。这一过程正反映了进行查询的思路:书写查询语句要考虑从哪些表中选取满足什么条件的数据记录,输出时需要哪些属性列,是否按照一定次序输出等。这一过程用 SQL 命令表示为:

```
select 字段列表
from 表名列表
[where 条件表达式]
[group by 字段列表 [having 条件表达式]]
[order by 字段列表 [asc|desc]]
```

语句的含义是在 from 后给出的表中查询满足 where 条件表达式的记录,然后按 select 后列出的字段列表形成结果集。如果有 group by 短语,则结果集按 group by 后的字段列表分组,having 后的条件表达式是分组时结果集输出条件。order by 短语表示结果集按后面字段列表升序(asc)或降序(desc)输出。升序输出时 asc 可省略。

注意:字段列表中各字段使用“,”分隔。

下面以实例来详细说明查询语句的具体使用方法。

11.2　单　表　查　询

单表查询是指结果集中的字段和查询条件中涉及的属性都来源于一个数据表。查询时根据要求的不同,可能有以下几种形式。

11.2.1 输出表中所有列

查询时有时需要输出表中的所有属性列，这时关键字 select 后的字段列表可以简单地以“ * ”表示，而不必将表中的所有字段依次罗列出来。

例 11-1 查询所有人员的基本情况。

分析：有关人员的情况保存在数据表 mag_emp 中，题目要求输出“基本情况”，没有具体说明输出哪些属性，则表示输出应包括数据表 mag_emp 中的所有字段。

实现这一操作的命令及结果如图 11-1 所示。

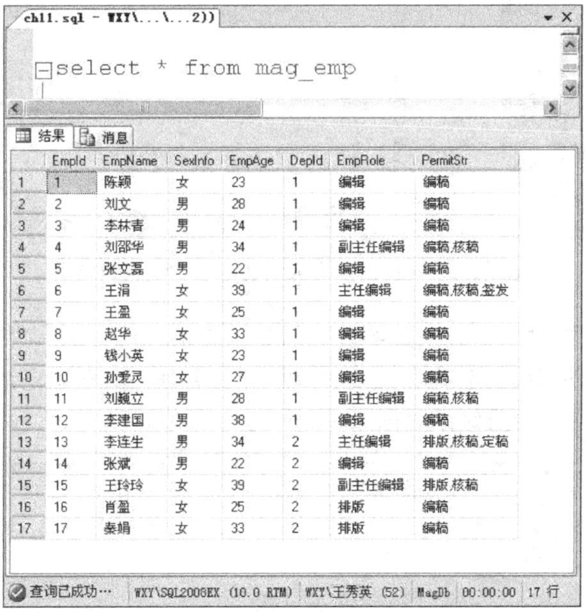

	EmpId	EmpName	SexInfo	EmpAge	DepId	EmpRole	PermitStr
1	1	陈颖	女	23	1	编辑	编稿
2	2	刘文	男	28	1	编辑	编稿
3	3	李林青	男	24	1	编辑	编稿
4	4	刘邵华	男	34	1	副主任编辑	编稿,核稿
5	5	张文磊	男	22	1	编辑	编稿
6	6	王涓	女	39	1	主任编辑	编稿,核稿,签发
7	7	王盈	女	25	1	编辑	编稿
8	8	赵华	女	33	1	编辑	编稿
9	9	钱小英	女	23	1	编辑	编稿
10	10	孙爱灵	女	27	1	编辑	编稿
11	11	刘巍立	男	28	1	副主任编辑	编稿,核稿
12	12	李建国	男	38	1	编辑	编稿
13	13	李连生	男	34	2	主任编辑	排版,核稿,定稿
14	14	张斌	男	22	2	编辑	编稿
15	15	王玲玲	女	39	2	副主任编辑	排版,核稿
16	16	肖盈	女	25	2	排版	编稿
17	17	秦娟	女	33	2	排版	编稿

图 11-1 查询所有人员的基本情况

11.2.2 选择部分列输出

有时需要输出表中某些属性列，这就要根据输出要求，在关键字 select 后依次列出各输出字段名称，字段的次序即为输出顺序。

例 11-2 查询出所有人员的姓名(EmpName)、性别(SexInfo)和年龄(EmpAge)。

实现这一操作的命令及结果如图 11-2 所示。

11.2.3 重新命名输出列的列名

通常建立数据库表时，字段名采用西文符号，但查询输出时，用户往往希望以中文方式显示输出列的名称，这时在输出时可以对输出字段重新命名。注意，这种重新命名并不

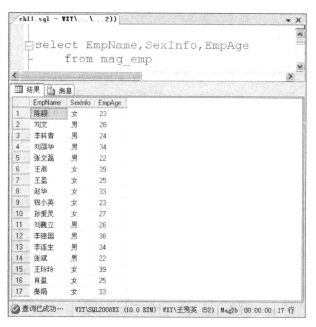

图 11-2　查询出所有人员的姓名、性别和年龄

是修改原数据表中的字段名，它只影响输出的显示结果。

　　例 11-3　查询各部门的名称和电话，并以"部门名称"和"联系电话"表示。

　　实现这一操作的命令及结果如图 11-3 所示。

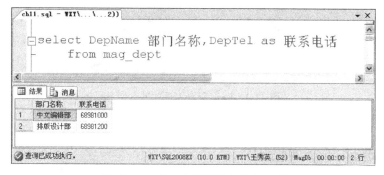

图 11-3　查询出各部门的名称和电话

　　这里分别采取了两种书写方式：第一种方式是在字段名后，以空格作分隔符，再写上希望输出的表示名称；第二种方式是在这两部分之间使用关键字"as"。两种方式均可使用。

　　注意：不同字段之间仍然使用逗号作分隔符。

11.2.4　去除重复记录

　　结果集中出现完全相同的记录行时即表明出现了重复记录。如果要去除重复记录，需要使用关键字"distinct"。

例 11-4　查询出所有员工的职务(EmpRole)。

分析：有关人员的职务情况保存在数据表 mag_emp 的 EmpRole 字段中。如果直接输出字段 EmpRole，由于许多人员的职务相同，因此会出现大量重复记录（读者可自己试一试），所以要使用关键字"distinct"去除重复记录。

实现这一操作的命令及结果如图 11-4 所示。

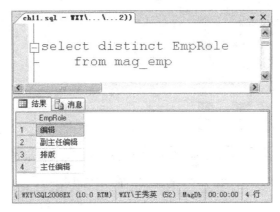

图 11-4　查询出所有员工的职务

11.2.5　使用 where 子句

前面运行的查询例子都是输出所有记录的所有列或部分列，可以说是对"列"进行了筛选。实际应用中，许多查询结果是要求某一属性或某几个属性在满足一定条件时得到的，即对记录"行"进行筛选。欲达到这一目的，可使用 where 子句，通过 where 子句表述出进行筛选的条件。

where 子句的形式是：

where 查询条件表达式

这里的表达式是算术表达式或逻辑表达式。除常用的算术运算符以及逻辑运算符"与"(and)、"或"(or)和"非"(not)之外，还有一些特殊的运算符，如 between…and、in 和 like 等，它们的用法将在示例中具体说明。

例 11-5　查询出所有编辑(EmpRole)的姓名。

分析：所有编辑的姓名来源于数据表 mag_emp，输出字段为 EmpName，输出的条件是 EmpRole 的值等于"编辑"。

实现这一操作的命令及结果如图 11-5 所示。（读者可对照图 11-1 进行验证。）

例 11-6　查询出所有年龄(EmpAge)>30 岁(含 30)的男性员工的姓名和职务。

分析：本例的查询条件包括两个：EmpAge 的值大于等于 30；SexInfo 的值等于"男"。这两个条件要同时满足，应该是"与"(and)的关系。

实现这一操作的命令及结果如图 11-6 所示。（读者可对照图 11-1 进行验证。）

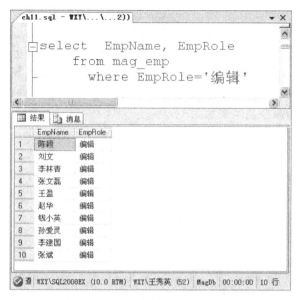

图 11-5　查询出所有编辑的姓名

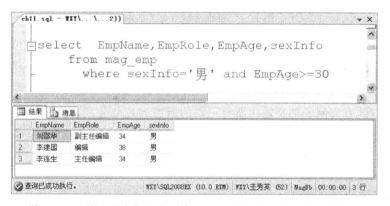

图 11-6　查询出所有年龄大于等于 30 岁的男性员工的姓名和职务

例 11-7　查询出所有年龄(EmpAge)在 25 岁至 40 岁之间(含 25 和 40)的员工的姓名、职务和年龄。

分析：年龄在 25 岁至 40 岁之间的表示方法应为：EmpAge>=25 and EmpAge<=40。对于这种表达式可以简单地表示为：between 25 and 40。注意,必须是包含等于的状况时才可以使用此简略写法。

实现这一操作的命令及结果如图 11-7 所示。

例 11-8　查询出所有年龄(EmpAge)不在 25 岁至 40 岁之间(不含 25 和 40)的员工的姓名、职务和年龄。

分析：年龄不在 25 岁至 40 岁之间的表示方法应为：EmpAge<25 and EmpAge>40。对于这种表达式也可以简单地表示为：not between 25 and 40。

实现这一操作的命令及结果如图 11-8 所示。

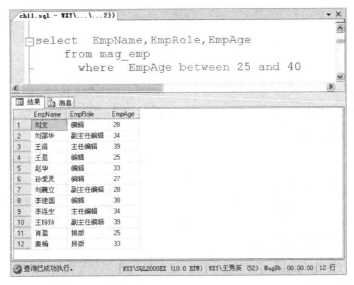

图 11-7　查询出所有年龄在 25 岁至 40 岁之间的员工的姓名、职务和年龄

```
select   EmpName,EmpRole,EmpAge
    from mag_emp
        where  EmpAge not between 25 and 40
```

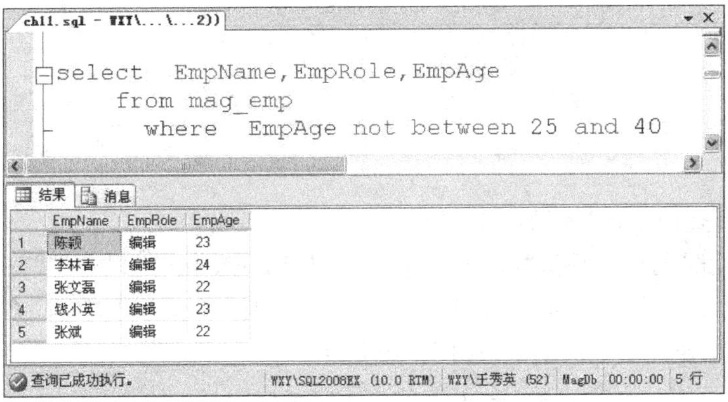

图 11-8　查询出所有年龄不在 25 岁至 40 岁之间的员工的姓名、职务和年龄

例 11-9　查询出由肖盈、秦娟或王玲玲(DesignerName)设计的期刊的编号。

分析：由肖盈、秦娟或王玲玲设计的期刊即表示"DesignerName＝'肖盈'or DesignerName＝'秦娟'or DesignerName＝'王玲玲'"的期刊。当针对同一个属性满足多个为"或"的关系条件时，可以使用运算符"in"。

实现这一操作的命令及结果如图 11-9 所示。

在描述查询条件时，有时可能难以准确地叙述出某个属性具体为何值，也许要求查询出属性中含有某些字符的记录，这种不能准确描述查询条件的查询，称为模糊查询。模糊查询使用 like 作为运算符。

在用 like 作为运算符的表达式中，通常需要使用通配符来表示字段中不能准确描述的值。常用的通配符有"％"、"_"、"[ ]"等。它们的含义如表 11-1 所示，使用方法见以下实例。

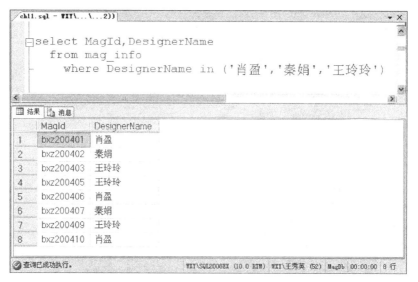

图 11-9　查询出由肖盈、秦娟或王玲玲设计的期刊的编号

表 11-1　通配符含义

通 配 符	含　义	通 配 符	含　义
%	匹配多个字符	[ ]	匹配某区间数据
_	匹配单个字符		

例 11-10　查询出姓"张"的员工的名单。

分析：姓"张"的员工是指数据表 mag_emp 中 EmpName 列以字符"张"打头，而后面字符有几个，等于什么，都没有要求，这时应使用通配符"%"，它可以匹配多个字符。

实现这一操作的命令及结果如图 11-10 所示。

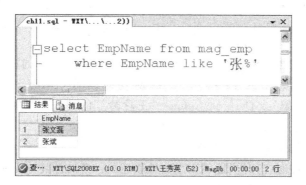

图 11-10　查询出姓"张"的员工的名单

例 11-11　查询出具有"核稿"权限（PermitStr）的人员姓名及职务。

分析：具有"核稿"权限是指数据表 mag_emp 中 PermitStr 列中含有字符"核稿"。字符的位置任意，因此在"核稿"前后都应使用通配符"%"，只在前或后使用通配符，其含义成为以"核稿"开头或以"核稿"结束。

实现这一操作的命令及结果如图 11-11 所示。

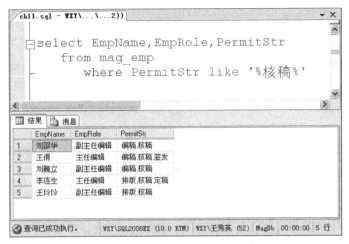

图 11-11　查询出具有"核稿"权限的人员姓名及职务

例 11-12　查询出电话号码 DepTel 第 6 位为"2"的部门的名称、负责人姓名及电话。

分析：本例要求电话号码第 6 位为"2"，对位置进行出了严格限定，这时就要使用只匹配单个字符的通配符"_"，用 5 个"_"表示电话的前 5 位。

实现这一操作的命令及结果如图 11-12 所示。

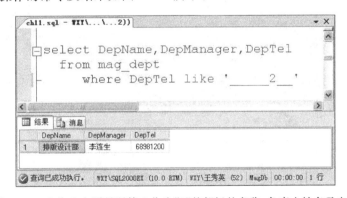

图 11-12　查询出电话号码第 6 位为"2"的部门的名称、负责人姓名及电话

注意：命令中"2"后面是两个"_"，这样保证只查询出电话为 8 位的记录，对于此例命令中"2"后面也可以使用通配符"%"。

例 11-13　查询出 2004 年发行的期刊名称（MagName）为《北京信息周报》第 1 至第 5 期的编号和设计者姓名。

分析：期刊的刊期是通过期刊的编号反映出来的。期刊编号的第 4 位至第 7 位是年号，最后两位是序列号。第 1 至第 5 期的含义为后两位是"01"至"05"，即第 8 位只能取"0"，第 9 位只能取 1～5 的数据，用"[1-5]"来表示。

实现这一操作的命令及结果如图 11-13 所示。

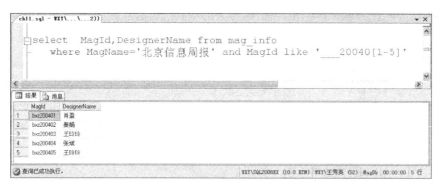

图 11-13　查询出 2004 年发行的《北京信息周报》第 1 至第 5 期的编号和设计者姓名

11.2.6　使用 order by 子句

为了便于观察查询结果,有时希望输出的结果集具有一定顺序,这就需要使用 order by 子句对结果集排序。这种排序只影响输出显示形式,并不影响原数据表中数据的物理存储次序。排序时可根据一个或多个字段按升序或降序排列,默认状态是升序。

例 11-14　请按年龄(EmpAge)由大到小输出所有员工情况。

实现这一操作的命令及结果如图 11-14 所示。

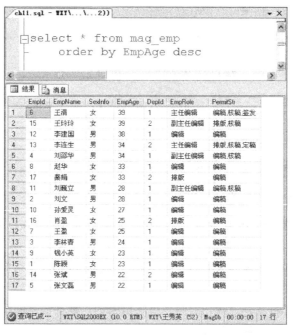

图 11-14　按年龄由大到小输出所有员工情况

例 11-15　请按姓名(EmpName)次序输出所有员工情况。

实现这一操作的命令及结果如图 11-15 所示。

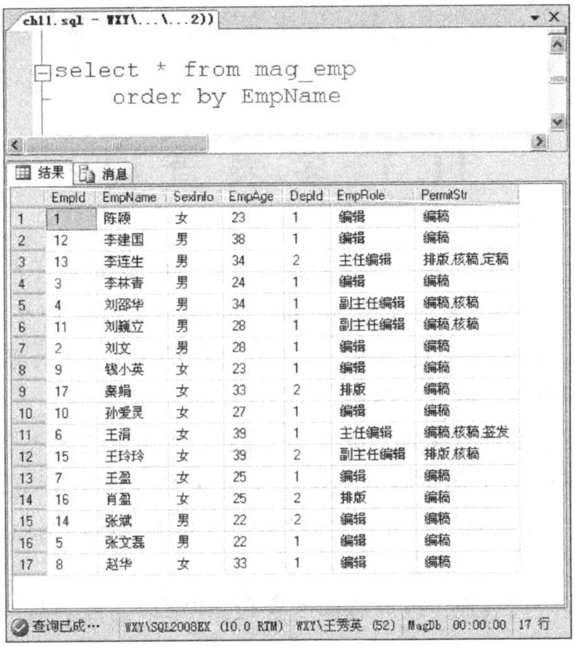

	EmpId	EmpName	SexInfo	EmpAge	DepId	EmpRole	PermitStr
1	1	陈颖	女	23	1	编辑	编稿
2	12	李建国	男	38	1	编辑	编稿
3	13	李连生	男	34	2	主任编辑	排版,核稿,定稿
4	3	李林吉	男	24	1	编辑	编稿
5	4	刘邵华	男	34	1	副主任编辑	编稿,核稿
6	11	刘巍立	男	28	1	副主任编辑	编稿,核稿
7	2	刘文	男	28	1	编辑	编稿
8	9	钱小英	女	23	1	编辑	编稿
9	17	秦娟	女	33	2	排版	编稿
10	10	孙爱灵	女	27	1	编辑	编稿
11	6	王涓	女	39	1	主任编辑	编稿,核稿,签发
12	15	王玲玲	女	39	2	副主任编辑	排版,核稿
13	7	王盈	女	25	1	编辑	编稿
14	16	肖盈	女	25	2	排版	编稿
15	14	张斌	男	22	2	编辑	编稿
16	5	张文磊	男	22	1	编辑	编稿
17	8	赵华	女	33	1	编辑	编稿

图 11-15　按姓名次序输出所有员工情况

对字符的排序方法是按照字母顺序排列，由 A 到 Z 为升序。中文字符是将汉语拼音对应为英文字母。

例 11-16　请按部门升序(DepId)输出所有员工情况，并按年龄(EmpAge)降序排序。

实现这一操作的命令及结果如图 11-16 所示。

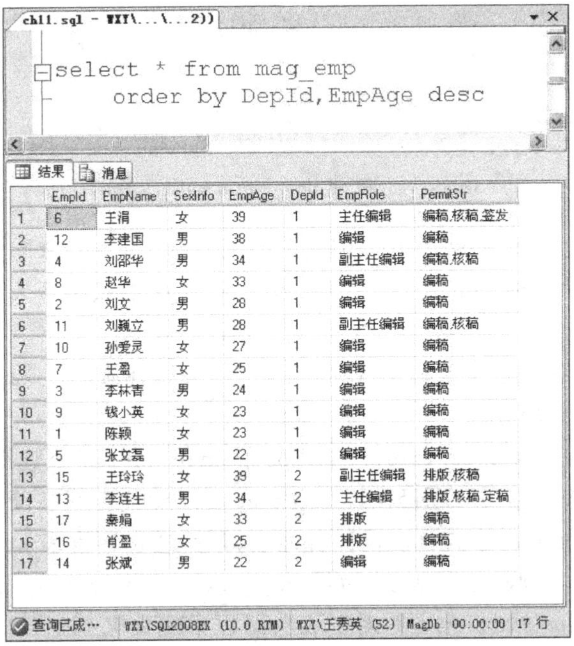

	EmpId	EmpName	SexInfo	EmpAge	DepId	EmpRole	PermitStr
1	6	王涓	女	39	1	主任编辑	编稿,核稿,签发
2	12	李建国	男	38	1	编辑	编稿
3	4	刘邵华	男	34	1	副主任编辑	编稿,核稿
4	8	赵华	女	33	1	编辑	编稿
5	2	刘文	男	28	1	编辑	编稿
6	11	刘巍立	男	28	1	副主任编辑	编稿,核稿
7	10	孙爱灵	女	27	1	编辑	编稿
8	7	王盈	女	25	1	编辑	编稿
9	3	李林吉	男	24	1	编辑	编稿
10	9	钱小英	女	23	1	编辑	编稿
11	1	陈颖	女	23	1	编辑	编稿
12	5	张文磊	男	22	1	编辑	编稿
13	15	王玲玲	女	39	2	副主任编辑	排版,核稿
14	13	李连生	男	34	2	主任编辑	排版,核稿,定稿
15	17	秦娟	女	33	2	排版	编稿
16	16	肖盈	女	25	2	排版	编稿
17	14	张斌	男	22	2	编辑	编稿

图 11-16　按部门升序和年龄降序输出所有员工情况

对于多个排序字段,首先按第一排序字段排序,若第一字段值相同时,再按第二字段排序,以此类推。

11.3 多表查询

多表查询是指结果集中字段或查询条件涉及的字段来源于多个表。例如,若要查询出某个员工所在部门的名称,就涉及 mag_dept 和 mag_emp 这两个表,查询的过程是根据员工的姓名在 mag_emp 表中找到该员工所在部门的编号,再由部门编号到 mag_dept 表中查找到该部门编号对应的部门名称。

多表查询涉及的表都是有关联关系的,它们之间的关联关系大多通过外键实现。这类查询的关键是在 where 子句中将表之间的关联关系表述出来。如前面涉及的 mag_dept 和 mag_emp 这两个表,就通过部门编号 DepId 相等关联起来,这个条件与其他查询条件为"与"(and)的关系。

对于来自于不同数据表而字段名相同的字段,在字段名前必须注明表名,且以"."作分隔符。

例 11-17 查询出张斌所在部门的名称。

实现这一操作的命令及结果如图 11-17 所示。

图 11-17 查询出张斌所在部门的名称

多表查询涉及的表可以多于两个,但表的数目愈多,执行的速度愈慢,占用的系统资源愈多。当包含 n 个表时,where 子句中必须有 $n-1$ 个关联关系表达式,且它们之间都为"与"的关系。

例 11-18 查询出刊登文章题目(DocTitle)为"去国外旅游"一文的期刊名称和该期设计者的姓名、年龄和职务。

分析:这个查询涉及 mag_emp、mag_doc 和 mag_info 三个数据表,存在两个关联关系。查询思路是应根据文章题目在数据表 mag_doc 中找到刊登该文的期刊编号,利用该编号在数据表 mag_info 中查询出设计者姓名,最后通过数据表 mag_emp 得到其年龄和职务信息,因此关联关系表述为: mag_info.MagId = mag_doc.MagId and DesignerName=EmpName。书写时对于表名可以采用命名别名的方法,这样引用表名时可以使用别名。

实现这一操作的命令及结果如图 11-18 所示。

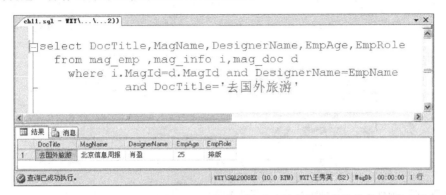

```
ch11.sql - WXY\...\...2))
  select DocTitle,MagName,DesignerName,EmpAge,EmpRole
    from mag_emp ,mag_info i,mag_doc d
      where i.MagId=d.MagId and DesignerName=EmpName
            and DocTitle='去国外旅游'
```

	DocTitle	MagName	DesignerName	EmpAge	EmpRole
1	去国外旅游	北京信息周报	肖盈	25	排版

查询已成功执行。　　　　　　　　　　WXY\SQL2008EX (10.0 RTM) WXY\王秀英 (52) MagDb 00:00:00 1 行

图 11-18　查询出刊登"去国外旅游"一文的期刊名称和该期设计者的姓名、年龄和职务

此例中 mag_info 以 i 命名;mag_doc 以 d 命名。

11.4　查询聚合数据

查询应用不仅仅是对数据表中数据的重现,更高层次的应用表现在它能够对数据表中的数据进行分析,得到如汇总或分解后的数据。T-SQL 提供了一组常用的内置函数,可实现常用的统计计算,这类函数称为聚合函数,利用这类函数,可以得到聚合数据。

T-SQL 中常用的聚合函数如表 11-2 所示。

表 11-2　常用聚合函数

函 数 名 称	函 数 作 用	函 数 名 称	函 数 作 用
avg()	对多个数值求平均值	min()	返回多个数值的最小值
sum()	对多个数值求和	count()	返回非空表达式的个数
max()	返回多个数值的最大值	count(＊)	返回所有记录个数

除 count(＊)外,其他聚合函数均不考虑空值,如对某一字段所有数据进行求和运算,若某一条记录该字段为空值,则计算时对空值不做任何处理。

例 11-19　计算出员工的平均年龄和员工人数。

分析:计算员工人数可以选择能够唯一标识员工的职工编号属性 EmpId 作为运算 count 的表达式。

实现这一操作的命令及结果如图 11-19 所示。

从图 11-19 可以看出,经聚合函数运算后得到的数据,系统不会自动命名,如果希望标识出结果,需要使用前面介绍的重新命名列的方法。

例 11-20　计算出员工的平均年龄和员工人数,并分别以"平均年龄"和"员工人数"表示。

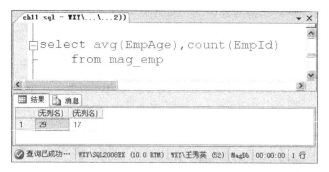

图 11-19　计算出员工的平均年龄和员工人数

实现这一操作的命令及结果如图 11-20 所示。

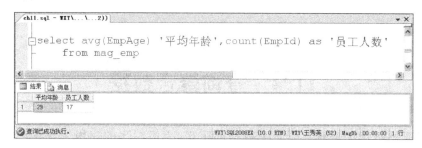

图 11-20　命名聚合数据

进行聚合函数运算时可能根据某一个字段的内容,将记录分为若干组,分别计算,这时就需要使用 group by 进行分组。

例 11-21　按性别(SexInfo)分别计算出员工的平均年龄和员工人数,并分别以"平均年龄"和"员工人数"表示。

实现这一操作的命令及结果如图 11-21 所示。

图 11-21　分组查询

由于用于分组的字段 SexInfo 的值有两个,即"男"和"女",所以运行结果包含两条记录,记录的次序是按照字段值的升序次序排列的,即第一条记录结果对应 SexInfo="男",第二条记录结果对应 SexInfo="女"。

进行聚合函数运算时有时不一定要针对所有记录,可能需要按照某个条件进行筛选,即只计算某些字段值满足某些条件的记录,这种筛选条件不能使用 where 子句,而需要使用 having 子句,且必须以 having 子句的表达式中涉及的字段作为分组字段。

例 11-22 按性别分别计算出部门编号为"1"的员工的平均年龄和员工人数,并分别以"平均年龄"和"员工人数"表示。

实现这一操作的命令及结果如图 11-22 所示。

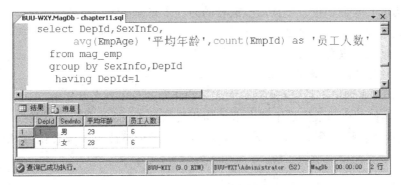

图 11-22 having 子句用法

例 11-23 查询出部门编号(DepId)为"2"的部门名称及员工的平均年龄(以"平均年龄"表示)。

分析:这是一个涉及多表(mag_emp 表和 mag_dept 表)的查询,两个表的关联关系 mag_dept.DepId=mag_emp.DepId 仍然通过 where 子句表示,而聚合函数平均年龄的筛选条件使用 having 子句表示,且筛选条件中的字段部门编号 DepId 必须作为分组字段。另外,因为欲输出某一个部门的平均年龄,因此这个平均年龄实际是按照部门名称分组后计算出来的,所以部门名称 DepName 也必须作为分组字段。

实现这一操作的命令及结果如图 11-23 所示。

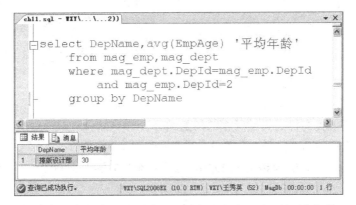

图 11-23 查询出部门编号为"2"的部门名称及员工的平均年龄

11.5 嵌套查询

查询时,有时 where 子句中的条件不能简单地表示成一个常量表达式,而要以另一个查询的结果作为这个查询的筛选条件。在 where 子句的表达式中出现另一个查询的情况就称为嵌套查询。在一个查询中嵌套的另一个查询称为子查询。

嵌套查询也可用于解决多表查询,但要求主查询输出的字段必须来自于一个表。

嵌套查询可以嵌套多层。

注意:书写时,子查询要使用括号括起来。

例 11-24 查询出年龄(EmpAge)大于平均年龄的员工姓名及年龄。

分析:本例的查询条件是年龄大于平均年龄的员工,而平均年龄不是一个常量表达式,需要执行聚合函数得到。而 where 子句的表达式中不能出现聚合函数,因此必须通过执行一个子查询得到平均年龄。

实现这一操作的命令及结果如图 11-24 所示。

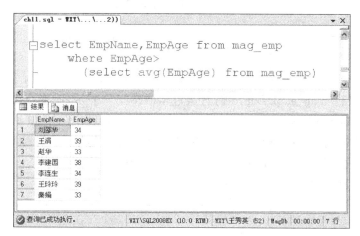

图 11-24 查询出年龄大于平均年龄的员工姓名及年龄

例 11-25 查询出张斌所在部门的名称。

分析:主查询应针对 mag_dept 表进行,查询条件是部门编号(DepId)为张斌所在部门的编号。通过子查询得到张斌所在部门的编号。

实现这一操作的命令及结果如图 11-25 所示。

例 11-26 查询出期刊编号(MagId)为 bxz200401～bxz200406 的设计者姓名和职务。

分析:主查询针对 mag_emp 进行,子查询应查询出期刊编号为 bxz200401～bxz200406 的设计者的姓名,其查询结果可能是多条记录,因此主查询 where 子句中的表达式不能使用等号运算符,必须使用 in。只有确定子查询结果集为一条记录时才能使用等号,如例 11-25。

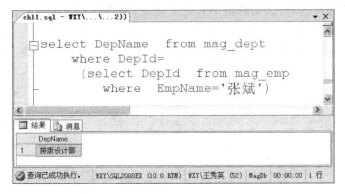

图 11-25　查询出张斌所在部门的名称

实现这一操作的命令及结果如图 11-26 所示。

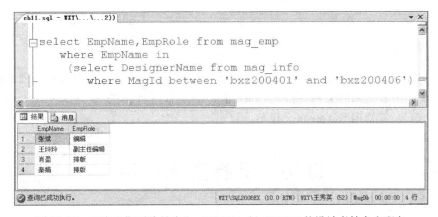

图 11-26　查询出期刊编号为 bxz200401～bxz200406 的设计者姓名和职务

例 11-27　查询出具有与"王涓"编辑的文章所属栏目相同的期刊名称。

实现这一操作的命令及结果如图 11-27 所示。

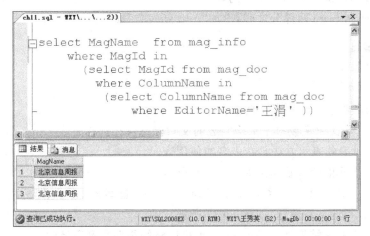

图 11-27　查询出具有与"王涓"编辑的文章所属栏目相同的期刊名称

从图 11-27 中可以看出,结果集中有重复记录,如果希望去除重复记录,就需要在主查询中使用关键字 distinct。但使用 distinct 时会增加额外开销,在面对大量数据时,会降低服务器性能。更好的解决办法是使用关键字 exists 找出匹配的记录,它会在找到第一个匹配值后即停止查找。

使用 exists 实现这一操作的命令及结果如图 11-28 所示。

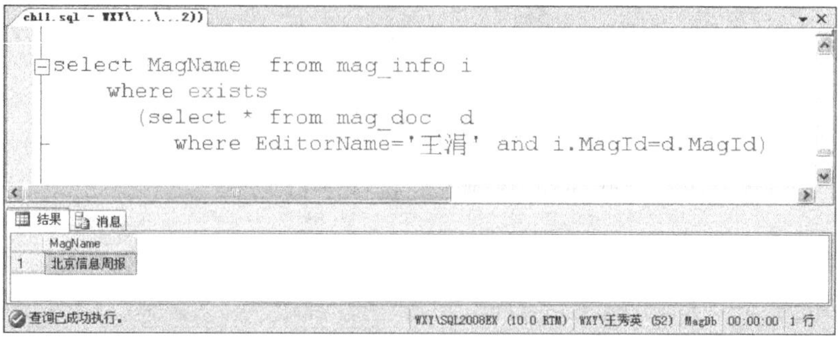

图 11-28　使用 exists 查询

使用 exists 时需要注意:exists 既不是等号也不同于 in,而且作用的不是列之间的关系,它反映的是表之间的关系,所以 where 子句中没有列名,而子查询的 select 列表也不需要指定列名,通常用"select *"代替。

11.6　保存查询结果

前面运行的查询,其结果只有在每次执行后才能得到,如果希望执行一次后能多次使用查询结果,就需要保存查询结果。例如,后面将要讲到编写存储过程时,随程序执行流程,可能用到前面的查询结果,这时就希望能将前面的查询结果保存起来。

可以将查询结果保存到一个新的数据表中。具体命令格式为在基本的 select 语句基础上,在 select 和 from 两部分之间,增加"into 新表名"即可,即

```
select 输出列表 into 新表名
    from 表名
        where 子句...
```

注意:新数据表不需要事先创建。

例 11-28　将文章字数多于平均字数的文章标题保存到临时表 temp_title 中。

分析:临时表的表示方法是在表名前使用 #。

实现这一操作的命令及结果如图 11-29 所示。

结果窗口中显示的"3 行受影响",表示有 3 条记录被写入 temp_title 中。若对数据表进行查询,可以得到文章标题,如图 11-30 所示。

若能够确定查询结果是一条记录时,也可以将结果保存到变量中。

注意:在 T-SQL 中,用户声明的变量都是临时局部变量,所以在变量名前必须使

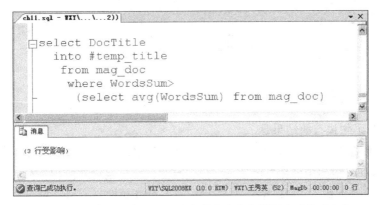

图 11-29 将文章字数多于平均字数的文章标题保存到临时表中

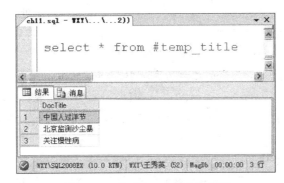

图 11-30 临时表 temp_title 内容

用@。

例 11-29 将期刊编号(MagId)为"bxz200401"的文章总字数及篇数分别保存在变量 sumwords 和 number 中。

实现这一操作的命令及结果如图 11-31 所示。

图 11-31 将期刊编号为"bxz200401"的文章总字数及篇数分别保存在变量中

习　　题

一、单项选择题

【1】SQL 语句执行的结果是_____。

    A. 数据库　　　　B. 表　　　　　　C. 元组　　　　　D. 属性

【2】在 select 语句中使用"＊"表示_____。

    A. 全部元组　　　B. 表　　　　　　C. 全部属性　　　D. 键

【3】对于嵌套查询的处理顺序是_____。

    A. 从内层向外层处理　　　　　　B. 从外层向内层处理

    C. 内层、外层同时处理　　　　　　D. 内层、外层交替处理

【4】表达式 price between 5 and 20 的含义是_____。

    A. price＞＝5 and price ＜＝20　　B. price＞5 and price ＜20

    C. price＞＝5 or price ＜＝20　　　D. price＞5 or price ＜20

【5】涉及三个表的查询时,where 子句中至少有_____个条件表达式。

    A. 0　　　　　　B. 1　　　　　　C. 2　　　　　　D. 3

【6】下列聚合函数中_____考虑空值。

    A. count()　　　B. count(＊)　　　C. sum()　　　　D. avg()

二、填空题

【1】在 T-SQL 中,如果要去掉查询结果中的重复记录,应使用关键字 ① 。

【2】当以降序输出查询结果时使用关键字 ② 。

【3】通配符"％"的含义表示 ③ ;而通配符"_"的含义表示 ④ 。

【4】对结果集进行排序时使用关键字 ⑤ 。

【5】将记录分为若干组进行集合函数运算时使用关键字 ⑥ 。

三、简答题

【1】SQL 中实现查询操作的语句的基本格式是什么?

【2】重新命名列时使用哪个关键字?

【3】having 子句的条件表达式与 where 子句的条件表达式有什么不同?

【4】正确书写多表查询的 SQL 语句的关键是什么? 应注意哪些问题?

四、综合题

利用 SQL Server 中的示例数据库 Pubs 完成下列查询,涉及的 Pubs 数据库中数据表的内容如表 11-3 所示。Pubs 数据库可以通过 Microsoft 下载中心(http://go.microsoft.com)下载,然后按自述文件中的说明安装。

表 11-3　Pubs 数据库中部分数据表的内容

表　　名	字　段　名	类　　　型	含　　义
authors	Au_id	varchar(11)	作者编号
	Au_lname	varchar(40)	作者姓
	Au_fname	varchar(20)	作者名
	Phone	char(12)	作者电话
	Address	varchar(40)	作者住址
	City	varchar(20)	作者所在城市
	State	char(2)	作者所在州
	Zip	char(5)	邮政编码
	Contract	bit	合同
titles	Title_id	varchar(6)	图书编号
	Title	varchar(80)	书名
	Type	char(12)	图书类型
	Pub_id	char(4)	出版商编号
	Price	money	价格
	Advance	money	预付款
	Royalth	int	版税
	Ytd_sales	int	年销售量
	Note	varchar(200)	图书简介
	Pubdate	datetime	出版日期
titleauthor	Au_id	varchar(11)	作者编号
	Title_id	varchar(6)	图书编号
	Au_ord	tinyint	作者顺序
	Royaltyper	int	版税比例
publishers	Pub_id	char(4)	出版商编号
	Pub_name	varchar(40)	出版商名称
	City	varchar(20)	出版商所在城市
	State	char(2)	出版商所在州
	Country	varchar(30)	出版商所在国家
stores	stor_id	char(4)	书店编号
	stor_name	varchar(40)	书店名称
	Stor_address	varchar(40)	书店地址

表　名	字　段　名	类　　型	含　　义
stores	City	varchar(20)	书店所在城市
	State	varchar(2)	书店所在州
	Zip	char(5)	邮政编码
sales	Stor_id	char(4)	书店编号
	Ord_num	varchar(20)	订单号
	Ord_date	datetime	订书日期
	Qty	smallint	数量
	Payerms	varchar(12)	付款方式
	Title_id	varchar(6)	图书编号

【1】请将作者姓名按降序输出，并保存在表 au_bak 中。

【2】检索出图书编号、类型，并将价格的十分之一以"discount"列名输出。

【3】检索出所有图书的类型（要求消去重复结果）。

【4】检索出订购数量大于 50 的书店编号、图书编号及订购数量。

【5】检索出居住在"CA"州或"Salt Lake City"城市的作者编号、城市名和州名。

【6】检索出价格在 5～20 元间的图书编号和价格。

【7】检索出价格不在 5～20 元间的图书编号和价格。

【8】检索出"mod_cook"、"trad_cook"、"business"类图书的编号、价格及类型。

【9】检索出居住在以"S"开头的城市的作者的姓、城市名和州名。

【10】检索出图书编号以"B"开头，以"2"结尾的图书的编号、类型和价格。

【11】请检索出图书的最高价格。

【12】请计算出图书数量和价格非空的图书的数量。

【13】请计算出"business"类图书的平均价格。

【14】请计算出各类图书的平均价格。

【15】请计算出"business"类图书和"mod_cook"类图书的平均价格。

【16】检索出"business"类图书和"mod_cook"类图书的平均价格和图书类型。

【17】按图书类型检索出价格大于 10 元且平均价格大于 18 元的图书的类型和平均价格。

【18】检索出图书名及其出版商名称。

【19】检索出出版"psychology"类图书的出版商名称和书名。

【20】检索出分类图书平均价低于所有图书平均价的图书的类型及平均价格。

第 **12** 章

数 据 更 新

创建数据表后只得到了表的"表头",这时需要向表内输入数据。另外对于已经存储了数据的数据表,还有可能要对数据表进行修改或删除。本章将学习如何使用 SQL 命令向数据表输入数据及实现对数据表中的数据进行修改或删除。

12.1 输 入 数 据

T-SQL 中运用 insert 语句实现向数据表增加数据,其语句基本格式随添加数据方式的不同而有所变化。下面将分几种情况,具体介绍 insert 语句的使用方法。

12.1.1 输入单个元组

在向数据表输入数据时,通常是一个元组一个元组地输入。输入一个元组时,可能对所有字段赋值,也有可能只需要向部分字段添加数据。

1. 添加所有字段的数据

在添加一条记录时,如果需要对所有字段赋值,则语句格式为:

```
insert [into] 表名 values(数据值 1,数据值 2,…)
```

其中"数据值 1,数据值 2,…"为欲添加到表中的各字段的数据值,可以是常量、变量或表达式的值。

每执行一条 insert …values 语句,会在数据表中增加一个新的元组,即添加了一条新记录。

注意:在给出插入的数据值时,要按照建立数据表时定义的字段的顺序给出数据,即"数据值 1,数据值 2,…"依次与表中的"字段 1,字段 2,…"相对应。

例 12-1 向期刊采编系统数据库 MagDb 中的数据表 mag_info 添加数据。

实现这一操作的命令及结果如图 12-1 所示。

命令运行后,在结果窗口出现 13 条"1 行受影响",运行如下命令:

```
select * from mag_info
```

```
ch12.sql - WXY\...\...2))
    INSERT INTO mag_info
      values ('bxz200401','北京信息周报','2004-01-05',2,'肖盈','2004-01-03 14:10')
    INSERT INTO mag_info
      values ('bxz200402','北京信息周报','2004-01-12',2,'秦娟','2004-01-11 10:10')
    INSERT INTO mag_info
      values ('bxz200403','北京信息周报','2004-01-19',2,'王玲玲','2004-01-18 15:30')
    INSERT INTO mag_info
      values ('bxz200404','北京信息周报','2004-01-26',2,'张斌','2004-01-24 16:10')
    INSERT INTO mag_info
      values ('bxz200405','北京信息周报','2004-02-02',2,'王玲玲','2004-02-01 14:30')
    INSERT INTO mag_info
      values ('bxz200406','北京信息周报','2004-02-09',2,'肖盈','2004-02-07 14:18')
    INSERT INTO mag_info
      values ('bxz200407','北京信息周报','2004-02-16',2,'秦娟','2004-02-14 10:18')
    INSERT INTO mag_info
      values ('bxz200408','北京信息周报','2004-02-23',2,'张斌','2004-02-22 17:10')
    INSERT INTO mag_info
      values ('bxz200409','北京信息周报','2004-03-01',2,'王玲玲','2004-02-28 14:30')

 消息
 (1 行受影响)

 (1 行受影响)

 查询已成功执行。              WXY\SQL2008EX (10.0 RTM)  WXY\王秀英 (52)  MagDb  00:00:00  0 行
```

图 12-1　向数据表 mag_info 添加数据

可以看到数据表中添加了 13 条记录。由此可见每一条 insert …values 语句会在表中产生一条新的记录。

注意：对于字符型及日期型数据需要用单引号括起来。

例 12-2　向期刊采编系统数据库 MagDb 中的数据表 mag_dept 添加数据。

实现这一操作的命令及结果如图 12-2 所示。

```
ch12.sql - WXY\...\...2))
    insert into mag_dept
        values ('中文编辑部','王涓','68981000')
    insert into mag_dept
        values ('排版设计部','李连生','68981200')

 消息
 (1 行受影响)

 (1 行受影响)

 查询已成功执行。              WXY\SQL2008EX (10.0 RTM)  WXY\王秀英 (52)  MagDb  00:00:00  0 行
```

图 12-2　向数据表 mag_dept 添加数据

注意：数据表 mag_dept 中还包含一个 DepId 字段，由于该字段具有 identity 属性，由系统自动赋值，所以这里仍然将其作为添加所有字段来处理。读者可以通过查询数据表 mag_dept 观察表内所有数据。

2. 添加部分字段的数据

有时数据表中某些字段的值具有默认值，或某些字段的值暂时不需要输入，因此只需添加某些字段的数据。针对这种情况的语句格式为：

insert [into] 表名(字段 1,字段 2,…) values(数据值 1,数据值 2,…)

注意：参数"字段 1,字段 2,…"的顺序不要求与数据表中定义字段时的顺序相同,但关键字 values 后给出的参数"数据值 1,数据值 2,…"一定要与表名后给出的字段相对应。

例 12-3　向期刊采编系统数据库 MagDb 中的数据表 mag_emp 添加数据。

实现这一操作的命令及结果如图 12-3 所示。

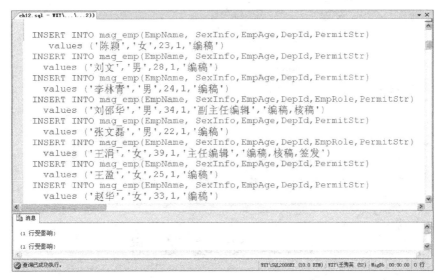

图 12-3　向数据表 mag_emp 添加数据

读者可以通过查询查看表中数据,由于数据表 mag_emp 具有一个 default 约束(见第 10 章"数据库表")——EmpRole 字段的默认值为"编辑"。因此对于没有指定 EmpRole 字段值的记录,该字段自动获得了默认值"编辑"。

12.1.2　输入多个元组

前面介绍的 insert…values 语句,一条命令只能添加一条记录,而使用嵌入到 insert 语句中的 select 查询结果集可以插入一行或多行记录。其语句格式为：

insert [into] 表名(字段 1,字段 2,…)select 子句

注意：select 子句输出的字段顺序要与"字段 1,字段 2,…"相对应。

例 12-4　建立数据表 dept_bak,字段定义同数据表 mag_dept。将数据表 mag_dept 中 DepName 和 DepManage 字段的数据添加到数据表 dept_bak 中。

实现这一操作的命令及结果如图 12-4 所示。

读者可以运行查询语句,查看表 dept_bak 中的数据,数据表 mag_dept 中所有记录的 DepName 和 DepManager 字段的值都被添加到 dept_bak 表中。

注意：insert…select 语句与 select into 语句的区别是 select into 语句不需要先创建表,执行命令后,字段的定义及表中的数据可以一同获得;而 insert…select 语句需要先创建数据表(使用 create table 命令),再执行 insert…select 语句,数据才能添加到表中。

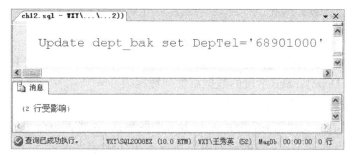

```
ch12.sql - WXY\...\...2))                              ▼ ×
    create table dept_bak
    (
     DepId           int identity ,
     DepName         varchar(50)  not null,
     DepManager      varchar(50),
     DepTel          varchar(24))

    insert dept_bak(DepName,DepManager)
        select DepName,DepManager from mag_dept
◄                                                      ►
🗎 消息
(2 行受影响)

◉ 查询已成功执行。        WXY\SQL2008EX (10.0 RTM) WXY\王秀英 (52) MagDb 00:00:00 0 行
```

图 12-4　向数据表 dept_bak 添加数据

12.2　更 改 数 据

对于输入到数据表中的数据,有时需要做出修改。修改语句的命令格式是:

update 表名 set 列名=值[,列名=值,…]
　　　[where 条件表达式]

使用 where 子句可以按条件修改满足一定条件记录中的字段的值。

例 12-5　将数据表 dept_bak 中字段 DepTel 的值设置为 68901000。

分析:对数据表 dept_bak 添加数据时,未对字段 DepTel 赋值,所以它的值为 null。现在要将字段 DepTel 的值设置为 68901000,不能使用 insert 语句添加,只能用更改语句将 null 更新为 68901000,若使用 insert 语句添加,则会产生一条新的记录。

实现这一操作的命令及结果如图 12-5 所示。

```
ch12.sql - WXY\...\...2))                              ▼ ×
                                                        ▲
    Update dept_bak set DepTel='68901000'
◄    ▭                                                  ►
🗎 消息
(2 行受影响)

◉ 查询已成功执行。        WXY\SQL2008EX (10.0 RTM) WXY\王秀英 (52) MagDb 00:00:00 0 行
```

图 12-5　更改字段 DepTel 的值

运行后,数据表中所有记录的 DepTel 值均被修改。如果需要对部分记录的数据进

行修改,则要通过 where 子句指定修改条件,对数据行进行筛选。

例 12-6 将数据表 dept_bak 中部门编号为"2"的部门的电话设置为 68901200,并将其负责人更改为王玲玲。

实现这一操作的命令及结果如图 12-6 所示。

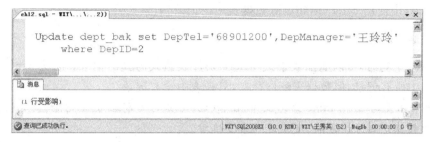

图 12-6　带 where 子句的更改语句

注意:当修改多个字段的值时,用逗号分隔字段列表。

update 语句中修改字段的值可以是常量,也可以是表达式。

例 12-7 数据表 stu 中包含一个字段 age(tinyint),请将该字段值+4。

分析:这里更改后的字段的值应在原值上+4,即 age=age+4。

实现这一操作的命令及结果如图 12-7 所示。

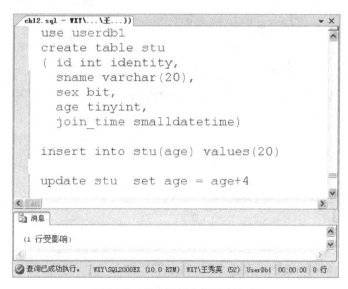

图 12-7　更改语句中使用表达式

注意:用户在 stu 表中针对字段 age 输入数据 20 后,再运行 update 语句,观察运行结果,会发现字段 age 输入的数据 20 改为 24。

12.3 删 除 数 据

T-SQL 中使用 delete 语句删除数据表中的记录,其语法格式为:

delete [from] 表名 [where 子句]

包含 where 子句时,可以删除表中使 where 条件表达式为真的记录。若无 where 子句,将删除表中所有记录,但数据表依然存在,只是表中没有记录。

注意:不要与 drop table 语句混淆,drop table 语句是将数据表删除;使用 delete 语句删除的数据是不可恢复的,使用时一定要慎重。

例 12-8 删除数据表 dept_bak 中的记录。

实现这一操作的命令及结果如图 12-8 所示。

图 12-8 删除数据表

习 题

一、简答题

【1】请说明 insert…values 命令与 insert…select 命令的区别。

【2】请说明 delete 命令与 drop table 命令的区别。

二、综合题

【1】将第 10 章习题中表 10-10、表 10-11 和表 10-12 的数据添加到数据库 libraryDb 各数据表中。

【2】登记借书证号为 11050 所借的 O125/78 图书的还书日期为 2005-3-10。

【3】将借书证号为 10054 的借阅记录登记在数据表 borrow_hy(该表结构同数据表 borrow)中,并删除 borrow 表中的相应记录。

第13章

视　图

视图是根据子模式设计的关系,是一种查看数据表中数据的逻辑方法,是数据表示的一种形式。

本章介绍视图的概念、优点和使用。

13.1　视图的概念

视图是从一个或者多个表或视图中导出的表,其结构和数据是建立在对表的查询基础上的。和真实的表一样,视图也包括几个被定义的数据列和多个数据行。但从本质上讲,这些数据列和数据行来源于其所引用的表。因此,视图不是真实存在的基础表,而是一个虚拟表。数据库中存放的是视图的定义,由视图定义,数据库能够将视图中的数据与数据表进行对应,而不存放视图对应的数据。视图所对应的数据并不实际地以视图结构存储在数据库中,而是存储在视图所引用的表中。用户通过视图对数据表进行的操作将直接作用于数据表,但删除一个视图,则不会影响数据表中的任何数据。

13.2　定　义　视　图

T-SQL 中创建视图的指令格式为:

```
create view 视图名 [(列名组)]
[with encryption]
as   子查询
[with check option]
```

该语句的功能是定义视图名和视图结构,将子查询得到的元组作为视图的内容。该语句各部分的说明如下。

(1) 子查询可以是任意复杂的 select 语句,但通常不允许含有 order by 语句、computer 语句、computer by 和 distinct 短语。

（2）with encryption 选项表示对视图定义进行加密，使用户不能通过系统存储过程 sp_helptext 查看视图定义。

（3）with check option 表示对视图进行 update、insert、delete 操作时要保证更新、插入或删除的行满足定义中子查询中的条件，即 where 子句的条件。

（4）列名组是视图各列的列名。若省略了视图的各个列名，则该视图的列是子查询中的 select 子句的目标列。在下列情况下，必须指明组成视图的所有列名：

① 某个目标列不是单纯的列名，而是集函数或列表达式；

② 子查询中使用了多个表连接，而目标列中含有相同的列名；

③ 需要在视图中选用新的、更合适的列名。

另外，创建视图时还应注意以下问题：

（1）只能在当前数据库中创建视图；

（2）如果视图引用的基表或者视图被删除，则该视图不能再被使用，直到创建新的基表或者视图；

（3）不能在视图上创建索引，不能在规则、默认、触发器的定义中引用视图；

（4）当通过视图查询数据时，SQL Server 要检查以确保语句中涉及的所有数据库对象存在，而且数据修改语句不能违反数据完整性规则。

例 13-1　建立"部门 1"视图，输出部门编号（DepId）为"1"部门的基本信息。

分析：

（1）视图应由 mag_dept 基本表查询而成，条件是部门编号为 1；

（2）视图中的没有定义字段名，所以视图的字段名同 mag_dept 表的字段名。

实现这一操作的命令及结果如图 13-1 所示。

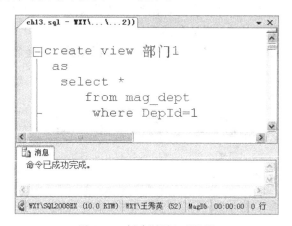

图 13-1　创建"部门 1"视图

例 13-2　建立"女性职工信息"视图，要求包括职工编号、姓名、所在部门名称、年龄、职务，并分别以"职工编号"、"姓名"、"部门名称""年龄"、"职务"表示。

分析：

（1）视图中涉及的信息来自 mag_dept 和 mag_emp 两个数据表，因此要由两个表进行连接查询得到；

(2) 视图中的列名与原始基表字段名不同,因此需要指定视图的列名。

实现这一操作的命令及结果如图 13-2 所示。

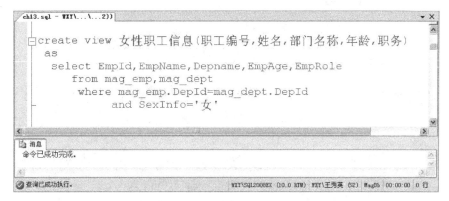

图 13-2　创建"女性职工信息"视图

例 13-3　建立"中文排版部人员信息"视图,要求对视图定义加密,并强制使用检查项。

分析:

(1) 视图输出信息虽然只来自 mag_emp 数据表,但数据筛选的条件是"中文排版部",要通过 mag_dept 数据表中的部门名称(DepName)才可得到,因此仍然要由两个表进行连接查询得到;

(2) 由于要求对视图定义加密,所以要使用 with encryption 选项;

(3) 要强制使用检查项,则要使用 with check option 选项。

实现这一操作的命令及结果如图 13-3 所示。

图 13-3　创建"中文排版部人员信息"视图

例 13-4　使用系统存储过程 sp_helptext 分别查看"部门 1"和"中文排版部人员信息"视图定义。

实现这一操作的命令及结果如图 13-4 和图 13-5 所示。

从图 13-5 可以看出使用了 with encryption 选项后,"中文排版部人员信息"视图定义

图 13-4　查看"部门 1"视图定义

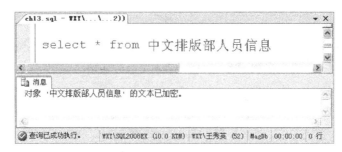

图 13-5　查看"中文排版部人员信息"视图定义

已被加密,不能显示定义文本。

13.3　修改视图

T-SQL 中修改视图的指令格式为:

```
alter view 视图名　[(列名组)]
[with encryption]
as　子查询
[with check option]
```

各选项的含义见 13.2 节"定义视图"中的解释。

修改视图实际就是重新建立视图,相当于删掉原视图后,重新建立,因此在创建视图时使用了 with check option,with encryption 选项时,如果想保留这些选项提供的功能,则必须在 alter view 语句继续使用这些选项。

例 13-5　修改"部门 1"视图,以"部门编号"、"部门名称"、"负责人"、"电话"表示视图各列。

实现这一操作的命令及结果如图 13-6 所示。

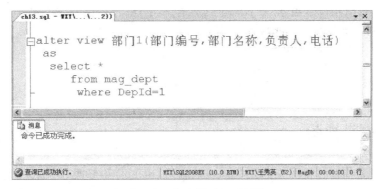

图 13-6　修改"部门 1"视图

13.4　使　用　视　图

13.4.1　查询视图

定义视图后,用户就可以像对基本表一样对视图进行查询了。

例 13-6　对视图"部门 1"执行查询。

实现这一操作的命令及结果如图 13-7 所示。

例 13-7　在"女性职工信息"视图中查找"中文编辑部"的人员情况。

分析:这是一个对视图带有 where 条件的查询,系统首先进行有效性检查,检查查询的表、视图等是否存在。如果存在,则从数据字典中取出视图的定义,把定义中的子查询和用户的查询结合起来,转换成等价的对基本表的查询,然后再执行修正了的查询。

实现这一操作的命令及结果如图 13-8 所示。

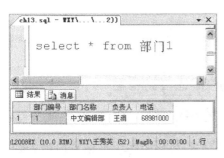

图 13-7　查询"部门 1"视图

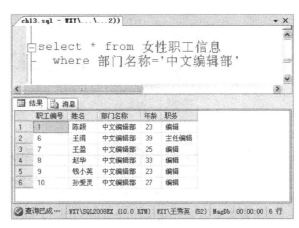

图 13-8　查询中文编辑部女性职工信息

用户可以对照以下命令的运行结果。

```
select EmpId as 职工编号, EmpName as 姓名,mag_emp.DepId as 部门编号,
    EmpAge as 年龄, EmpRole as 职务
from mag_emp , mag_dept
  where mag_dept.DepId=mag_emp.DepId
    and SexInfo='女' and DepName='中文编辑部'
```

13.4.2　更新视图

更新视图是指通过视图来插入（insert）、删除（delete）和修改（update）数据。由于视图是不实际存储数据的虚表,因此对视图的更新,最终要转换为对基本表的更新。

例 13-8　修改"部门1"视图的部门编号为"1"的部门名称为"中文编辑部一部"。

实现这一操作的命令及结果如图 13-9 所示。

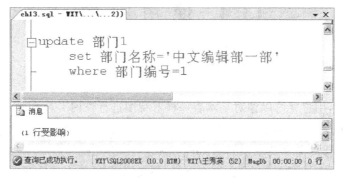

图 13-9　由"部门1"视图更改数据

例 13-9　向"部门1"视图中插入一个新的记录,其中"部门名称"为"中文编辑部二部"。

实现这一操作的命令及结果如图 13-10 所示。

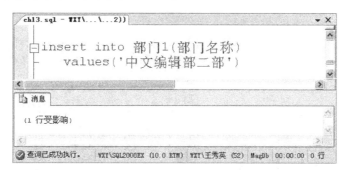

图 13-10　向"部门"视图中插入数据

当查询数据表 mag_dept 时,得到图 13-11 所示结果。从该结果中可以看出例 13-8 和例 13-9 对视图"部门1"所做的更新和添加,都直接作用到基表 mag_dept。

例 13-10　向"中文排版部人员信息"视图中插入一个新的记录,其中姓名

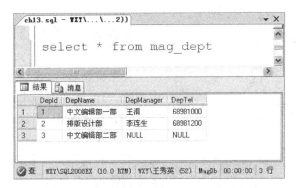

图 13-11　查看数据表 mag_dept 的特征

（EmpName）为"郭林"，性别（SexInfo）为"男"，年龄（EmpAge）为 28，职务（EmpRole）为
"编辑"，权限（PermitStr）为"核稿"，部门编号（DepId）为 1。

　　分析：视图"中文排版部人员信息"在定义时使用了 with check option 选项，因此当
执行 insert 命令时会失败，结果如图 13-12 所示。原因是：视图要求人员是"中文排版
部"，即人员所在部门编号为"2"，当想通过该视图添加一个部门编号为"1"的职工时，因其
不符合视图定义中的 where 条件，系统将拒绝执行该操作。

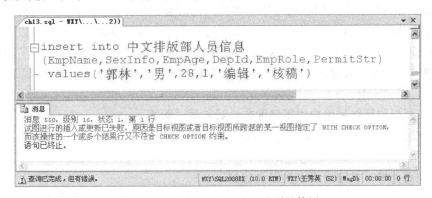

图 13-12　with check option 选项的使用

通过视图进行修改时要注意以下问题：

（1）可以修改来自两个或多个基表的视图，但是每次更新或修改都只能影响一个
基表；

（2）不允许改变计算结果的列，例如包括计算值、聚合函数的列。

13.5　删　除　视　图

T-SQL 中删除视图的指令格式为：

drop view 视图名

例 13-11　删除"部门 1"视图。

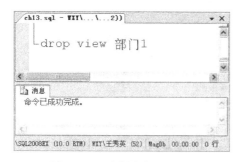

图 13-13　删除"部门 1"视图

实现这一操作的命令及结果如图 13-13 所示。

视图被删除后,视图的定义将从数据字典中删除,而由该视图导出的其他视图的定义却仍存在数据字典中,但这些视图已失效。为了防止用户在使用时出错,要用视图删除语句把那些失效的视图一一删除。同样,在某个基本表被删除后,由该基本表导出的所有视图(定义)虽然没有被删除,但均已无法使用,需要使用 drop view 语句删除这些视图(定义)。

13.6　视图的优点

1. 视图能够简化用户的操作

通过视图可以将用户的注意力集中在所关心的数据上,而那些不需要的或者无用的数据则不在视图中出现。若用户需要的数据通过基本表构造比较麻烦,则可以将需要的数据结构定义成视图,用户只需要对这个视图虚表进行简单查询,从而简化了用户的操作。如例 13-7,用户从对视图的查询命令和对基表的查询命令的对比中,可以看出视图的优势。

2. 视图机制可以使用户以不同的方式看待同一数据

当多个用户共享同一个数据库时,通过视图机制可以实现各个用户对数据的不同使用要求。

3. 视图能够对机密数据提供安全保护

在设计数据库应用系统时,针对不同用户定义不同的视图,使机密数据不出现在不应看到这些数据的用户视图上,从而提供了对机密数据的安全保护功能。

例如,某学校职工信息管理系统包括人事、教学等部门,这些部门共享同一个职工数据库,职工的关系模式为:

职工 (职工号,姓名,年龄,性别,职称,工资)

可以对教务部门用户建立视图:

职工-教务 (职工号,姓名,年龄,性别,职称)

由于视图中不包括职工工资的情况,因此教务部门的用户只能查询职工的基本个人信息,而不能查询职工的工资,从而起到了对机密数据的安全保护功能。

习 题

一、单项选择题

【1】显示视图定义的系统存储过程是_____。

    A. sp_help   B. sp_helptext

    C. sp_depends   D. insert

【2】视图是一种特殊类型的表,下面叙述中正确的是_____。

    A. 视图由自己的专门表组成

    B. 视图仅由窗口部分组成

    C. 视图自己存储着所需要的数据

    D. 视图所反映的是一个表和若干表的局部数据

【3】在数据库系统中,视图可以提供数据的_____。

    A. 安全性   B. 并发性

    C. 完整性   D. 可恢复性

【4】下列关于视图的描述中,不正确的是_____。

    A. 视图是子模式

    B. 视图是虚表

    C. 使用视图可以加快查询语句的执行速度

    D. 使用视图可以简化查询语句的编写

【5】下面描述正确的是_____。

    A. 可以在任何数据库中创建视图

    B. 可以在视图上创建索引

    C. 如果视图引用的基表或者视图被删除,则该视图不能再被使用,直到创建新的基表或者视图

    D. 通过视图查询数据时,SQL Server 不检查数据完整性规则

二、填空题

【1】视图是根据___①___设计的关系,是从一个或几个___②___或___③___导出的表,是一个虚表。

【2】修改视图的关键字是___④___,删除视图的关键字是___⑤___。

三、简答题

【1】什么是基本表?什么是视图?二者的区别和联系是什么?

【2】视图的优点是什么?

【3】修改视图时应注意的问题是什么?

【4】什么情况下必须指明视图所有的列名?

四、综合题

根据第 7 章综合题 1,建立"借书读者"视图,该视图包含借了书的所有读者的信息。查看"借书读者"视图的内容。最后删除"借书读者"视图。

第 **14** 章

规则与默认值

在第 10 章数据库表中讲述了使用约束实现数据完整性的方法,利用 SQL Server 中的另一类对象——规则和默认值,同样可以实现数据完整性,但在定义方式和使用方法上却有着不同。本章介绍如何利用规则和默认值来实现数据的完整性。

14.1　创建和管理规则

规则可以验证数据是否处于一个指定的值域内,是否与特定的格式相匹配以及是否与指定列表中的输入相匹配。

14.1.1　创建规则

创建规则的语法为:

```
create rule 规则名
as 规则表达式
```

其中,规则表达式可以是 where 子句中的有效表达式。规则表达式中使用参数表示,可以包含比较符和算术运算符,但不能包括数据库对象名或表的列名。

注意:表达式中参数前要加"@"符号。

例 14-1　创建一个名为"Age_rule"的规则,该规则要求数据范围在 1~100 之间。

分析:设计一个参数 age,该参数要求数据范围在 1~100 之间。

实现这一操作的命令及结果如图 14-1 所示。

命令执行成功后展开"对象资源管理器"→"数据库",右击 MagDb,打开快捷菜单,选择"刷新"命令,再展开"可编程性"→"规则",可以见到创建的规则 Age_rule,如图 14-2 所示。

例 14-2　创建一个名为"Sex_rule"的规则,该规则要求有关性别数据的值域为"男"或"女"。

实现这一操作的命令及结果如图 14-3 所示。

图 14-1　创建 Age_rule 规则　　　　　　　　图 14-2　规则 Age_rule

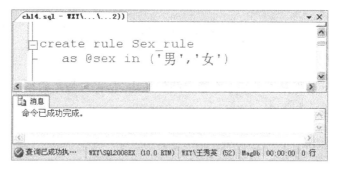

图 14-3　创建 Sex_rule 规则

分析：该题通过 in 操作符要求参数的值在指定的值域中,也可以用 or 操作符实现相应的功能。

14.1.2　使用规则

创建好的规则如果没有被绑定到某个数据表的列上,将不会对任何列起约束作用。只有进一步将规则绑定到某列上,才会验证该列上数据的输入,实现数据完整性控制。

绑定规则就是将定义好的规则绑定在数据库表的列上,使该列具有规则指定的完整性条件。在绑定规则时要注意,规则中参数的数据类型要与表中列的数据类型一致。

绑定规则的语法为:

sp_bindrule 规则名,'表名.列名'

其中 sp_bindrule 是系统存储过程。

例 14-3　将创建的规则 Age_rule 绑定到 mag_emp 表的年龄 EmpAge 列上。

分析：对象名中用"."限定是哪个表的哪列。

实现这一操作的命令及结果如图 14-4 所示。

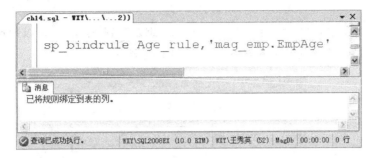

图 14-4 绑定 Age_rule 规则

当规则绑定在 EmpAge 列上后,在以后执行 insert 或 update 操作时,对于符合规则的值,则操作正确,数据被正确输入或更新,如图 14-5 所示。

图 14-5 插入值符合 Age_rule 规则

如果 EmpAge 不符合规则(不在 1~100 之间),则出现错误,数据不能够被输入或更新,如图 14-6 所示。

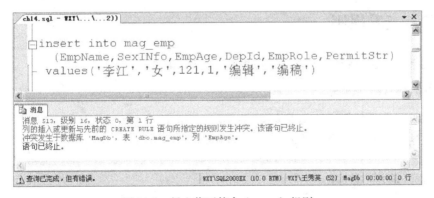

图 14-6 插入值不符合 Age_rule 规则

规则 Age_rule 绑定到列 EmpAge 上后,还可以绑定到有相同约束要求的其他列上。当同一个数据库中,多个数据列具有相同约束要求时,可以将针对该条件建立的规则分别绑定到有相同要求的不同列上,达到"一次定义,多次使用"的效果。

例 14-4   建立数据表"学生",包括"姓名"及"年龄"字段,要求"年龄"字段值在
1～100。

分析:建立数据表"学生"后将规则 Age_rule 绑定到列"年龄"上可以达到要求。

实现这一操作的命令及结果如图 14-7 和图 14-8 所示。

图 14-7   建立数据表"学生"

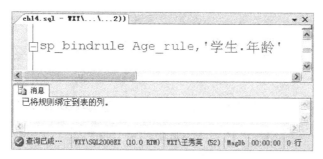

图 14-8   绑定规则 Age_rule

14.1.3   查看规则

利用系统存储过程 sp_helptext 可以显示规则,语法为:

```
sp_helptext   规则名
```

例 14-5   查看规则 Sex_rule 的定义。

实现这一操作的命令及结果如图 14-9 所示。

14.1.4   解除规则

解除规则就是简单地把规则从绑定的列上分离开来。在执行解除规则之后,规则仍
存储在数据库中,还可再绑定到其他列上。解除规则使用系统存储过程 sp_unbindrule
实现,语法为:

```
sp_unbindrule'表名.列名',规则名
```

图 14-9　查看规则 Sex_rule 定义

例 14-6　解除 mag_emp 表的年龄 EmpAge 列上的规则 Age_rule。

分析：解除规则以后，插入或更新 mag_emp 表的数据时，EmpAge 列上的数据将不会受到"必须在 1～100 之间"的限制。

实现这一操作的命令及结果如图 14-10 所示。

图 14-10　解除规则 Age_rule

mag_emp 表的年龄 EmpAge 列上的规则解除后，并不影响"学生"表中"年龄"列的数据值域的检查，即插入或更新"学生"表中"年龄"列的值只能在 1～100 之间。在 mag_emp 表上解除 Age_rule 规则后，还可重新将该规则绑定到该列或其他表的其他列上。

14.1.5　删除规则

删除规则就是将规则的定义从数据库中清除。在删除规则之前必须先解除规则的绑定。删除规则的语法为：

```
drop rule 规则名组
```

可同时删除多个规则，此时规则名之间用","分割开来。

例 14-7　删除规则 Age_rule 和 Sex_rule。

分析：删除规则 Age_rule 和 Sex_rule 以后，将不能再将已删除的规则绑定到某个表的列上。

实现这一操作的命令及结果如图 14-11 所示。

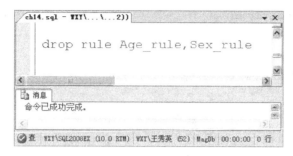

图 14-11　删除规则 Age_rule 和 Sex_rule

14.2　创建和管理默认值

14.2.1　创建默认值

默认值是针对某一列数据可以预先给定的一个值,同规则类似,默认值也具有"一次定义,多次使用"的效果。

创建默认值使用 create default 语句,语法为:

```
create default 默认名
as 表达式
```

绑定列的数据类型既要与默认值保持一致,同时也要符合绑定列的任何规则或约束条件。在每一个列上只能定义一个默认值。默认值约束只在使用 insert 语句时验证列的值。默认值不能用于具有 identity 属性的列。

例 14-8　创建一个名为"Sex_default"的默认值,默认值为"女"。

分析:在该题中定义默认值 Sex_default 的值为"女",但在目前,该默认值并不对任何列起到约束作用。

实现这一操作的命令及结果如图 14-12 所示。

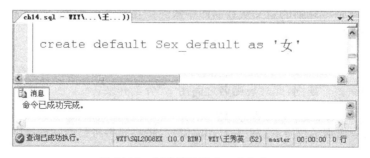

图 14-12　创建默认值 Sex_default

14.2.2　使用默认值

使用默认值同样需要将定义的默认值绑定到表的列上。绑定默认值使用系统存储过程 sp_bindefault 实现,其语法为:

```
sp_bindefault 默认名,'表名.列名'
```

例 14-9　定义数据库 MagDb 中数据表 mag_emp 的属性 SexInfo 的默认值为"女"。

分析:将定义的默认值 Sex_default 绑定到 SexInfo 列,该列的默认值将为"女"。在插入一条记录时,如果没有给 SexInfo 列赋值,则 SexInfo 列将被赋予默认值"女"。

实现这一操作的命令及结果如图 14-13 所示。

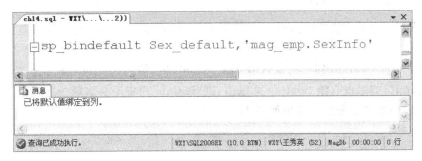

图 14-13　绑定默认值 Sex_default

14.2.3　查看默认值

可以利用系统存储过程 sp_helptext 显示默认值的定义,其用法与例 14-5 类似。另外,可以使用系统存储过程 sp_helpconstraint 显示有关指定表的约束信息,其内容包括所有约束类型、约束类型的用户定义或系统提供的名称、定义约束类型时用到的列,以及定义约束的表达式。其语法为:

```
sp_helpconstraint 表名
```

例 14-10　查看数据库 MagDb 中数据表 mag_emp 的约束信息。

分析:利用系统存储过程 sp_helpconstraint 可以查看到 mag_emp 表的默认约束、外码约束、主码约束等信息。

实现这一操作的命令及结果如图 14-14 所示。

14.2.4　解除默认值

解除默认值就是把默认值从表的列上分离开来,在执行解除默认值之后该默认值仍存储在数据库中,还可再绑定到其他数据上。解除默认值使用系统存储过程 sp_unbindefault 实现,其语法为:

图 14-14　查看 mag_emp 表的约束

```
sp_unbindefault  '默认名','表名.列名'
```

例 14-11　解除数据库 MagDb 中数据表 mag_emp 的属性 SexInfo 的默认值 Sex_default。

分析：解除 SexInfo 列上的默认值 Sex_default 后，该列将不再有默认值"女"。在插入一条记录时，如果没有给 SexInfo 列赋值，则 SexInfo 列将不会被赋予默认值"女"。

实现这一操作的命令及结果如图 14-15 所示。

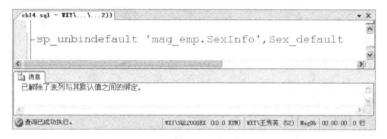

图 14-15　解除默认值 Sex_default

14.2.5　删除默认值

删除默认值就是从数据库中清除默认值的定义，该默认值将不能再绑定到任何数据表的列上。默认值在删除前必须从绑定的列上解除下来，否则将不能删除默认值。删除默认值的语法为：

```
drop default 默认值名组
```

例 14-12　删除默认值 Sex_default。

实现这一操作的命令及结果如图 14-16 所示。

数据库原理与应用(第 3 版)

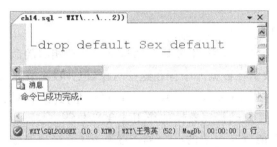

图 14-16　删除默认值 Sex_default

14.3　两种实现数据完整性方法的比较

在第 10 章中曾介绍过通过使用约束可以实现数据完整性。例如,在创建表时,使用
check 可以定义表中某些列的数据范围,使用 default 可以为列的数据提供默认值。那么
这与利用规则和默认实现数据的完整性有何异同呢?

从作用上讲,两种方法都能实现数据完整性:规则与约束中的 check 能够达到相同
的作用,都可以限定某列数据范围;默认值与约束中的 default 作用相同,都可以为某列数
据提供初始值。

两种方法的不同表现在以下几个方面。

1. 对象等级不同

从图 14-17 中可以看出,规则和默认值属于数据库级的对象,而约束是数据表级对
象,展开每个数据表,都有约束对象。

2. 定义方法不同

由于对象等级不同,因此它们的创建方法
也不同。约束是随表的建立而建立的,虽然可
以使用 create table 命令建立约束,也可以使用
alter table 命令在创建表后添加约束,但是它的
定义都属于有关数据表操作的命令;而规则和
默认值在创建时不限定于某一个数据表,只有
在执行了绑定命令后,才会与数据表发生关系。

一个规则定义表达式中只能含有一个变
量,因此将来只能针对一个列实施数据完整性,
而约束中的 check 则可以定义一个数据表中不
同列之间的约束条件。如建立一个会员信息表
(用户名,密码,真实姓名,联系方式,出生日期,
入会日期),可以定义一个检查约束"check 出生
日期<入会日期",保证这两个日期数据间的逻

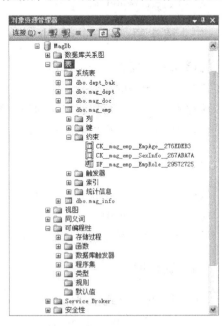

图 14-17　约束、规则和默认的等级

辑正确性。

3. 使用方法不同

约束在定义后就会发生作用,不需要再通过单独执行相应的命令使之产生作用;而规则和默认值定义后只表示在数据库中存在这些对象,但并没有真正开始实施数据完整性,要通过执行系统存储过程 sp_bindrule 或 sp_bindefault,使定义的规则或默认值与数据库表中的某些列绑定后,实施数据完整性的作用才会产生。

另外,一个约束只能对一个表的一个列产生作用(针对列间数据关系定义的约束除外),而一个规则或一个默认值可以绑定到多个表的多个列,只要它们要求的数据检查规则相同,即"一次定义,多次使用"。使用约束机制时,即使多个列具有相同的检查规则,也要依次逐个定义。

习   题

一、单项选择题

【1】在删除规则之前必须先_____。
    A. 解除规则的绑定   B. 创建规则
    C. 解除默认的绑定   D. 创建默认

【2】删除默认值的语句是_____。
    A. drop rule   B. alter rule
    C. create default   D. drop default

二、填空题

【1】数据的完整性是指数据___①___。
【2】创建规则的命令是___②___。
【3】使用___③___可以将定义的规则绑定在数据库表的列上。
【4】使用___④___可以删除规则。

三、简答题

【1】规则的作用是什么? 它与 check 约束有什么区别?
【2】如何查看规则?
【3】在定义表时定义默认值,与用 create default 定义默认值有什么区别?

四、综合题

创建表 object_table(id,phone,name)。
(1) 创建 default 对象 df_obj_id 为 10;
(2) 将 default 对象绑定到 object_table 的 id 列上;

（3）输入记录验证 default 对象；

（4）将 default 对象从 object_table 的 id 列上解除；

（5）创建 rule 对象 R_id，使 phone 与"[7-9][0-5][0-9]％"匹配；

（6）将 rule 对象绑定到 object_table 的 phone 列上；

（7）查看表 object _table 上的约束信息；

（8）输入记录测试 rule 约束。

第15章

事 务 管 理

SQL Server 把单个工作单元称为事务。任何单个 SQL 语句都可以看成一个单个工作单元,不管其影响一个表的单行还是多行。SQL Server 可以将若干条 SQL 命令组合在一起,形成存储过程、触发器等,利用存储过程、触发器可以进行事务管理。本章介绍如何利用 Transact-SQL 来编程创建存储过程和触发器,以及如何利用存储过程、触发器进行事务管理。

15.1 Transact-SQL 编程基础

15.1.1 函数

SQL Server 2008 中提供了很多内置函数,有表值函数、聚合函数、系统函数和标量函数等。在第 11 章讲述 select 命令时已经介绍过常用的聚合函数,其他常用函数这里不做详细介绍,用户如果需要详细了解,可以通过选择"程序"→Microsoft SQL Server 2008→"文档和教程"→"SQL Server 联机丛书"选项,打开 SQL Server 联机丛书。

在"索引"方式下,通过在"筛选依据"文本框中输入"SQL Server 2008 数据库引擎",在"查找"文本框中输入"函数",找到相应函数类别,如"日期和时间",查看帮助内容,如图 15-1 所示。

也可以在"目录"方式下,依次展开"SQL Server 2008 联机丛书"→"数据库引擎"→"技术参考"→"Transcat-SQL 参考"前的"+"号,找到相应函数名称,可以看到所有函数的解释、用法、例子等。

SQL Server 也允许用户自己定义函数,称为用户自定义函数。这部分内容不做介绍。

15.1.2 程序设计语句

程序设计语句是指那些用来控制程序执行的命令。

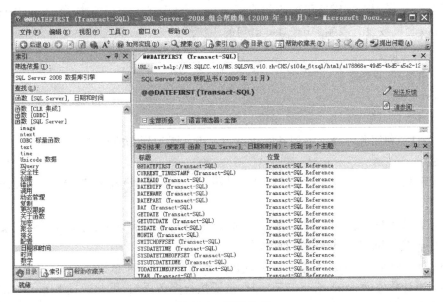

图 15-1　联机丛书

1. begin…end 语句

begin…end 语句能够将多个 Transact-SQL 语句组合成一个语句块,并将它们视为一个单元处理。在条件语句和循环等控制流程语句中,当符合特定条件需要执行两个或者多个语句时,就要使用 begin…end 语句,其语法形式为:

```
begin
    语句 1
    语句 2
    …
    语句 n
end
```

2. 跳转语句(goto 语句)

goto 语句可以使程序直接跳到标识符指定的位置处继续执行,而位于 goto 语句和标识符之间的程序将不会被执行。goto 语句和标识符可以用在语句块、批处理和存储过程中,标识符可以是数字与字符的组合,但必须以“: ”结尾。程序中必须有一行语句以“label: ”开头。goto 语句的语法形式为:

```
goto label
```

3. 条件分支语句(if…else 语句)

if…else 语句是条件判断语句,其中,else 子句是可选的,最简单的 if 语句没有 else 子句部分。if…else 语句用来判断当某一条件成立时执行 if 关键字下的语句或语句块,条件不成立时执行 else 关键字下的语句或语句块。SQL Server 允许嵌套使用 if…else 语句，而且嵌套层数没有限制。if…else 语句的语法形式为：

```
if 条件表达式
    语句 1 | 语句块 1
[else
    语句 2 | 语句块 2]
```

例 15-1　利用条件分支语句和跳转语句求出从 1 加到 5 的总和。

分析：

(1) 利用 declare 声明两个局部变量"@sum"（总和）和"@count"（计数），初值分别为 0 和 1；

(2) 如果计数值@count 小于等于 5，则进行总和累加和计数值加 1，并通过 goto 语句使程序转到 label_1 处再次执行此操作；

(3) 如果计数值@count 大于 5，则输出计数值@count 和总和@sum；

(4) 当计数值@count 小于等于 5 时，需要执行多条语句，因此通过 begin…end 语句将这几条命令组成语句块。

实现这一功能的程序及运行结果如图 15-2 所示。

图 15-2　利用条件分支语句和跳转语句求出从 1 加到 5 的总和

4. 循环语句（while…continue…break 语句）

while…continue…break 语句用于设置重复执行 SQL 语句或语句块的条件。只要指定的条件为真，就重复执行语句。其中，continue 语句可以使程序跳过 continue 语句后面的语句，回到 while 循环的第一行命令；break 语句则使程序完全跳出循环，结束 while 语句的执行。while 语句的语法形式为：

while 条件表达式
　　语句 | 语句块
[break | continue]

例 15-2　利用循环语句计算出从 1 加到 5 的总和。

分析：

（1）利用 declare 声明两个局部变量"@sum"（总和）和"@count"（计数），初值分别为 0 和 1；

（2）通过 while 语句实现累加。

实现这一功能的程序及运行结果如图 15-3 所示。

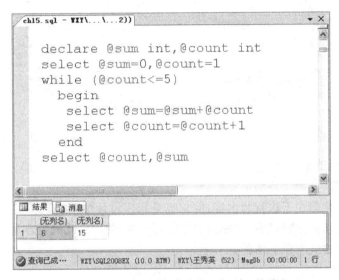

```
ch15.sql - WII\...\...2))

declare @sum int,@count int
select @sum=0,@count=1
while (@count<=5)
  begin
    select @sum=@sum+@count
    select @count=@count+1
  end
select @count,@sum
```

图 15-3　利用循环语句求出从 1 加到 5 的总和

5. 打印输出语句（print 语句）

可以使用 print 语句在屏幕上显示文本型字符串、单个变量的值或字符型全局变量。print 语句的语法如下：

print 字符串 | @局部变量 | @@全局变量

例 15-3　打印出从 1 加到 5 的总和。

分析：

（1）第一个 print 语句打印字符串；

（2）第二个 print 语句打印单个变量总和@sum。

实现这一功能的程序及运行结果如图 15-4 所示。

6. 终止语句（return 语句）

return 语句用于无条件地终止语句，此时位于 return 语句之后的程序将不会被执行。return 语句可以返回整型数据值，通常用在被调用的存储过程中，向调用程序返回一个整型值，以报告存储过程执行的状态（可参看例 15-10）。return 语句的语法形式为：

```
ch15.sql - WXY\...\...2))           ▼ ×
    declare @sum int,@count int
    select @sum=0,@count=1
    while @count<=5
      begin
        select @sum=@sum+@count
        select @count=@count+1
      end
    print '1到5的总和是:'
    print @sum
◄                                    ►

消息
1到5的总和是:
15
◄                                    ►
✓ 查询已···  WXY\SQL2008EX (10.0 RTM)  WXY\王秀英 (52)  MagDb  00:00:00  0 行
```

图 15-4　打印出从 1 加到 5 的总和

```
return [整数]
```

其中,整数为返回的整型值。

7. 注释语句

注释是程序代码中不执行的内容,但它也是程序设计中不可缺少的部分。它的作用是对程序代码的功能进行说明,以提高程序的可读性,使程序代码更容易维护。

注释语句的格式有以下两种:

1) 整块注释

整块注释的形式为:

```
/* 注释块 */
```

从开始注释对(/*)到结束注释对(*/)之间的全部内容均视为注释部分,不作为语句执行。

2) 从行的后部分注释

从行的后部分注释的形式为:

```
语句--注释
```

将位于破折号和本行结尾之间的所有文本作为注释。

例 15-4　注释语句举例。

分析:

(1) 赋值语句 select 后使用行注释;

(2) print 语句前是注释语句块。

示意如图 15-5 所示。

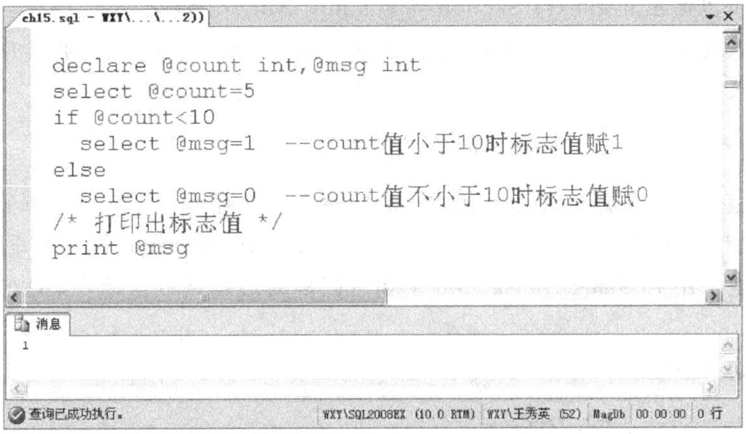

图 15-5　注释语句举例

15.2　事务管理

事务(Transaction)是一个工作单元。通过事务能将逻辑相关的操作绑定在一起,从而保持数据的完整性。例如一个库存管理系统,当发生一次出库行为时,在增加了(insert 命令)一个出库记录的同时,还必须对该物品的库存数进行更新(update 命令),这两个命令必须全部正确执行,才能保证数据库中数据的正确性。如果只执行了其中一条命令,将出现数据库中数据与实际数据不一致的现象,即数据库中出现错误数据。事务的特点是要么全部完成,要么什么都不做。SQL Server 中提供了一系列机制保证事务的完整性。

其实 SQL Server 中的每一条 SQL 命令都是一个隐式事务,例如对期刊采编数据库 MagDb 中的数据表 mag_dept 执行命令:

```
insert into mag_dept (DepName, DepManager, Tel) values (排版部,'王娟娟',
68981500)
```

命令中 DepName 对应的数据"排版部"是字符型,而命令中未加定界符单引号,因此语句发生错误,整个命令都不执行,即使 DepManager 和 Tel 数据没有错误,也不会被写入数据库中。

如果需要将若干 SQL 命令作为一个事务,可通过以下语句定义:

```
begin {transaction | tran }
    SQL 语句组
commit [transaction |tran ]
```

其中,begin transaction 表示事务的开始;commit transaction 表示提交事务。begin transaction 中的 transaction 必须书写(可以采用简写 tran),而 commit transaction 中的 transaction 可以省略(可以采用简写 tran)。

用户定义的事务也称为显式事务,它使得用户可以控制事务管理。应注意的是,所有显式事务都应包括在 begin transaction 和 commit transaction 之间。

用户可以在 commit transaction 之前用 rollback transaction 取消事务并撤销对数据所做的任何改变,命令如下:

```
rollback [{transaction | tran } ][保存点名称]
```

其中可以通过保存点名称标记使事务回滚的保存点。保存点是用户放在事务中的一个标记,它指明能回滚的点。若没有保存点,rollback transaction 子句将回滚到 begin transaction 处。用 rollback transaction 子句可以随时取消或回滚事务,但在提交之后就不能取消它。

保存点定义方法:

```
save tran[saction] 保存点名称
```

如果某一事务成功,则在该事务中进行的所有数据更改均会被提交,成为数据库中的永久组成部分。如果事务遇到错误且必须取消或回滚,则数据库中所有数据的更改均被清除。

例 15-5　创建一个数据表 department(dept_id,dept_name)并执行以下命令,如图 15-6 所示。查询出表中的数据内容。

图 15-6　例 15-5 命令及运行结果

分析:

(1)用 begin transaction 或 begin tran 定义事务的开始;

(2)用 commit transaction 或 commit tran 或 commit 提交事务,事务提交后,insert

命令执行的结果将写入数据库;

（3）用 rollback transaction 或 rollback tran 或 rollback 回滚到上一个 begin tran 语句,数据库将撤销从上一个 begin tran 语句至 rollback 语句间的命令对数据库所产生的影响。

对数据表 department 进行查询的结果如图 15-7 所示。

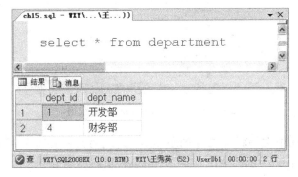

图 15-7 数据表 department 中的数据(一)

例 15-6 执行图 15-8 所示命令,查询出表中的数据内容。

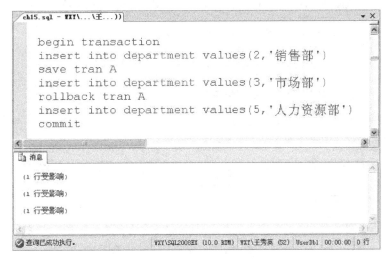

图 15-8 例 15-6 命令及运行结果

分析:

（1）用 save transaction 或 save tran 定义保存点,这里以"A"作为保存点名称;

（2）rollback tran A 的作用是将第二条 insert 操作从数据库撤销。

对数据表 department 进行查询的结果如图 15-9 所示。

例 15-7 在期刊采编系统中,假设将中文编辑部一部的刘邵华提升为主任编辑,并担任中文编辑部二部的负责人,建立一个事务,完成这些变动。

分析:

（1）将刘邵华提升为主任编辑,应该将其职务(EmpRole)做更新;

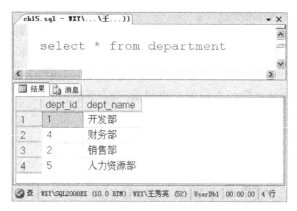

图 15-9　数据表 department 中的数据(二)

（2）刘邵华担任中文编辑部二部的负责人，则说明其所在部门(DepId)也发生变化，并且部门表(mag_dept)中的负责人(DepManager)也将做更新；

（3）以上语句应放在一个事务中，使这些更新全部执行，保证数据正确性。

实现这一功能的程序如图 15-10 所示。

图 15-10　事务举例

用户可自己查询 mag_emp 和 mag_dept 数据表数据，验证数据正确性。

15.3　存 储 过 程

SQL Server 2008 提供了一种方法，它可以将一些固定的操作集中起来由 SQL Server 数据库服务器来完成，以实现某个任务，这种方法就是存储过程。存储过程是一套已经编译好的 SQL 语句，允许用户声明变量、输出参数、返回单个或者多个结果集以及返回值。存储过程存在于数据库内,可由应用程序调用执行。

在 SQL Server 中,存储过程分为两类:系统提供的存储过程和用户自定义的存储过程。

1. 系统存储过程

系统存储过程是 SQL Server 系统创建的存储过程,它的目的在于能够方便完成更新与数据库表相关的管理任务或其他的系统管理任务。系统存储过程可以在任意一个数据库中执行。系统存储过程创建并存放于系统数据库 master 中,其名称以 sp_ 或者 xp_ 开头,例如前面章节中使用过的 sp_helptext、sp_rename 等。

2. 用户自定义的存储过程

用户自定义的存储过程是用户创建的,由若干 SQL 命令组所组成的程序。

15.3.1 创建和执行存储过程

在创建存储过程前,应考虑以下问题:

(1) 创建存储过程的权限默认属于数据库所有者,该所有者可将此权限授予其他用户;

(2) 存储过程是数据库对象,其名称必须遵守标识符规则;

(3) 只能在当前数据库中创建存储过程。

创建存储过程时,需要确定存储过程的 3 个组成部分:

(1) 所有的输入参数以及传给调用者的输出参数;

(2) 被执行的针对数据库的操作语句,包括调用其他存储过程的语句;

(3) 返回给调用者的状态值,以指明调用是成功还是失败。

T-SQL 中创建存储过程的语法为:

```
create proc[edure] 过程名
        [@参数名 参数类型 [=默认值 ][output]…]
          as SQL 语句组
```

SQL 语句组是存储过程中要包含的任意数目的 Transact-SQL 语句。

T-SQL 中执行存储过程的语法为:

```
exec[ute] 过程名
[[@参数名=] [参数][默认值][output]…]
```

过程名用于指定要创建的存储过程的名称。

参数类型用于指定参数的数据类型。在 create procedure 语句中可以声明一个或多个变量,参数前加"@"说明参数为局部变量,如果参数前加"@@"说明参数为全局变量。

默认值用于指定参数的默认值。

output 选项表明该参数是一个返回参数。

例 15-8 建立一个名为"具有编稿权限的人员"的存储过程并执行,用来列出有编稿权限的人员情况。

分析：

（1）该存储过程为"具有编稿权限的人员"，不带参数；

（2）该存储过程的 SQL 语句组由一条查询语句构成。

建立存储过程"具有编稿权限的人员"的命令及结果如图 15-11 所示。

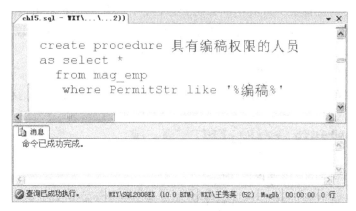

图 15-11　创建"具有编稿权限的人员"存储过程

执行这一存储过程的命令及结果如图 15-12 所示。

```
execute 具有编稿权限的人员
```

	EmpId	EmpName	SexInfo	EmpAge	DepId	EmpRole	PermitStr
1	1	陈颖	女	23	1	编辑	编稿
2	2	刘文	男	28	1	编辑	编稿
3	3	李林青	男	24	1	编辑	编稿
4	4	刘邵华	男	34	3	主任编辑	编稿,核稿
5	5	张文磊	男	22	1	编辑	编稿
6	6	王涓	女	39	1	主任编辑	编稿,核稿,签发
7	7	王盈	女	25	1	编辑	编稿
8	8	赵华	女	33	1	编辑	编稿
9	9	钱小英	女	23	1	编辑	编稿
10	10	孙爱灵	女	27	1	编辑	编稿
11	11	刘巍立	男	28	1	副主任编辑	编稿,核稿
12	12	李建国	男	38	1	编辑	编稿
13	14	张斌	男	22	2	编辑	编稿
14	16	肖盈	女	25	2	排版	编稿
15	17	秦娟	女	33	2	排版	编稿
16	19	李江	女	32	1	编辑	编稿

图 15-12　运行存储过程"具有编稿权限的人员"

例 15-8 执行的结果是查询出了具有编稿权限的人员，如果想知道具有核稿权限或具有定稿权限或具有其他各种权限的人员情况该怎么办呢？一种方法是按照各种权限要求,依次建立各种权限的存储过程,如"具有核稿权限的人员"、"具有定稿权限的人员"等,这样会很烦琐。还有另一种方法,即建立带有参数的存储过程,将权限的取值定义为参数,使之具有通用性。

例 15-9 建立一个名为"权限查询"的存储过程,查询具有某种权限的雇员的所有情况。

分析:

(1) 将权限设计为一个参数"@permit";

(2) 使用"+"运算符,实现查询条件中通配符和变量的连接;

(3) 该存储过程根据参数"@permit"的不同取值查询相应的记录;

(4) 该存储过程带参数,执行时可以有两种赋值方式。

存储过程建立的结果如图 15-13 所示。

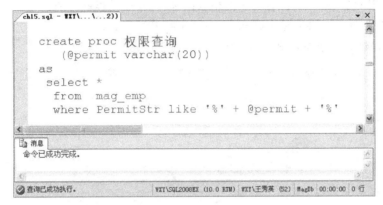

图 15-13　创建"权限查询"存储过程

执行这一存储过程的命令及结果如图 15-14 和图 15-15 所示。

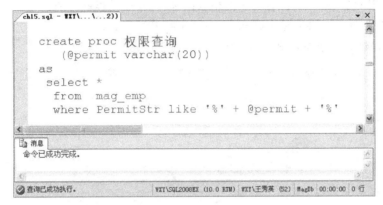

图 15-14　以"核稿"为参数值执行"权限查询"存储过程

存储过程还可以通过 return 语句返回参数,以反映存储过程执行的状态或返回运行结果。返回的数据只能是整型。

例 15-10 建立一个名为"人员查询"的存储过程,查询某雇员的所有情况。参数默

ch15.sql - WXY\...\...2))
exec 权限查询 @permit='定稿'
结果
消息
EmpId EmpName SexInfo EmpAge DepId EmpRole PermitStr
1 13 李连生 男 34 2 主任编辑 排版,核稿,定稿
查询已成功执行。
WXY\SQL2008EX (10.0 RTM) WXY\王秀英 (52) MagDb 00:00:00 1 行

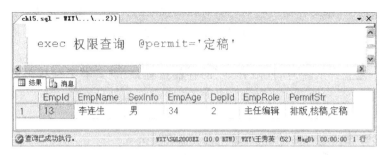

图 15-15 以“定稿”为参数值执行“权限查询”存储过程

认值为空字符串,要求根据参数状态及查询有无结果,返回不同状态值。具体要求:

(1) 当没有输入雇员姓名时,存储过程返回 10;

(2) 当按照输入的姓名没有检索到相应记录时,存储过程返回 20;

(3) 当按照输入的姓名检索到相应记录时,存储过程返回 0。

存储过程建立的结果如图 15-16 所示。

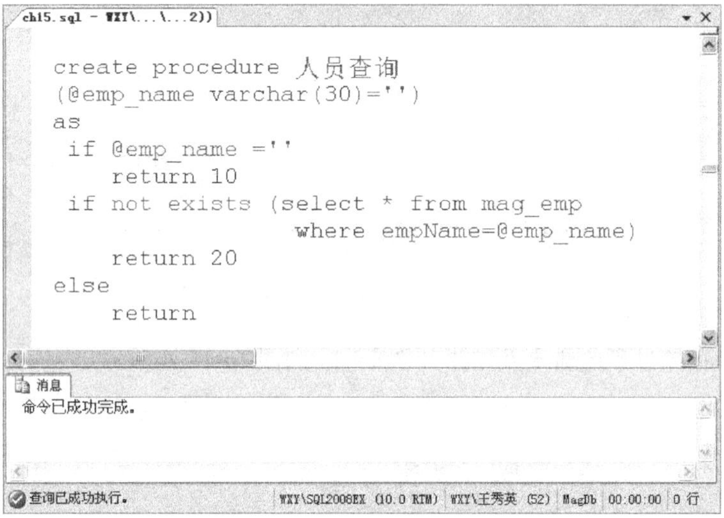

ch15.sql - WXY\...\...2))
create procedure 人员查询
(@emp_name varchar(30)='')
as
if @emp_name =''
return 10
if not exists (select * from mag_emp
where empName=@emp_name)
return 20
else
return
消息
命令已成功完成。
查询已成功执行。
WXY\SQL2008EX (10.0 RTM) WXY\王秀英 (52) MagDb 00:00:00 0 行

图 15-16 创建“人员查询”存储过程

由于要求存储过程返回状态值,因此执行存储过程时,要声明变量,且必须为整型,以接受执行结果。

由于定义存储过程时,参数设置了默认值,因此执行时可以不予赋值,执行结果将根据设计要求返回数据 10。执行命令及结果如图 15-17 所示。

按照输入参数没检索出结果时,返回数据 20。执行命令及结果如图 15-18 所示。

当按照输入参数检索出结果时,存储过程虽然没有显式定义返回值,但当存储过程正确执行完成时,将自动返回数据 0。执行命令及结果如图 15-19 所示。

存储过程还可以输出参数,以反映存储过程执行的状态或返回运行结果。

例 15-11 建立一个名为“人员职务”的存储过程,查询某雇员的职务情况,并把查询结果以输出参数形式返回。

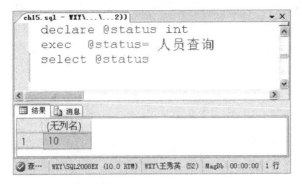

图 15-17　无输入参数执行"人员查询"存储过程

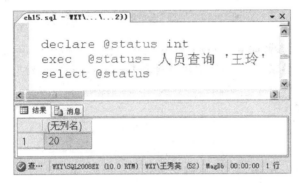

图 15-18　以"王玲"为输入参数执行"人员查询"存储过程

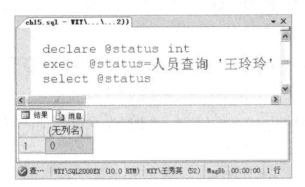

图 15-19　以"王玲玲"为输入参数执行"人员查询"存储过程

分析：

(1) 该存储过程的输入参数是雇员姓名，以"@emp_name"表示；

(2) 声明输出参数"@role"保存职务信息，参数的类型必须与存储过程定义时的输出参数类型一致。

存储过程建立的结果如图 15-20 所示。

执行带有输出参数的存储过程时，可以按参数名传递参数，或根据参数顺序传递参数。

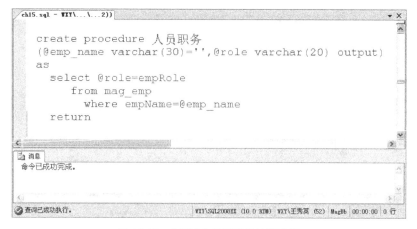

图 15-20　创建"人员职务"存储过程

当按参数名传递参数时,必须按存储过程定义中的参数名赋值,关键字 output 不能省略。存储过程"人员职务"按参数名称传递参数时的执行命令及结果如图 15-21 所示。

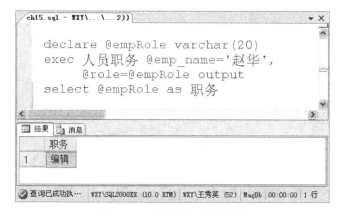

图 15-21　按参数名传递参数

当按顺序传递参数时,只需依次给输入参数赋值,关键字 output 依旧不能省略,其执行命令及结果如图 15-22 所示。

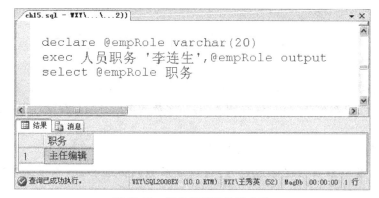

图 15-22　按参数顺序传递参数

15.3.2　修改存储过程

存储过程可以根据用户的要求或者基表定义的改变而改变。使用 alter procedure 语句可以更改先前通过执行 create procedure 语句创建的过程,但不会更改权限,也不影响相关的存储过程或触发器。其语法形式如下:

```
alter proc[edure] 过程名
    [@参数名 参数类型 [=默认值 ][output]…]
        as SQL 语句组
```

各参数的定义参见 15.3.1 节。

例 15-12　修改存储过程"权限查询",统计出满足条件的雇员的人数。

分析:

(1) 利用 alter procedure 命令修改存储过程"权限查询"的定义;

(2) 利用 count(*)统计出满足条件的雇员数;

(3) 不能只书写增加的 SQL 命令。

修改存储过程"权限查询"的命令如图 15-23 所示。

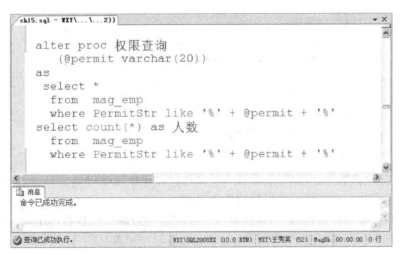

图 15-23　修改存储过程"权限查询"

执行这一存储过程的命令及结果如图 15-24 所示。

15.3.3　删除存储过程

删除存储过程可以使用 drop 命令,drop 命令可以将一个存储过程、多个存储过程或者存储过程组从当前数据库中删除,其语法形式如下:

```
drop proc[edure]　存储过程名组
```

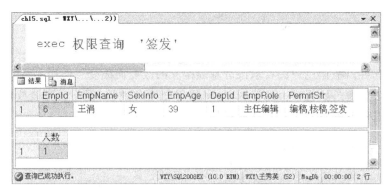

图 15-24   执行存储过程"权限查询"

例 15-13   删除存储过程"具有编稿权限的人员"。

实现这一操作的命令及结果如图 15-25 所示。

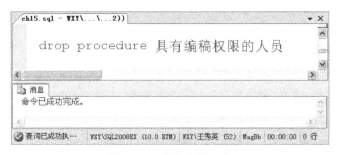

图 15-25   删除存储过程

15.3.4   存储过程与事务管理

为了避免分散事务,可以将事务写入存储过程。在存储过程执行中,服务器会捕捉错误信息,这样有助于在存储过程中管理事务嵌套。

例 15-14   编写存储过程"期刊编辑",保证在期刊采编系统数据库中对 mag_info 表增加一个新记录时,其完成日期(DesFinishDate)要早于出版日期(PubDate)。

分析:

(1) 将要输入的数据作为存储过程的参数;

(2) 将输入命令 insert 作为事务的内容;

(3) 完成日期小于出版日期即为完成日期早于出版日期;

(4) 当完成日期早于出版日期时,使事务执行(commit);

(5) 当完成日期晚于出版日期时,说明数据不正确,回滚事务(rollback transaction),取消插入操作。

创建此存储过程的命令如图 15-26 所示。

设计一组数据,执行存储过程"期刊编辑",执行命令及结果如图 15-27 所示。用户可以查询数据表 mag_info,插入语句没有执行。

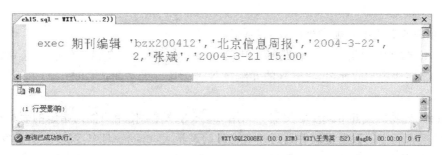

```
ch15.sql - WXT\...\...2))
create proc 期刊编辑
(@magid char(9),@magname varchar(50),@pubdate datetime,
    @depid int,@designername varchar(30),@finishdate datetime )
as
  begin tran
    insert into mag_info values
      (@magid,@magname,@pubdate,@depid,@designername,@finishdate)
    if @pubdate > @finishdate
       begin
          commit  tran
          return 0
       end
    else
       begin
          rollback tran
          return 99997
       end
```

命令已成功完成。

查询已成功执行。   WXT\SQL2008EX (10.0 RTM) | WXT\王秀英 (52) | MagDb | 00:00:00 | 0 行

图 15-26　存储过程与事务

```
ch15.sql - WXT\...\...2))
exec 期刊编辑 'bzx200412','北京信息周报','2004-3-22',
             2,'张斌','2004-3-21 15:00'
```

(1 行受影响)

查询已成功执行。   WXT\SQL2008EX (10.0 RTM) | WXT\王秀英 (52) | MagDb | 00:00:00 | 0 行

图 15-27　执行"期刊编辑"存储过程

15.4　触　发　器

　　触发器是定义在表上的一个对象,是一种特殊类型的存储过程,它不同于前面介绍过的存储过程。触发器不需要专门语句调用,它主要是通过事件进行触发而被执行的,即当执行 insert、delete 和 update 语句时自动被触发执行,而存储过程可以通过存储过程名称而被直接调用。触发器是一个功能强大的工具,它使每个结点可以在有数据修改时自动强制执行其业务规则,执行的内容是报警、维护数据的完整性或特殊的数据处理。触发器可以用于 SQL Server 约束、默认值设置和规则的完整性检查。触发器可以强制实现限制,这些限制比用 check 约束所定义的更复杂。

15.4.1 创建和执行触发器

创建触发器时,应考虑以下问题:

(1) 创建触发器的权限默认分配给表的所有者,且不能将该权限转给其他用户;

(2) 虽然触发器可以引用当前数据库以外的对象,但只能在当前数据库中创建触发器;

(3) 虽然不能在临时表或系统表上创建触发器,但是触发器可以引用临时表。

创建一个触发器时必须给出触发器的名称,并在其上定义触发器的表,给出触发器将何时激发以及激活触发器的数据修改语句。T-SQL 中创建触发器的语法为:

```
create trigger 触发器名
on 表名
  for { [delete][,][ insert ] [,] [update ] }
    as SQL 语句组
```

触发器名是创建触发器的名称。触发器名称必须符合标识符命名规则,并且在数据库中必须唯一。

表名是在其上执行触发器的表或视图。

delete 选项为创建 delete 触发器。利用 delete 触发器,能在相应的表中遇到删除动作时,从指定表中删除元组,将删除的元组放入一个特殊的逻辑表(deleted)中,同时激活触发器。

insert 选项为创建 insert 触发器。利用 insert 触发器,使用户能向指定的表中插入数据时,将插入表中的数据复制并送到一个特殊的逻辑表(inserted)中,同时激活触发器。

update 选项为创建 update 触发器。当对指定表执行 update 操作时,把将要更新的原数据移入 deleted 表中,将更新数据插入到 inserted 表中,触发器被激活。应注意,inserted 表和 deleted 表是事务日志的视图,与创建了触发器的表具有相同的结构,即它们都是当前触发器的局部表。

SQL 语句组是触发器执行的操作,它可以是对数据表的操作或是数据完整性的检查,也可以是发送消息。

一个触发器只适用于一个表,每个表最多只能有三个触发器,即 insert、update 和 delete。

与存储过程不同,触发器不能通过单独的命令调用其名称来使其执行,而是在满足定义触发器时指定的 delete、insert 或 update 操作时由 SQL Server 自动执行。

例 15-15 创建"更新部门"触发器,保证期刊采编系统数据库 mag_dept 表中部门负责人与 mag_emp 表中部门信息的参照完整性。

分析:

(1) 触发器名"更新部门"是 mag_dept 表的 update 触发器。

(2) 当对 mag_dept 进行更新操作时,更新后的数据插入到系统的 inserted 表中,而对应的原数据移至 deleted 表中。

（3）mag_dept 数据发生变化时，要保证该部门负责人在 mag_emp 表中所属部门一致，如果数据不一致，则将 mag_emp 中的部门编号 DepId 修改为 inserted 表中的 DepId 值。

（4）语句流程为：

① 从 inserted 表中获取部门编号 DepId 和负责人姓名 DepManager，分别保存在变量@depid 和@manager 中；

② 查询出该负责人在 mag_emp 中所在的部门编号 DepId，并判断其是否与变量@depid 一致，如果不一致，将该负责人（@manager）在 mag_emp 中 DepId 的值修改为"@depid"。

实现这一操作的命令及结果如图 15-28 所示。

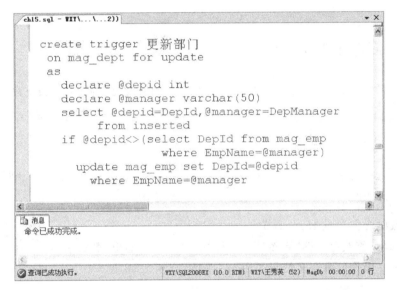

图 15-28　创建"更新部门"触发器

对 mag_dept 执行以下更新命令（如图 15-29 所示）。

图 15-29　执行触发器

查询 mag_emp 表数据，王玲玲所在部门从"2"已经更新为"3"，结果如图 15-30 所示。

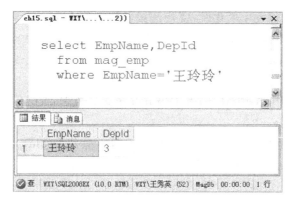

图 15-30　创建更新触发器

15.4.2　修改触发器

用户可以使用 alter trigger 命令修改已经创建的触发器。alter trigger 命令的语法形式如下:

```
alter trigger 触发器名
on 表名
for {[ delete ] [,] [insert ] [,] [update ]}
as SQL 语句组
```

各参数的含义参见 15.4.1 节。

例 15-16　修改触发器"更新部门",增加打印语句,输出"更新成功"。

实现这一操作的命令及结果如图 15-31 所示。

```
alter trigger 更新部门
 on mag_dept for update
 as
   declare @depid int
   declare @manager varchar(50)
   select @depid=DepId,@manager=DepManager
       from inserted
   if @depid<>(select DepId from mag_emp
               where EmpName=@manager)
     update mag_emp set DepId=@depid
       where EmpName=@manager
 print '更新成功'
```

消息

命令已成功完成。

查询已成功执行。　WXY\SQL2008EX (10.0 RTM)　WXY\王秀英 (52)　MagDb　00:00:00　0 行

图 15-31　修改触发器

15.4.3　删除触发器

删除触发器可以使用 drop 命令,drop 命令可以将一个或者多个触发器从当前数据库中删除,其语法形式如下:

drop trigger 触发器组

删除触发器所在的表时,SQL Server 将会自动删除与该表相关的触发器。

例 15-17　删除触发器"更新部门"。

实现这一操作的命令及结果如图 15-32 所示。

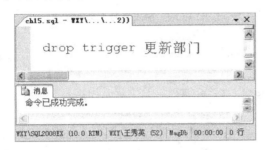

图 15-32　删除触发器

15.4.4　触发器与事务管理

触发器最常见的应用是执行复杂的行验证,保证数据完整性。如果触发器能够确定激发触发器的命令语句是无效的,它就能够回滚此事务。要实现这一功能,可以在触发器内执行 rollback transaction。在触发器中执行 rollback transaction 时,应注意以下问题:

(1) 由触发器所执行的所有工作都将被回滚;

(2) 触发器继续执行 rollback 语句后的剩余语句。

例 15-18　创建触发器"增加期刊",保证期刊编号的唯一性。

分析:

(1) 触发器名"增加期刊"是 mag_info 表的 insert 触发器;

(2) 当对 mag_info 进行插入操作时,从 inserted 表获取期刊编号 MagId 值并保存在变量@magid 中;

(3) 统计出 mag_info 中期刊编号为@magid 记录的个数,保存在变量@num 中,如果@num 大于 0,则说明 mag_info 中已存在该刊号,插入操作不能执行,应回滚此事务。

创建这一触发器的命令及结果如图 15-33 所示。

输入一条 insert 命令,可以验证触发器的执行,如图 15-34 所示。

图 15-33　触发器与事务管理

图 15-34　验证触发器

习　　题

一、单项选择题

【1】不能正确执行事务的命令是＿＿＿＿＿＿。

    A．commit
               B．commit transaction

    C．rollback
               D．commit tran

【2】以下描述不正确的是＿＿＿＿＿＿。

    A．存储过程可以根据用户的要求或者基表定义的改变而改变

    B．存储过程是封装好的复杂的 SQL 语句

    C．存储过程与视图相同

    D．存储过程分为系统提供的存储过程和用户自定义的存储过程

【3】以下描述不正确的是＿＿＿＿＿＿。

    A．触发器不需要专门的语句调用

B. 触发器是一种特殊类型的存储过程

C. 当执行 insert、delete 和 update 语句时触发器被自动触发执行

D. 使用 exec 命令执行触发器

【4】删除触发器的语句是_____。

A. drop trigger   B. alter trigger

C. create trigger   D. drop procedure

二、填空题

【1】修改存储过程的语句是 ① 。

【2】创建存储过程的语句中,定义局部参数用 ② 表示。

【3】运行存储过程的命令是 ③ 。

【4】每个表最多只能有三个触发器,即 ④ 、 ⑤ 和 ⑥ 。

【5】当对指定表执行 delete 操作时,触发器被激活,并从指定表中删除元组,同时将删除的元组放入一个特殊的逻辑表 ⑦ 中。

【6】当对指定表执行 insert 操作时,触发器被激活,激活后将插入表中的数据复制并送到一个特殊的逻辑表 ⑧ 中。

【7】update 触发器被激活后把将要被更新的原数据移入 ⑨ 表中,将更新数据插入到 inserted 表中。

三、简答题

【1】解释事务的概念。

【2】视图与存储过程有哪些区别?

【3】解释存储过程的概念。

【4】解释触发器的概念。

【5】创建触发器时应考虑哪些问题?

四、综合题

【1】输入并执行下面语句,测试使用 if 条件语句和 while 循环语句,给出输出结果。

```
declare @Compute int,@x int
Set @Compute=0
while @Compute<10
begin
  if @Compute<5
    begin
    set @Compute=@Compute+ 1
    set @x=@Compute
    print '此时@Compute变量小于,x值为'+ cast(@x As Char(5))
  end
  else
```

```
begin
    set @Compute=@Compute+ 2
    set @x=@Compute
    print '此时@Compute变量不小于,x 值为'+ cast(@x As Char(5))
    end
end
```

【2】学生选课数据库包括三个基本表,其结构为:

学生(学号,姓名,年龄,所在系)
课程(课程号,课程名,先修课)
选课(学号,课程号,成绩)

在学生选课数据库中,为选课表建立一个插入触发器,利用触发器来保证学生选课数据库中选课表的参照完整性。

【3】根据第 10 章综合题 1 的设计结果,为借阅信息表建立一个保证参照完整性的触发器。

第**16**章

数据库的安全性与权限管理

安全性问题是所有计算机系统都存在的问题。由于在数据库系统中大量数据集中存放,而且是多用户共享,所以安全性问题就更为突出。因此,数据库必须具有坚固的安全系统,才能控制可以执行的活动以及可以查看和修改的信息。无论用户如何获得对数据库的访问权限,坚固的安全系统都可对数据进行保护。

16.1　数据库的安全性

16.1.1　数据库的安全性概念和安全性控制

数据库安全性主要是指允许那些具有相应的数据访问权限的用户能够登录到数据库系统并访问数据库,以及对数据库对象实施各种权限范围内的操作;拒绝所有非授权用户的非法操作。因此,安全保护措施是否有效是数据库系统的主要性能指标之一。

数据库安全性控制的方式分为物理处理方式和系统处理方式。

物理处理方式是指对于口令泄漏、在通信线路上窃听以及盗窃物理存储设备等行为,采取将数据加密、加强警卫等措施以达到保护数据的目的。

系统处理方式是指数据库系统处理方式。在计算机系统中,一般安全措施是分级设置的。在用户进入系统时,系统根据输入的用户标志进行用户身份验证,只有合法的用户才准许进入计算机系统;对于进入计算机系统的用户,数据库系统还要进行身份验证和权限控制;数据还可以通过加密存储到数据库中。另外,为了确保数据的安全,还要对数据进行实时或定时备份,以免在数据遭受灾难性毁坏后能够将其恢复。

下面分别介绍与数据库有关的用户身份认证、权限控制、视图保护、数据加密、日志审计和数据备份等系统处理方式。

1. 用户身份认证

用户身份认证是数据库系统提供的最外层的安全保护措施。方法是由数据库系统提供一定的方式标志用户的身份,每次用户要进入系统时,系统对用户身份进行核实,经过认证后才提供服务。常用的方法有三个。①用一个用户名等标志来标明用户身份,系统鉴别此用户是否为合法用户。若是,则可进入下一步的核实;若不是,则不能使用系统。

②口令,为了进一步核实用户,系统常常要求用户输入口令,为保密起见,用户在终端上输入的口令不显示在屏幕上,只有口令正确才可进入系统。以上的方法简单易行,但用户名、口令容易被人窃取,因此还可以用更可靠的方法。③系统提供了一个随机数,用户根据预先约定好的某一过程或者函数进行计算,系统根据用户计算结果是否正确进一步鉴定用户身份。用户标志和鉴定可以重复多次。

2. 权限控制

在数据库系统中,为了保证用户只能访问有权存取的数据,数据库系统要对每个用户进行权限控制。存取权限包括两个方面的内容:一方面是要存取的数据对象;另一方面是对此数据对象进行哪些类型的操作。在数据库系统中对存取权限的定义称为"授权"(Authorization),这些授权定义经过编译后存放在数据库中。对于获得使用权又进一步从事存取数据操作的用户,系统就根据事先定义好的存取权限进行合法权限检查,若用户的操作超过了定义的权限,系统拒绝执行此操作,这就是存取控制。授权编译程序和合法权限检查机制一起组成了安全性子系统。

3. 视图保护

数据库系统可以利用视图将要保密的数据对无权存取这些数据的用户隐藏起来,这样系统自动地提供了对数据的安全保护。

4. 数据加密

数据加密是指把数据用密码形式存储在磁盘上,防止通过不正常途径获取数据。用户要检索数据时,首先要提供用于数据解密的密钥,由系统进行译码解密后,才可看到所需的数据。对于非法获取数据者来说,就只能看到一些无法辨认的二进制数。不少数据库产品具有这种数据加密的功能,系统可以根据用户的要求对数据实行加密或不加密存储。

5. 日志审计

任何系统的安全性措施不可能是完美无缺的,企图盗窃、破坏数据者总是想方设法逃避控制,所以对敏感的数据、重要的处理,可以通过日志审计来跟踪检查相关情况。不少数据库系统具有这种审计功能,系统利用专门的日志性文件,自动将用户对数据库的所有操作记录在上面。这样,一旦出现问题,利用审计追踪的信息,就能发现导致数据库现有状况的时间、用户等线索,从而找出非法入侵者。

6. 数据备份

任何的安全性措施都不可能万无一失,因此,对重要的数据进行实时或定时备份是非常必要的,这样可以保证在数据遭受灾难性破坏后能够将其恢复。

下面以 SQL Server 2008 为例介绍数据库的安全性管理方法。

16.1.2 数据库的安全机制

大多数数据库系统都包含用户登录认证管理、权限管理和角色管理等安全机制。

认证是指当用户访问数据库系统时,系统对该用户登录的账户和口令的确认过程。认证的内容包括用户的账户和口令是否有效、能否访问系统,即验证其是否具有连接数据库系统的权限。

但是,通过了认证并不代表用户能够访问数据库,用户只有在获取访问数据库的权限之后,才能够对数据库进行权限许可下的各种操作(主要是针对数据库对象,如表、视图、存储过程等)。这种用户访问数据库权限的设置是通过数据库用户账户来实现的。

同时在数据库中,角色作为用户组的替代者大大地简化了安全性管理。

下面主要从身份认证、登录及用户管理、权限控制和数据备份几个方面介绍数据库的安全机制。

16.2　数据库的认证机制

大多数据库管理系统的认证模式是指系统确认用户的方式。大多数数据库系统都是通过用户账户和口令来进行身份认证的。SQL Server 2008 包括两种认证模式:Windows 认证模式及 Windows 认证和 SQL Server 认证混合模式。

16.2.1　认证的模式

对 SQL Server 来说,Windows 认证模式是首选的方式。Windows 身份认证模式是指要登录到 SQL Server 系统的用户身份是由 Windows 系统来进行认证的,即 SQL Server 系统使用 Windows 操作系统中的用户信息验证账户和密码。

当用户试图登录到 SQL Server 时,SQL Server 从 Windows 的网络安全属性中获取登录用户的账户,然后与它所允许的用户账户清单中返回的账户作比较。使用该模式,口令检查就不再执行,因为 SQL Server 信任 Windows。SQL Server 2008 默认本地 Windows 账号可以不受限制地访问数据库。

在混合认证模式下登录 SQL Server,允许用户使用 Windows 身份认证和 SQL Server 身份认证进行登录。SQL Server 身份认证模式通过输入登录名和密码来登录数据库服务器,该登录名和密码与 Windows 操作系统无关。

在混合身份认证模式中,系统会判断账户在 Windows 操作系统下是否可信,对于可信任连接(如 Windows 用户),系统直接采用 Windows 身份认证机制;如果是非可信任连接(如网络用户),系统会自动采用 SQL Server 认证模式。

在 SQL Server 认证模式下,用户在连接 SQL Server 系统时必须提供登录账户和口令,SQL Server 自己执行认证处理。如果输入的登录信息与系统表 syslogins 中的某条记录相匹配,则表明登录成功;如果在系统表中没有该用户,那么该认证失败,系统将拒绝该用户的连接。

第一次安装 SQL Server 时需要指定身份认证模式,对于已指定身份认证模式的 SQL Server 服务器,可以通过 SQL Server Management Studio 进行修改。

16.2.2　认证的实现过程

SQL Server 的认证模式由系统管理员设置。无论采用哪种认证模式,用户在连接数据库后,他们的操作是完全相同的。整个登录标识的认证过程如图 16-1 所示。

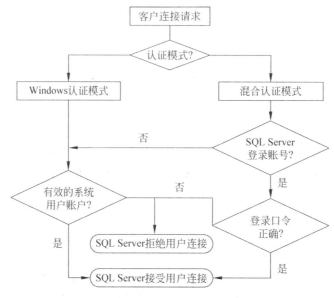

图 16-1　SQL Server 安全账户认证过程

16.3　数据库的登录、用户、角色及架构管理

16.3.1　SQL Server 服务器登录管理

SQL Server 服务器的身份认证模式设置完成后,需要创建登录(Login)名来控制数据库的合法登录。

对于不同的认证模式采用不同的创建或授权方式,或使用默认的账户。

对于 Windows 认证模式,Windows 的用户或组要通过 SQL Server 的确认,才能利用 Windows 的身份认证登录到 SQL Server 服务器。

在 T-SQL 中,使用 sp_grantlogin 存储过程授权 Windows 用户或组用 Windows 身份验证连接到 SQL Server 服务器。

对于混合认证模式下没有建立 Windows 账户的用户,只能使用 SQL Server 登录名。

创建登录名有两种途径:一种是在"对象资源管理器"中通过菜单创建登录名;另一种是在查询编辑器中输入创建登录名的 T-SQL 语句并运行,完成创建登录名操作。

在 T-SQL 中,可以使用 CREATE LOGIN 语句创建登录名,也可利用存储过程 sp_

addlogin 创建新的 SQL Server 登录名,使用户能够通过 SQL Server 身份认证连接 SQL Server 服务器。

例如,在 T-SQL 中创建一个登录名为 MagUser、密码为 SqlMag 的 SQL Server 登录名:

```
create login[MagUser]
with password='SqlMag',
default_database=[master],
default_language=[简体中文],
check_expiration=off,check_policy=off
```

修改登录名有两种途径:一种是在"对象资源管理器"中通过菜单修改登录名;另一种是在查询编辑器中输入修改登录名的 T-SQL 语句并运行,完成修改登录名操作。

在 T-SQL 中,可以使用 alter login 语句修改登录名。

删除登录名有两种途径:一种是在"对象资源管理器"中通过菜单删除登录名;另一种是在查询编辑器中输入删除登录名的 T-SQL 语句并运行,完成删除登录名操作。

在 T-SQL 中,可以使用 drop login 语句删除登录名。

SQL Server 有两个默认的登录名:sa 和 BUILTIN\Users。

sa 是系统管理员的简称,是一个特殊的登录名,拥有 SQL Server 系统和所有数据库中的全部权限;BUILTIN\Users 登录名是 SQL Server 为所有 Windows 管理员提供的,在 SQL Server 系统和所有数据库中有全部权限。

16.3.2 数据库用户管理

数据库用户(User)是使用数据库的用户账户,是登录名在数据库中的映射,是在数据库中执行操作和活动的执行者。

用户定义信息存放在每个数据库的 sysusers 表中。

SQL Server 把登录名与用户名的关系称为映射。在 SQL Server 中,一个登录名可以被授权访问多个数据库,但一个登录名在每个数据库中只能映射一次。

创建数据库用户有两种途径:一种是在"对象资源管理器"中利用菜单操作;另一种是在查询编辑器中执行创建数据库用户的 T-SQL 语句。

在 T-SQL 中,可以使用 create user 语句创建数据库用户,也可使用系统存储过程 sp_grantdbaccess 为 SQL Server 登录名或 Windows 用户或组在当前数据库中添加一个用户 ID,使其能够被授予在数据库中执行活动的权限。

例如,在 T-SQL 中,在数据库 MagDb 中创建用户 MagUser:

```
use MagDb
create user MagUser for login [MagUser]
```

管理数据库用户有两种途径:一种是在"对象资源管理器"中利用菜单操作;另一种是在查询编辑器中执行修改数据库用户的 T-SQL 语句。

在 T-SQL 中,可以使用 alter user 语句修改数据库用户。

sa 登录名和系统管理员 sysadmin 角色的成员都可映射为数据库中的一个特殊用户 dbo,dbo 用户不能从数据库中删除。

16.3.3 角色管理

角色(Role)是指把相关的各个用户汇集成一个单元,以便对不同的用户进行不同的权限管理。

SQL Server 包括两类具有隐含权限的预定义角色:固定服务器角色和固定数据库角色。这些隐含权限不能授予其他用户账户。如果有用户需要这些权限,则必须将其账户添加到这些预定义角色中。另外,SQL Server 提供了用于管理的用户自定义角色和应用程序角色。

1. 固定服务器角色

该角色是服务器级角色,独立于各个数据库,它是由 SQL Server 服务器系统预定义的,用户不能创建新的服务器级角色,只能选择合适的服务器级角色。固定服务器角色具有完成特定数据库服务器级管理活动的权限。SQL Server 服务器上有 8 种预定义固定服务器角色:sysadmin、serveradmin、setupadmin、securityadmin、processadmin、dbcreator、diskadmin 和 bulkadmin。

在 T-SQL 中,通过 sp_helpsrvrole 存储过程,查看固定服务器角色列表;利用 sp_addsrvrolemember 存储过程,添加登录,使其成为固定服务器角色的成员;利用 sp_dropsrvrolemember 存储过程从固定服务器角色中删除登录。

2. 固定数据库角色

该角色是数据库级角色,存在于每个数据库中,是指对数据库执行特有的管理及操作。可以将任何有效的数据库用户账户添加为固定数据库角色成员。每个成员都获得相应固定数据库角色的权限。只有固定数据库角色成员才可将其他用户添加到该角色中。SQL Server 服务器中有 9 种预定义固定数据库角色:db_owner、db_accessadmin、db_datareader、db_datawriter、db_ddladmin、db_securityadmin、db_backupoperator、db_denydatareader 和 db_denydatawriter。

在 T-SQL 中,通过 sp_helpdbfixedrole 存储过程,查看 SQL Server 固定数据库角色列表;利用 sp_addrolemember 存储过程将数据库用户账户添加为当前数据库中数据库角色的成员;利用 sp_droprolemember 存储过程从当前数据库中的数据库角色中删除数据库安全账户。

3. 用户自定义角色

该角色是管理员为了特殊目的而创建的数据库级别的角色,能够提供分配给用户特定权限的能力,而这些是固定角色所不能提供的。

在 T-SQL 中,通过 sp_helprole 存储过程查看角色;利用 sp_addrole 存储过程在当前数据库创建新的数据库角色;利用 sp_droprole 存储过程从当前数据库删除角色。

16.3.4　数据库架构管理

在说明数据库架构(Schema)之前,先了解一下数据库对象(Object),数据库中所有的表、视图、存储过程、触发器等都称为数据库对象。

每个数据库对象都属于一个数据库架构,架构是一组对象的集合,可以将架构视为对象的容器,它是独立于数据库用户的非重复命名空间(类似于文件系统的文件夹,但不能嵌套)。可以在数据库中创建和更改架构,并且可以授予用户访问架构的权限。任何用户都可以拥有架构,并且架构所有权可以转移。

SQL Server 2005 开始引入了默认架构(Default Schema)的概念,用于确定没有使用完全限定名的对象的命名。SQL Server 完全限定名包含 4 个部分,其格式为:[DatabaseServer].[DatabaseName].[DatabaseSchema].[DatabaseObject]。

默认架构指定了服务器确定对象的名称时所查找的第一个架构。默认架构可以用 create user 和 alter user 中的 default_schema 选项创建和修改。如果没有定义 default_schema,则所创建的数据库用户将用 dbo 作为它的默认架构。

在 SQL Server 2000 中,用户和架构是隐含关联的,即每个用户拥有与其同名的架构。因此要删除一个用户,必须先删除或修改这个用户所拥有的所有数据库对象。从 SQL Server 2005 开始,架构和创建它的数据库用户不再关联。

注意:

(1) 一个架构中不能包含相同名称的对象,相同名称的对象可以在不同的架构中存在;

(2) 一个架构只能有一个所有者,所有者可以是用户、数据库角色或应用程序角色;

(3) 一个数据库角色可以拥有一个默认架构和多个架构;

(4) 多个数据库用户可以共享单个默认架构;

(5) 由于架构与用户独立,因此删除用户不会删除架构中的对象。

16.4　数据库的权限管理

当用户连接到 SQL Server 2008 服务器实例,进入数据库后,可以执行的活动范围由所分配的权限确定。拥有权限的用户才可以访问数据库里的对象并对所访问的对象进行某些操作。

在数据库中分配权限有几个不同的层次:分配权限给单个的数据库用户、给所建立的角色和给所增加到数据库服务器上的 Windows 用户或组。

注意将权限分配给一个角色或一个组,比分别分配给单个用户的工作量要小得多。在给任何用户分配权限之前,需要保证已经研究过他们的需求。

在 Microsoft SQL Server 2008 系统中,按照权限是否与特定的对象有关,可以把权限分为针对所有对象的权限和针对特殊对象的权限。

针对所有对象的权限有 create、alter、alter any、control 及 take ownership 等。

针对特殊对象的权限有 select、insert、update、delete 及 execute 等。

16.4.1　权限的种类

SQL Server 中包括 3 种权限：语句权限、对象权限和固定角色隐含权限。

1. 语句权限

创建数据库或数据库中的对象（如表或存储过程等）及备份数据库和事务日志等所需要的权限称为语句权限。语句权限是功能最强大的一类权限，通常只有数据库管理员或数据库开发人员需要这类权限。要注意这些权限只限于分配在单个数据库这一级，而不适用于数据库中定义的特定对象或跨数据库设置。

语句权限共包括 9 种：create database、create default、create function、create procedure、create rule、create table、create view、backup database 和 backup log。

2. 对象权限

处理数据或执行过程时需要的权限称为对象权限，对象权限可分配给数据库层次上的用户，没有这些权限，用户将不能访问数据中的任何对象。

对象权限共包括 6 种：select、insert、update、delete、execute 和 references。

3. 固定角色隐含权限

固定角色隐含权限是指系统安装以后有些用户和角色不必授权就有的权限。其中的用户包括数据库对象所有者，角色包括固定服务器角色和固定数据库角色。只有数据库对象所有者或固定角色的成员才可以执行某些操作。

16.4.2　权限的管理

权限管理包括授予、拒绝或废除以上提到的语句权限和对象权限。

1. 授予权限

可以向数据库用户账户授予语句权限和对象权限。

注意：只能向当前数据库中的用户账户授予当前数据库中的对象的权限。如果用户同时需要另一个数据库中的对象权限，则需要在另一数据库中授予该用户账户访问数据库的权限后授予其对象权限。

可以通过 T-SQL 语句，用 grant 命令来授予权限。

1）语句权限

```
grant { all | statement [,…n ] }
to security_account [,…n ]
```

其中，

（1）all 表示授予所有可用的权限，只有 sysadmin 角色成员可以使用 all；

（2）statement［,…n］表示被授予的语句权限，可以是一个语句权限或多个（中间用逗号隔开）；

（3）to 指定被分配权限的数据库用户账户；

（4）security_account[,…n]表示将授予权限的数据库用户账户或角色，可以是一个或多个（用逗号隔开）。

下面的示例给 SQL Server 数据库用户授予语句权限。

例 16-1 在数据库 MagDb 中给用户 MagUser 授予多个语句权限，如图 16-2 所示。

首先使用 use MagDb 语句进入 MagDb 数据库。

下面的示例给 SQL Server 角色授予语句权限。

例 16-2 将 create table 权限授予 Accounting 角色的所有成员，如图 16-3 所示。

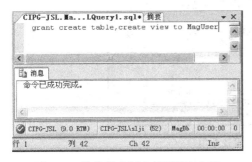 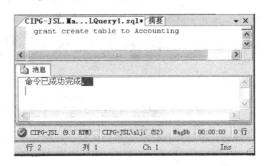

图 16-2　给数据库用户授予语句权限　　　　图 16-3　将权限授予角色的所有成员

2）对象权限

```
grant
    { all | permission [,…n ] }
    {
        [ ( column [ ,…n ] ) ] on { table | view }
        | on { table | view }
        …
    }
    to security_account [ ,…n ]
    [ with grant option ]
    [ as { group | role } ]
```

其中，

（1）all 表示授予所有可用的权限，只有 sysadmin 和 db_owner 角色成员和数据库对象所有者可以使用 all；

（2）to 和 security_account[,…n]的含义同上；

（3）permission[,…n]表示被授予的对象权限，可以是一个对象权限或多个（中间用逗号隔开）；

（4）column[,…n]是一个可选项，表示当前数据库中授予权限的列名，可以是一个或多个（中间用逗号隔开）；

（5）on 告诉数据库将权限分配给哪个对象；

（6）table 表示当前数据库中授予权限的表名；

（7）view 表示当前数据库中授予权限的视图名；

（8）with grant option 是一个可选项，表示给予 security_account 将指定的对象权限授予其他安全账户的能力；

（9）as{group|role}指当前数据库中有执行 grant 语句权限的安全账户的组名或角色名。当对象权限被授予一个组或角色时，该对象权限需要进一步授予不是该组或角色的成员的用户时使用 as，因为只有用户（而不是组或角色）可执行 grant 语句。

例 16-3 向用户 MagUser 授予对表 mag_info 的 select、insert、update、delete 对象权限，如图 16-4 所示。

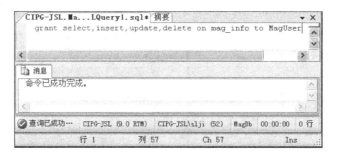

图 16-4　将对象权限授予用户

下面的示例用 as 选项授予权限。

例 16-4 用户 MagUser 拥有表 mag_info。MagUser 将表 mag_info 的 select 权限授予 Accounting 角色（指定 with grant option 子句），如图 16-5 所示；用户 MagTwo 是 Accounting 的成员，他要将表 mag_info 上的 select 权限授予用户 MagThree，MagThree 不是 Accounting 的成员，如图 16-6 所示。

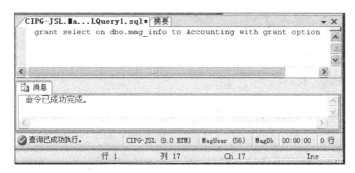

图 16-5　用户 MagUser 将表 mag_info 的 select 权限授予 Accounting 角色

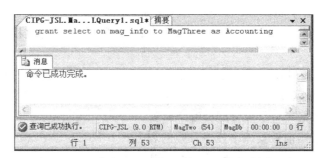

图 16-6　用户 MagTwo 将表 mag_info 上的 select 权限授予用户 MagThree

注意：因为用 grant 语句将对表 mag_info 的 select 权限授予了 Accounting 角色而不是显式地授予 MagTwo。不能因为已授予了 Accounting 角色该权限，他的成员 MagTwo 就能够被授予该表的权限。MagTwo 必须用 as 子句来获得 Accounting 角色的授予权限。

2. 拒绝权限

根据实际需要，有时可能想限制某些用户或角色的权限，拒绝用户账户上的权限。

注意：

(1) 如果使用 deny 语句拒绝某个用户获得某个权限，那么以后将该用户添加到已得到该权限的组或角色时，该用户将拥有这个权限；

(2) 如果使用 deny 语句拒绝某个角色获得某个权限，那么即使为添加到该角色中的用户授予了该权限，该用户仍不能访问该对象，拒绝权限不能由另一级别上的权限撤销；

(3) 默认情况下，将 deny 权限授予 sysadmin、db_owner 或 db_securityadmin 角色成员和数据库对象所有者。

可以通过 T-SQL 语句，用 deny 命令来拒绝权限。

1) 语句权限

```
deny{ all | statement [,…n ] }
to security_account [,…n ]
```

其中的参数的含义与 grant 的相同。

下面示例拒绝用户使用语句权限。

例 16-5　拒绝用户 MagTwo 和 MagThree 使用 create view 和 create table 权限，除非给他们显式授予权限，如图 16-7 所示。

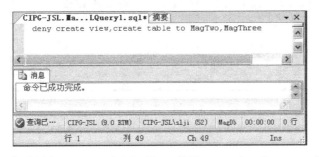

图 16-7　拒绝用户 MagTwo 和 MagThree 使用 create view 和 create table 权限

下面示例拒绝 SQL Server 角色使用语句权限。

例 16-6　拒绝所有 Accounting 角色成员使用 create table 权限。即使已给现有的 Accounting 用户显式地授予了 create table 权限，deny 仍替代该权限，如图 16-8 所示。

2) 对象权限

```
deny
    { all | permission [,…n ] }
    {
        [ ( column [ ,…n ] ) ] on { table | view }
```

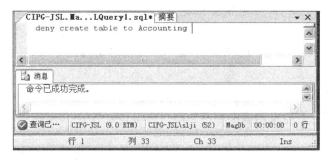

图 16-8　拒绝角色成员使用语句权限

```
| on { table | view }
  ...
}
to security_account [,...n]
[cascade]
```

其中,cascade 指定拒绝来自 security_account 的权限时,也将拒绝由 security_account 授权的任何其他安全账号。

下面示例拒绝对象权限。

例 16-7　拒绝用户 MagUser 对表 mag_info 使用 update 和 delete 权限,如图 16-9 所示。

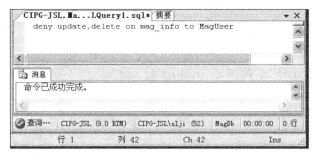

图 16-9　拒绝用户对表使用对象权限

3. 废除权限

可以废除以前授予或拒绝的权限。

注意以下几个方面。

(1) 废除权限只在被废除权限的级别(用户、组或角色)上删除授予或拒绝的权限,并不妨碍用户(组)或角色从更高级别继承已授予的权限。因此,如果已将查看某表的权限授予了用户所属的角色,即使废除用户查看该表的权限,用户仍能查看该表。

(2) revoke 权限默认授予 sysadmin 固定服务器角色成员、db_owner 和 db_securityadmin 固定数据库角色成员以及数据库对象所有者。

(3) 只能对当前数据库中的用户账户执行废除权限。

可以通过 T-SQL 语句,用 revoke 命令来废除权限。

1）语句权限

```
revoke { all | statement [,…n ] }
from security_account [,…n ]
```

下面示例废除授予用户账户的语句权限。

例 16-8　废除已授予用户 MagTwo 的 create table 权限。它删除了允许 MagTwo 创建表的权限，如图 16-10 所示。

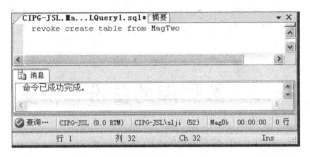

图 16-10　废除已授予用户 MagTwo 的 create table 权限

2）对象权限

```
revoke [ grant option for ]
    { all | permission [,…n ] }
      {
        [ ( column [,…n ] ) ] on { table | view }
        | on { table | view }
        …
      }
      }
    { to | from } security_account [,…n ]
    [cascade ]
    [as { group | role } ]
```

其中，grant option for 指定要删除的 with grant option 权限。使用 grant option for 关键字可消除 grant 语句中指定的 with grant option 设置的影响，但用户仍然具有该权限，只是不能将该权限授予其他用户。如果要废除的权限原先不是通过 with grant option 设置授予的，则忽略 grant option for；如果要废除的权限原先是通过 with grant option 设置授予的，则指定 cascade 和 grant option for 子句，否则将返回一个错误。

下面示例废除授予用户账户的对象权限。

例 16-9　废除已经授予的用户 MagTwo 对 mag_info 的 select 权限，如图 16-11 所示。

说明：如果用户 MagTwo 是 Accounting 角色的成员，假设已给该角色授予了对 mag_info 表的 select 权限，则 MagTwo 仍可以对该表使用 select 权限。

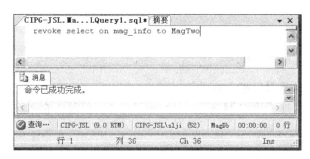

图 16-11 废除用户 MagTwo 对 mag_info 的 select 权限

16.5 数据库的备份和恢复

数据库备份就是对数据库中数据库的结构和数据进行复制,将其存放在安全、可靠的位置,以便以后能够顺利地将被破坏了的数据库安全地还原。

数据库恢复就是当数据库出现故障时,将备份的数据库加载到系统,从而使数据库恢复到备份时的正确状态。还原是为了实现备份的目的而进行的操作。

数据库的备份和还原,为存储在数据库中的数据提供了重要的保护手段。

通过正确地制定备份策略,数据可以从介质故障、无意或恶意修改或删除、服务器永久丢失等多种灾难中恢复。

另外,也可出于其他目的备份和还原数据库,如将数据库从一台服务器复制到另一台服务器,即通过备份一台计算机上的数据库,再将该数据库还原到另一台计算机上。

本节主要介绍备份策略的制定以及备份和恢复数据库的方法。

16.5.1 制定备份策略

在备份数据库时,需要从备份的权限、备份的内容、备份的频率和备份的介质与设备几个方面考虑。

在 SQL Server 中,只有固定服务器角色 db_backupopoerator、sysadmin 和 db_owner 的成员可以对数据库进行备份。另外,数据库的备份权限可由数据库所有者授予其他用户。

备份数据库就是备份数据库中的表、用户定义的对象和数据等。备份的内容主要包括用户数据库、系统数据库和事务日志等。

确定备份频率时需要考虑两方面的因素:一是存储介质出现故障或其他故障可能导致丢失的工作量的大小。二是数据变动的频率,如果数据库中的数据不经常修改,那么只要修改之后做备份就很安全;如果修改频繁,若不经常备份,修改的数据越多在出现故障时将导致丢失的数据越多。选择备份频率还应考虑用户的其他安全因素。

备份的介质也就是备份设备,是指将数据库备份到的目标载体,即备份到何处。SQL

Server 支持的备份介质包括磁盘、磁带等。

16.5.2　备份和恢复数据库

SQL Server 备份的方法主要有如下 4 种。

（1）完全数据库备份：创建完整数据库的备份。它的优点是容易实施，缺点是在数据库出现故障后，面临丢失大量最新数据的潜在危险。

（2）差异数据库备份：差异数据库备份只记录自上次完整数据库备份后发生更改的数据。差异数据库备份比完全数据库备份数据量小而且备份速度快，因此可以经常备份，减少丢失数据的危险。差异数据库备份必须与完全数据库备份联用。

（3）事务日志备份：只备份事务日志中的信息。使用事务日志备份可将数据库恢复到特定的即时点或故障点。事务日志备份必须与至少一次的全数据库备份联用，这是因为若要恢复数据，必须要有一个开始点。

（4）数据库文件或文件组备份：如果数据库非常庞大，可以在一段时间内对部分文件或文件组进行备份。执行数据库文件或文件组备份时，必须指定文件或文件组的逻辑名称。

SQL Server 提供了 3 种可供选择的恢复模型。

（1）简单恢复：允许将数据库恢复到最新备份。简单恢复的备份策略包括完全数据库备份和差异数据库备份（可选）。

（2）完全恢复：允许将数据库恢复到故障点状态。完全恢复的备份策略包括完全数据库备份、差异数据库备份（可选）和事务日志备份。

（3）大容量日志记录恢复：允许大容量日志记录操作。

下面介绍通过 T-SQL 语句备份和恢复数据库的方法。

1. 数据库的备份

在创建任何类型的数据库备份之前，都要创建备份设备。创建备份设备有两种方法：一是在"对象资源管理器"中使用菜单命令创建备份设备；二是使用存储过程创建备份设备。

用存储过程 sp_addumpdevice 来创建备份设备。

数据库的备份使用 backup 命令，下面分别介绍备份方法。

1）完全数据库备份与差异数据库备份

语法格式为：

```
backup database{ database_name }
  to <backup_device >[ ,…n ]
  [ with
     [ [ , ] differential ]
     …
     [ [ , ] name={ backup_set_name } ]]
     [ [ , ] format | noformat ]
```

```
      [ [ , ] { init | noinit } ]
]
<backup_device >::=
  { { logical_backup_device_name }
    |{ disk | tape } ={'physical_backup_device_name' }}
```

下面介绍命令中各关键字含义。

(1) { database_name }指定备份数据库的名称。

(2) <backup_device>[,…n]指定备份操作时要使用的逻辑或物理备份设备,可以是一个或多个(用逗号隔开)。

在<backup_device>子句中:

① {logical_backup_device_name}是备份设备的逻辑名;

② { disk|tape } ='physical_backup_device_name'是指定的磁盘或磁带设备。

如果存在物理设备且 backup 语句中没有指定 init 选项,则备份将追加到该设备。

当指定多个文件时,可以混合逻辑文件名和物理文件名。但是,所有的设备都必须为同一类型(磁盘或磁带)。

(3) differential 指定只对在完整数据库备份后的数据库中发生变化的部分进行备份。

(4) format 与 noformat:如果指定了 format,则重写所有介质卷标和介质内容,覆盖原来备份的内容,不需要再指定 init 选项。通过它可以在第一次使用介质时对备份介质进行完全初始化。

noformat 是默认设置,指定介质卷标不重写,是否覆盖原来备份的内容由 init 选项决定。

(5) init 与 noinit:init 指定应重写所有备份集,但是保留介质卷标;noinit 是默认设置,表示备份集将追加到指定的磁盘或磁带设备上,以保留现有的备份集。

(6) name={ backup_set_name }指定备份集的名称。名称最长可达 128 个字符。假如没有指定 name,它将为空。

注意:当使用 backup 语句的 format 子句或 init 子句时,一定要十分小心,因为它们会破坏以前存储在备份介质上的所有备份。

backup database 和 backup log 权限在默认情况下授予 sysadmin 固定服务器角色和db_owner 及 db_backupoperator 固定数据库角色的成员。

例 16-10 为 DocDb 数据库创建一个完整的数据库备份和一个差异数据库备份。

用存储过程创建逻辑备份设备 DocDb_0,如图 16-12 所示。

在逻辑设备 DocDb_0 上为 DocDb 创建一个完整的数据库备份,如图 16-13 所示。

在逻辑设备 DocDb_0 上为 DocDb 创建一个差异数据库备份,如图 16-14 所示。

例 16-11 将整个 MagDb 数据库备份到物理磁盘上,如图 16-15 所示。

注意:当指定 to disk 或 to tape 时,必须输入完整的路径和文件名。

2) 事务日志备份

语法格式为:

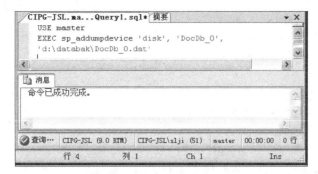

图 16-12　创建用于存放 DocDb 数据库备份的逻辑备份设备

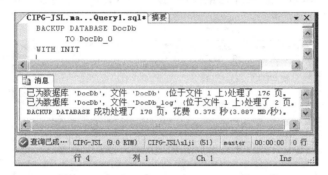

图 16-13　在逻辑备份设备上为 DocDb 创建一个完整的数据库备份

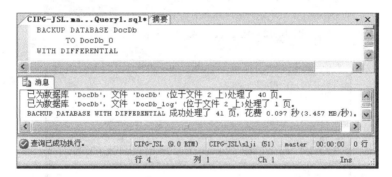

图 16-14　在逻辑备份设备上为 DocDb 创建一个差异数据库备份

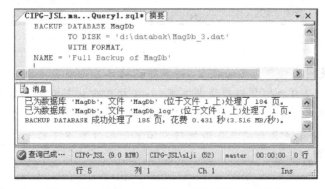

图 16-15　将整个 MagDb 数据库备份到磁盘上

```
backup log { database_name }
{
    TO <backup_device >[,…n ]
    [ with
      …
        [ [ , ] format | noformat ]
        [ [ , ] { init | noinit } ]        ]
}
```

下面示例为数据库创建一个数据库和日志的完整备份。

例 **16-12**　将 MagDb 数据库完整备份到磁盘上,如图 16-16 所示;将 MagDb 日志备份到磁盘上,如图 16-17 所示。

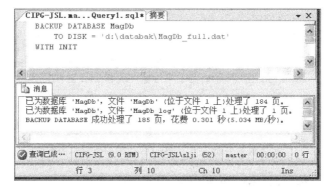

图 16-16　将 MagDb 数据库备份到磁盘上

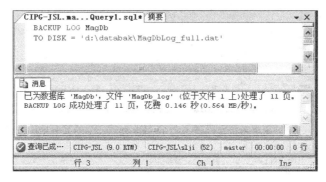

图 16-17　将 MagDb 日志备份到磁盘上

　　注意:若要使用数据日志备份恢复,则完整数据库备份或差异数据库备份必须在完整恢复模型或大容量日志恢复模型情况下进行;只有具有自上次完整数据库备份或差异数据库备份后的连续事务日志备份时,使用数据库备份和事务日志备份还原数据库才有效;完整数据库备份或差异数据库备份执行期间不能备份事务日志。

　　3) 文件或文件组备份

　　语法格式为:

backup database { database_name }

```
<file_or_filegroup >[ ,…n ]
to <backup_device >[ ,…n ]
[ with
   …
   [ [ , ] differential ]
   [ [ , ] format | noformat ]
   [ [ , ] { init | noinit } ]
 ]
<file_or_filegroup >::=
   { file ={ logical_file_name }
       |filegroup={ logical_filegroup_name    }
   }
```

其中,

(1) <file_or_filegroup>指定包含在数据库备份中的文件或文件组的逻辑名,可以指定多个文件或文件组;

(2) file={ logical_file_name }指定一个或多个数据库备份的文件名;

(3) filegroup={logical_filegroup_name}指定一个或多个数据库备份的文件组名。

例 16-13 将数据库 MagDb 的数据文件 MagDb. mdf 备份到磁盘上,如图 16-18 所示。

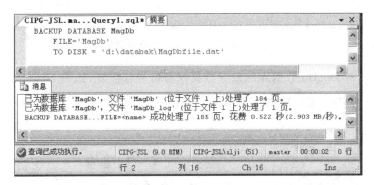

图 16-18 将数据库 MagDb 的数据文件备份到磁盘上

2. 数据库的恢复

数据库的恢复使用 restore 命令,语法格式如下所示。

1) 完整数据库和差异数据库的恢复

```
restore database { database_name }
[ from <backup_device >[ ,…n ] ]
[ with
   …
   [ [ , ] file={ file_number } ]
   [ [ , ] replace ]
   [ [ , ] { norecovery | recovery } ]
 ]
```

其中，

（1）norecovery 和 recovery，如果要在完整数据库恢复后使用事务日志或差异数据库恢复，或者在差异数据库恢复后使用事务日志恢复时，指定 norecovery；如果在完整数据库恢复后不使用事务日志或差异数据库恢复，或者在差异数据库恢复后不使用事务日志恢复时，则用 recovery。默认为 recovery。

（2）file 标识备份设备上要还原的备份集。

（3）replace 指定即使存在另一个具有相同名称的数据库，SQL Server 也应该创建指定的数据库及其相关文件。在这种情况下将删除现有的数据库。如果没有指定 replace 选项，则将进行安全检查以防止意外重写其他数据库。

例 16-14 对 DocDb 数据库的完整数据库备份进行恢复，如图 16-19 所示。

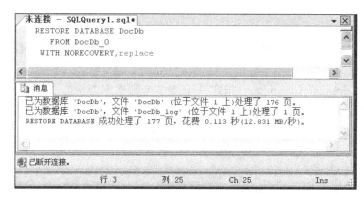

图 16-19 完整数据库备份的恢复

例 16-15 对 DocDb 数据库的差异数据库备份进行恢复，如图 16-20 所示。

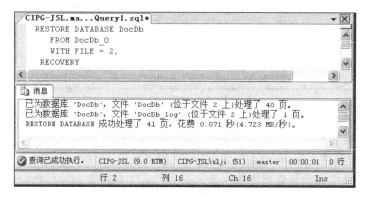

图 16-20 差异数据库备份的恢复

2）事务日志的恢复

```
restore log { database_name | }
    [ from <backup_device >[ ,…n ] ]
    [ with
        [ file={ file_number } ]
    [ [ , ] { norecovery | recovery } ]
```

```
   ...
   ]
```

例 16-16 对 MagDb 数据库的完整数据库备份和日志数据库备份进行恢复,如
图 16-21 和图 16-22 所示。

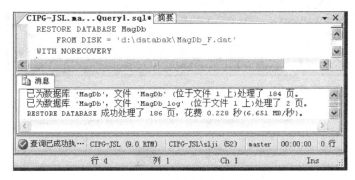

图 16-21 完整数据库备份的恢复

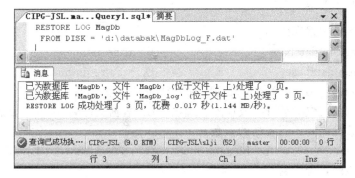

图 16-22 日志数据库备份的恢复

3) 特定的文件或文件组的恢复

```
rerstore database { database_name }
<file_or_filegroup >[ ,…n ]
[ from <backup_device >[ ,…n ] ]
[ with
   [ file={ file_number } ]
   ...
     [ [ , ] norecovery]
   ]
```

命令中的各参数的含义同上面的介绍。

例 16-17 对数据库 MagDb 的数据文件 MagDb 进行恢复,如图 16-23 所示。

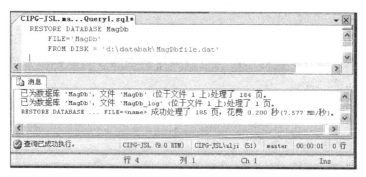

图 16-23　对数据库 MagDb 的数据文件 MagDb 进行恢复

习　　题

一、单项选择题

【1】完整备份数据库使用_____命令。

    A. backup database　　　　　　　　B. alter database

    C. drop database　　　　　　　　　D. restore database

【2】使用 create log 命令备份数据库时,给出的数据库名是_____。

    A. 数据库逻辑名　　B. 数据库物理名　　C. 数据文件名　　D. 日志文件名

【3】备份数据库时不能省略的参数是_____。

    A. name　　　　　B. filename　　　　C. medianame　　D. database _name

【4】下列说法正确的是_____。

    A. 可以利用存储过程在当前数据库中创建固定数据库角色

    B. 当前数据库中的用户自定义角色可以用存储过程删除

    C. 不能将数据库用户账户添加为当前数据库中角色的成员

    D. public 角色可以被删除

【5】恢复数据库时不能省略的参数是_____。

    A. name　　　　　B. groupname　　　C. medianame　　D. database _name

二、填空题

【1】权限的种类包括　①　,　②　,　③　。

【2】向用户授予权限时使用　④　命令。

【3】权限管理包括　⑤　、　⑥　、或　⑦　语句权限和对象权限。

【4】恢复数据库的命令为　⑧　。

三、简答题

【1】请说明 restore database 命令各参数含义及用法。

【2】SQL Server 2008 的认证模式有几种? 各适应哪些情况?

第**17**章

数据库的发展与展望

前面第 6 章中已经提到：随着计算机技术的发展，数据管理技术经历了人工管理、文件管理、数据库系统管理 3 个阶段。本章主要介绍数据库系统的发展概况。

数据库系统的萌芽出现于 20 世纪 60 年代，当时计算机开始广泛地应用于数据管理，对数据的共享提出了越来越高的要求。传统的文件系统已经不能满足人们的需要，于是能够统一管理和共享数据的数据库管理系统应运而生，对于数据库管理系统不仅要求其具有一定的管理和控制功能，而且要求系统本身性能良好。

大家知道，数据模型是数据库管理系统的核心和基础，由数据结构、数据操作和完整性约束 3 部分组成。随着信息管理内容的不断扩展和信息技术的快速发展，出现了丰富多样的数据模型，如网状模型、层次模型、关系模型、面向对象模型和非结构化模型等，同时也产生了许多新的技术，如 XML 数据管理、Web 数据管理、数据流管理及数据挖掘等。

每种数据库管理系统都是基于某种数据模型的。在诸多模型中，基于关系模型的关系型数据库是数据库发展历史的主线。而从整体来看，那些看上去不太重要的数据库产品，有些曾经有过取代关系数据库的野心，有些曾经风靡个人应用领域，有些则只是过渡产品，还有些将在未来发挥重要的作用。纵观数据库市场，称之为群雄割据并不为过。

近年来，因不断增长的数据量和多样的数据类型应运而生的大数据，似乎否定了传统数据库在大数据市场的作用。大量创新型企业涌入大数据市场，威胁到传统数据库厂商的地位。

17.1 数据库技术的发展与现状

17.1.1 网状数据库

最早出现的是网状数据库管理系统。网状模型的数据结构如第 6 章所述。网状模型中以记录作为数据的存储单位。网状数据库是导航式数据库，用户在操作数据库时不但说明要做什么，还要说明怎么做。例如在查找语句中不但要说明查找的对象，而且要规定存取的路径。

世界上第一个网状 DBMS,也是第一个 DBMS,是美国通用电气公司 Bachman 等人在 1964 年开发成功的 IDS(Integrated Data Store)。它的出现为网状数据库奠定了基础,并在当时得到了广泛的应用。

1971 年,美国数据系统委员会中的数据库任务组(DBTG)提出了一个著名的 DBTG报告,对网状数据模型和语言进行了定义,并在 1978 年和 1981 年又进行了修改和补充,因此网状数据模型又称为 DBTG 模型。1984 年,美国国家标准协会(ANSI)提出了一个网状定义语言(NDL)的推荐标准。

在 20 世纪 70 年代,曾经出现过大量的网状 DBMS 产品。比较著名的有美国Cullinet 公司的 IDMS,Honeywell 公司的 IDSII,Univac 公司(后来并入 Unisys 公司)的DMS1100 以及 HP 公司的 IMAGE 等。

网状数据库模型对于层次和非层次结构的事物都能比较自然地模拟,在关系数据库出现之前,网状 DBMS 要比层次 DBMS 用得普遍。在数据库发展史上,网状数据库占有重要地位。

17.1.2 层次数据库

层次型数据库管理系统是紧随网状型数据库而出现的。层次模型的结构如第 6 章所述。层次模型也是按记录来存取数据的。在层次数据库中从一个结点到其双亲的映射是唯一的,所以对每一个记录型(除根结点外)只需要指出它的双亲,就可以表示出层次模型的整体结构。

最著名、最典型的层次数据库系统是美国 IBM 公司的 IMS(Information Management System)。1968 年,IBM 在 System/360 大型机上研制成功了最早的大型数据库系统产品IMS V1,这是业界第一个层次型 DBMS。从 20 世纪 60 年代末产生起,如今已经发展到 IMS V6,提供群集、N 路数据共享、消息队列共享等先进特性的支持,它只在 IBM 的专有机器中使用。在关系型数据库大行其道的今天,很多企业仍然还在使用该数据库,其生命力可见一斑。

17.1.3 关系数据库

网状数据库和层次数据库已经很好地解决了数据的集中和共享问题,但是在数据独立性和抽象级别上仍有很大欠缺。用户在对这两种数据库进行存取时,仍然需要明确数据的存储结构,指出存取路径。而后来出现的关系数据库较好地解决了这些问题。

关系数据库理论出现于 20 世纪 60 年代末到 70 年代初。如第 6 章所述,1970 年,美国 IBM 的 E. F. Codd 博士发表的《大型共享数据银行的关系模型》一文提出了关系模型的概念。后来他又陆续发表有关范式理论和衡量关系等多篇论文,用数学理论奠定了关系数据库的基础。

关系数据模型是以集合论中的关系概念为基础发展起来的。关系模型中无论是实体还是实体间的联系均由单一的结构类型"关系"来表示。对关系数据库的操作是高度非过程化的,用户不需要指出特殊的存取路径,路径的选择由 DBMS 的优化机制来完成。

说到关系数据库,不得不提到前面所讲到的 SQL 语言。SQL 语言自产生之日起,便成了检验关系数据库的试金石,而 SQL 语言标准的每一次变更都指导着关系数据库产品的发展方向。

关系数据库技术从 20 世纪 70 年代的出现,经过 80 年代的发展到 90 年代已经比较成熟,在 20 世纪 90 年代初期曾一度受到面向对象数据库的巨大挑战,但是市场最后还是选择了关系数据库。据统计,20 世纪 70 年代以来在新发展的 DBMS 系统中,将近 90%是采用关系数据模型,其中涌现出了许多性能优良的商品化关系数据库管理系统。例如,小型数据库系统 dBase、FoxBase、Foxpro、Access、Paradox 等,大型数据库系统 Ingres、DB2、Oracle、Informix、Sybase、SQL Server 等,还有国产数据库金仓 KingbaseES、达梦 DM 系列、神舟 OSCAR 及东软 OpenBASE 等。

近来,面对根据不断增长的数据量和多样的数据类型而出现的大数据,不得不提到 Hadoop 技术。Hadoop 是一个分布式系统基础架构,由 Apache 基金会所开发。Hadoop 框架最核心的设计就是 HDFS 和 MapReduce。HDFS 是分布式文件系统(Hadoop Distributed File System),具有高容错性的特点,可部署在低廉的硬件上;它能提供高吞吐量访问应用程序的数据,适合那些有着超大数据集的应用程序;HDFS 可以以流的形式访问系统中的数据。HDFS 为海量的数据提供了存储,而 MapReduce 为海量的数据提供了计算。随着大数据时代的到来,传统数据库厂商纷纷推出各自的大数据解决方案,这其中涉及最多的就是 Hadoop 技术。

下面分别简单介绍一些小型 PC 版关系数据库、比较流行的大型关系数据库、开放源码关系数据库和国产关系型数据库等。

1. 小型 PC 版关系数据库系统

dBASE 数据库。20 世纪 80 年代初,随着 PC 的风靡,数据库开始成为 PC 上的主要应用,其中最典型的就是来自美国 Ashton-TATE 公司的 dBASE。它的特点是功能简捷和易于使用,所以很快成为 20 世纪 80 年代中后期的主流 PC 版数据库系统,在鼎盛时期曾占据了 PC 数据库市场 80%～85%的份额,也正是 PC 版数据库系统造就了中国最早一批数据库管理技术人员。

FoxBASE 数据库,是美国 Fox 公司看到 dBASE 在性能和速度上的问题之后于 1994 年发布的 PC 版数据库。它与 dBASE 兼容,速度快于 dBASE,还引入了编译器。

Fox 公司更大的突破在于 1989 年推出的 FoxPro 1.0 和 1991 年推出的 FoxPro 2.0。FoxPro 1.0 首次引入了基于 DOS 环境的窗口技术 COM;FoxPro 2.0 则增加了 100 多条全新的命令与函数,第一次引入了 SQL 结构化设计语言,是一个真正的 32 位产品。它使得 FoxPro 的程序设计语言逐渐成为 xBASE(通常将 dBASE、FoxBASE、FoxPro 等统称为 xBASE)语言的标准。从文件组织来看,用 xBASE 建立的系统通常包含很多不同类型的文件,每一个表、程序、报表、查询、索引、菜单等内容都是以文件的方式存放在磁盘上的,可以通过项目文件对其他类型的文件进行组织与管理。xBASE 在技术上远远走在了 dBASE、Paradox、Clipper 等同期产品的前面。

Microsoft 公司兼并 Fox 公司得到了 FoxPro 后,将其发展为 Visual FoxPro。Visual

FoxPro 3.0 及以上版本和 Access 一样,都是采用基于事件处理和面向对象的程序设计方法,与传统 xBASE 的文件组织、数据类型、编程语言、编程方法等有较大的差异。FoxPro 与 Access 对数据库的组织同大型数据库系统的数据库组织非常相似,不同数据或程序元素称为对象,所有的对象都存储在一个物理文件中,而这个物理文件被称为数据库。

在 PC 版数据库中,Access 的地位有些特殊。刚开始时 Microsoft 公司是将 Access 单独作为一个产品进行销售的,后来 Microsoft 发现如果将 Access 捆绑在 Office 中一起发售,将带来更加可观的利润,于是 Access 成为 Office 套件中的一个重要成员。Microsoft 公司通过大量的改进,Access 的版本不断更新,功能也随之变得越来越强大。不管是处理公司的客户订单数据,管理自己的个人通讯录,还是大量科研数据的记录和处理,人们都可以利用它来解决大量数据的管理工作。

2. 大型的关系数据库系统

1) DB2 数据库系统

作为关系数据库领域的开拓者和领航人,IBM 研究中心于 1973 年启动了 System R 项目,旨在探讨和研究多用户与大量数据下关系型数据库的实际可行性。该项目的研究成果为 DB2 的问世打下了良好的基础。

DB2(database2)于 1983 年推出,起源于 System R、System R ∗ 等项目,基于 SQL 的 DB2 关系型数据库家族产品是 IBM 的主要数据库产品。

20 世纪 80 年代初,DB2 的发展重点放在大型主机平台(OS/390、VM、VSE、OS/400);从 20 世纪 80 年代中期到 90 年代初,DB2 已发展到中型机、小型机以及微机平台。

DB2 Common Server V2 于 1995 年发布,是第一个能够在多个平台上运行的关系型数据库产品,并能够对 Web 提供充分支持。Data Joiner for AIX 也诞生在这一年,该产品赋予了 DB2 对异构数据库的支持能力。

DB2 V2.1.2 于 1996 年发布,是第一个真正支持 Java 和 JDBC 的数据库产品。

DB2 UDB(通用数据库)是 1996 年由 DB2 更名而来的,是第一个支持多媒体和 Web 的关系型数据库管理系统。它具有很好的伸缩性,可以运行在所有主流的操作系统和硬件平台上。

DB2 UDB V5.2 于 1998 年发布,增加了对 SQLJ、Java 存储过程和用户自定义函数的支持。

DB2 于 2000 年集成了 DB2 XML Extender、Visual Warehouse 和 Data Joiner,使 DB2 成为业界第一个对数据库内置 XML 支持、具有内置的数据仓库管理功能和数据联邦功能的关系数据库。同时又为主机上的 DB2 提供了高效的管理工具,后来将这项业务扩展到 UNIX、Linux 和 Windows 平台。

IBM 于 2001 年收购了 Informix 的数据库业务,扩大了 IBM 的分布式数据库业务。

IBM 于 2002 年并购了 Tarian Software,加强了内容管理的功能。

DB2 UDB V6.1 是通用数据库的典范,是第一个具备网上功能的多媒体关系数据库管理系统。

DB2 UDB V7.1 重新定义了电子商务基础,XML 作为一个面向 B-B 电子商务的标准化架构,是电子商务的核心之一,对 XML 的集成可以很快捷地定义、存储和检索基于 XML 的文档,轻松实现 B-B 电子商务;与 Windows 2000 有良好的集成性,尤其是增加了对 OLE DB 的支持;通过标准 SQL 存储过程提高了移植能力;将数据仓库中心和 DB2 OLAP 工具集成到 DB2 中,使中小企业也可以轻松通过 GUI 来实现商业智能。

DB2 V8 作为面向下一代电子商务的关系型数据库,具备领先的性能、高可靠性和高扩展性,支持包括 Linux、Windows、AIX、Solaris、HP-UX、OS/400、OS/390 以及 Z/OS 等所有主流操作系统。

DB2 V9 于 2007 年发布,是第一个混合模式(关系型、层次型)数据库,既有关系模型,又有直接支持 XML 的层次模型。

虽然 IBM 是关系型数据库的创造者,对数据库的诞生和发展举足轻重,然而处在大数据的新时期,老牌关系型数据库也需要不断创新、迎接挑战。因为大数据不能用传统方法处理,传统关系型数据库起源于 OLTP 功能,能够保证数据准确记录;而大数据是新的应用,是 OLAP 的体现,这也是关系型数据库不能满足大数据的原因。为此,IBM 推出了大数据平台,包括 Hadoop 和 Stream Computing 两个组件,通过新的路径解决大数据的分析处理问题。大数据平台提供的是大数据管理和整合治理能力;大数据分析提供的是利用数据获取价值和洞察力的能力。

2) Oracle 数据库系统

Relational Software 公司成立于 1977 年。

1978 年开发完成 Oracle 1,它是用汇编语言开发的,基于 RSX 操作系统,运行在 128KB 内存的 PDP-11 小型机上,但没有正式发布。

1980 年正式发布 Oracle 2,它是基于 VAX/VMS 操作系统的。

1982 年发布 Oracle 3,主要用 C 语言开发,具有事务处理的功能。

1983 年 Relational Software 公司更名为 ORACLE 公司。

Oracle 4 于 1984 年推出,扩充了数据一致性支持,并开始支持更广泛的平台。

Oracle 5 于 1986 年推出,实现了真正的 Client/Server 结构,开始支持基于 VAX 平台的群集,成为第一个具有分布式特性的数据库产品。

Oracle 6 于 1988 年发布,引入了行级锁、不太完善的 PL/SQL(Procedural Language Extension to SQL)语言及联机热备份功能,使数据库能够在使用过程中创建联机的备份,极大地增强了可用性。同时在这一年,ORACLE 开始研发 ERP 软件。

Oracle 7 于 1992 年正式推出,增加了许多新的性能特性:增加了分布式事务处理功能、增强的管理功能、用于应用程序开发的新工具以及安全性方法;增加了存储过程、触发器和说明性引用完整性等,并使得数据库真正地具有可编程能力。

Oracle 8 于 1997 年 6 月发布,支持面向对象的开发及新的多媒体应用,也为支持 Internet、网络计算等奠定了基础,具有同时处理大量用户和海量数据的特性。

Oracle 8i 于 1998 年 9 月正式发布,"i"代表 Internet。它添加了大量为支持 Internet 而设计的特性;为数据库用户提供了全方位的 Java 和 SQLJ 支持;增加了 Oracle Inter Media(用于管理多媒体内容)以及 XML 等特性。同时,Oracle 8i 也大大提高了伸缩性、扩展性和可用性以满足网络应用的需要。接下来 ORACLE 陆续发布了 8i 的几个版本,并逐渐添加了一些面向网络应用的新特性。

Oracle 8 for Linux 于 1998 年 10 月发布，推动了开源运动的蓬勃发展。随后不久，ORACLE 又发布了 Oracle 8i for Linux。Oracle Application Server(OAS)4.0 也于 1998 年发布。

Oracle 9i 于 2001 年 6 月发布。在诸多新特性中，其最重要的是真正的应用集群 (Real Application Clusters,RAC),RAC 使得多个集群计算机能够共享对某个单一数据库的访问，以获得更高的可伸缩性、可用性和经济性。Oracle 9i 包含商务智能(BI)功能；Oracle 9i 第 2 版使 Oracle 数据库成为一个本地的 XML 数据库；还包括自动管理、Data Guard 等高可用方面的特性。

Oracle 10g 于 2003 年 9 月推出，"g"代表"grid(网格)"。Oracle Application Server 10g 已作为其集成套件。网格计算可以把分布在世界各地的计算机连接在一起，并且将各地的计算机资源通过高速的互联网组成充分共享的资源集成；通过合理调度，不同的计算环境被综合利用并共享。ORACLE 宣称 10g 可以作为网格计算的基础。

Oracle 11g 于 2007 年 7 月正式发布。它增强了 Oracle 数据库独特的数据库集群、数据中心自动化、信息生命周期管理、工作量管理等功能。用户可以在安全、高可用和可扩展的、由低成本服务器和存储设备组成的网格上满足最苛刻的交易处理、数据仓库和内容管理应用。

ORACLE 公司在传统数据库领域一直处于较领先地位，随着大数据时代的到来，ORACLE 意识到 Hadoop 在大数据处理方面的潜力，于 2011 年推出了以 Hadoop 为基础的大数据机(Big Data Application)。主要解决方案包括：在捕获大数据的环节，提供了 Oracle 数据库和 Oracle NoSQL 数据库两款产品；在大数据的组织环节，提供了 Oracle 大数据机、Oracle 大数据连接器和 Oracle Data Integrator 3 款产品；在大数据分析阶段，提供了 Oracle Exadata 数据库云服务器、Oracle Exalytics 商务智能云服务器、Oracle 数据仓库和 Oracle 高级分析等。

3) SQL Server 数据库系统

1987 年，Microsoft 和 IBM 合作开发完成了 OS/2,IBM 在其销售的 OS/2 Extended Edition 系统中绑定了 OS/2 Database Manager,而 Microsoft 的产品线中尚缺少数据库产品，处于不利的位置。

为此，Microsoft 将目光投向当时虽没有正式推出产品但已在技术上崭露头角的 Sybase,同 Sybase 签订了合作协议，使用 Sybase 的技术开发基于 OS/2 平台的关系型数据库，于是 Microsoft SQL Server1.0 于 1989 年发布。

1991 年，Microsoft 和 IBM 宣布终止 OS/2 的合作开发，不过 Microsoft 仍于 1992 年同 Sybase 合作推出了基于 OS/2 的 SQL Server 4.2 版。

同时，Microsoft 已经在规划基于 Windows NT 系统的 32 位版本了。1993 年，在推出 Windows NT 3.1 后不久，Microsoft 如期发布了 SQL Server 的 Windows NT 版，并取得了成功。

这时，Microsoft 和 Sybase 的合作出现了危机。一方面，基于 Windows NT 的 SQL Server 已经开始对 Sybase 基于 UNIX 的主流产品形成竞争；另一方面，Microsoft 希望对

SQL Server 针对 Windows NT 做优化,却由于兼容性的问题,无法得到 Sybase 修改代码的认可。经协商,双方于 1994 年达成协议,宣布双方将各自发展数据库产品,Microsoft 得到了自由修改 SQL Server 代码的许可,此后,Windows NT 成了 SQL Server 运行的唯一平台。

继 1995 年发布代号为 SQL 95 的 SQL Server 6.0 后,Microsoft 推出了 SQL Server 6.5。SQL Server 6.5 是一个性能稳定、功能较强大的现代数据库产品。该产品完全是使用 Windows 平台的 API 接口完成的,没有使用未公开的内部函数,可完全作为一个应用程序工作,不直接使用操作系统的地址空间。SQL Server 6.5 采用多线程模型,支持动态备份,内嵌大量可调用的调试对象,提供开放式接口和一整套开发、管理、监测工具集合,还提供了多 CPU 的支持。

1998 年年底 Microsoft SQL Server 7.0 发布,它摆脱了 Sybase 体系的框架,完全由 Microsoft 独立设计和开发,其体系结构与 6.5 版本迥然不同,但是保持了应用接口以上的兼容性,发布之后刷新了多项 TPC 纪录。

2000 年 10 月,Microsoft SQL Server 2000 正式发布,该产品的发布,使 Microsoft 拥有了与 ORACLE 一争高下的资本。

2005 年 11 月 SQL Server 2005 和 Visual Studio 2005 发布,SQL Server 2005 包括 Express、Workgroup、Standard 和 Enterprise 4 种新版本,可以更好地满足各个客户领域的需求。SQL Server 2005 在以下 3 个重要方面有了较大的增强:企业数据管理、开发人员效率和商业智能。

2008 年 8 月 SQL Server 2008 和 Visual Studio 2008 发布,SQL Server 2008 可以将结构化、半结构化和非结构化文档的数据(例如图像和音乐)直接存储到数据库中。它提供一系列丰富的集成服务,可以对数据进行查询、搜索、同步、报告和分析等操作。数据可以存储在各种设备上,从数据中心最大的服务器一直到桌面计算机和移动设备。它允许在使用. NET 和 Visual Studio 开发的自定义应用程序中使用数据,在面向服务的架构(SOA)和通过 Microsoft BizTalk Server 进行的业务流程中使用数据;可以通过日常使用的工具(例如 2007 Microsoft Office 系统)直接访问数据。SQL Server 2008 提供一个可信的、高效的智能数据平台,可以满足用户的数据需求。

2012 年 SQL Server 2012 和 Visual Studio 2012 发布,SQL Server 2012 引入了 Hadoop,帮助客户无缝存储和处理多种类型的数据,包括结构化、非结构化和实时数据。Microsoft 大数据解决方案可以总结为 SQL Server、Windows Azure 和 Hadoop。在数据管理层中主要包括 3 款产品:SQL Server、SQL Server 并行数据仓库和 Hadoop on Windows;在数据扩充层,提供了 Windows Azure Marketplace;从洞察力层面,提供了两款主要的产品,分别是 Office Powerpivot 和 SharePoint Power View。

4) Informix 数据库系统(2001 年被 IBM 收购)

Informix 公司于 1980 年成立,目的是为 UNIX 等操作系统提供专业的关系型数据库产品。公司的名称 Informix 便是取自 Information 和 UNIX 的结合。

Informix SE(Standard Engine)是 Informix 公司第一个真正支持 SQL 语言的关系数据库产品。它的特点是简单、轻便、适应性强,在当时的微机 UNIX 环境下,成为主要的数据库产品。它也是第一个被移植到 Linux 上的商业数据库产品。

Informix-OnLine 于 20 世纪 90 年代初推出,是为满足基于 Client/Server(客户端/服务器)环境下联机事务处理的需要而设计的。OnLine 的一个特点是数据管理的重大改变,即数据表不再是单个的文件,而是数据库空间和逻辑设备。逻辑设备不仅可以建立在文件系统之上,还可以是硬盘的分区和裸设备,由此提高了数据的安全性。

Informix Dynamic Server(IDS)于 1994 年推出,采用"动态可伸缩结构(DSA)",用多线程机制重新改写了数据库核心,克服了多进程系统性能的局限性。

1992 年,著名的数据库学者、Ingres 的创始人加州大学伯克利分校的 Michael Stonebraker 教授提出了对象关系数据库模型,1995 年,Stonebraker 及其研发组织加入了 Informix。

通用数据选件(Informix Universal Data Option)于 1996 年推出,它是一个对象关系模型的数据库服务器,是为适应 Internet/Web 等应用而推出的。它与其他厂商中间件的解决方案不同,从关系数据库服务器内部的各个环节对数据库进行面向对象的扩充;将关系数据库的各种机制抽象化、通用化。它采用了 Dynamic Server 的所有底层技术,允许用户在数据库中建立复杂的数据类型及用户自定义的数据类型,同时可对这些数据类型定义各种操作和运算以实现对象的封装。

IDS. 2000 于 1999 年推出,是 Informix 进一步将 Universal Data Option 进行优化后,为用户自定义数据类型和操作过程提供的完整的工具环境。它在传统事务处理的性能方面超过了以往的 Dynamic Server。它的另一重大贡献在于抽象化数据库的访问方法(索引机制和查询优化)并将其中接口开放。所有用户自定义的数据类型、操作、索引机制都将被系统与其内置的类型、操作和索引机制同等对待。IDS. 2000 将所有数据库操作纳入标准数据库 SQL 的范畴,在形式上与传统关系数据库完全兼容,但适应了"数据"概念拓展的需求,成为真正的通用数据库。

Informix Internet Foundation 2000 是 Informix 在 IDS. 2000 之上增加了一系列核心扩展模块构成的面向 Internet 的多功能数据库服务器。

2001 年,Informix 的数据库业务被 IBM 收购。Informix 的数据库技术融入到了 IBM 的数据库技术中。

5)Sybase 数据库系统(2010 年被 SAP 收购)

Sybase 公司成立于 1984 年,公司名称"Sybase"取自"system"和"database"相结合的含义。Sybase 公司的创始人之一 Bob Epstein 是 Ingres 大学版的主要设计人员。

Sybase SQL Server 1. 0 于 1987 年 5 月推出,是公司的第一个关系数据库产品。

Sybase 公司首先提出了 Client/Server 数据库体系结构的思想,并率先在自己的 Sybase SQL Server 中实现。Sybase SQL Server 将数据库和应用划分为几个逻辑功能:用户接口(User Interface)、表示逻辑(Presentation Logic)、事务逻辑(Transaction Logic)、数据存取(Data Access)。将事务逻辑和数据存取放在服务器一侧处理,而把用户接口、表示逻辑放在客户机上处理。

Sybase Open Client/Open Server 于 1989 年发布,为不同的数据源和多种工具和应用提供了一致的开放接口,为实现异构环境下系统的可互操作提供了非常有效的手段。

Sybase SQL Server 10.0 于 1992 年 11 月发布,将 SQL Server 从一个 Client/Server 系统推进到支持企业级的计算环境。它增加了许多新的特点和功能:修改过的 Transact-SQL 完全符合 ANSI-89 SQL 标准及 ANSI-92 SQL 标准;增强了对游标的控制,允许应用程序按行进行存取数据,也允许整个数据双向滚动;引入了阈值管理器等。

Sybase SQL Server 11.0 于 1995 年推出。除了继续对联机事务处理提供强有力的支持外,它还增加了不少新功能以支持联机分析处理 OLAP 和决策支持系统。

Sybase 于 1997 年 4 月发布了 Adaptive Component Architecture(ACA,适应性体系结构)。ACA 是一种三层结构:客户端、中间层和服务器。每一层都提供了组件的运行环境,ACA 结构可以按照应用需求方便地对系统的每一层进行配置,以适应不断变化的应用需求。

Sybase ASE11.5 是 Sybase 为了与 ACA 体系结构相适应,将 SQL Server 重新命名为 Adaptive Server Enterprise(ASE)得到的。ASE11.5 显著增强了对数据仓库和 OLAP 的支持,引入了逻辑进程管理器,允许用户选择对象的运行优先级。

ASE11.9 于 1998 年推出,引入了数据页锁和数据行锁两种新型的锁机制来保证系统的并发性和性能,在查询优化方面也得到了改进。

ASE12.0 于 1999 年推出,提出了"Open Door"计划,以满足随着 Internet 的发展,企业建立门户应用的需求。ASE12 提供了对 Java 和 XML 的良好支持;通过完全支持分布事务处理的业界标准,保证分布事务的完整性,内置高效的事务管理器支持分布事务的高吞吐量;采用了群集技术减少意外停机时间;提供了对 ACE 和 Kerberos 安全模式的支持;提供了联机索引重建功能,在索引重建时,表中的数据仍可被访问;增加了查询优化算法,可以显著提高多表连接查询的速度,进行更有效的性能优化;提供对一个完整的标准 Internet 接口的支持。

Sybase 于 2005 年发布了 ASE15,它有一些新的特点:数据分区和下一代查询程序,将大幅减少海量数据库空间管理和查询的复杂程度,实现了存储产品和下一代硬件增强的可扩展性;对本地 XML 处理、实时消息和本地 Web Services 的深层支持,为开发人员提供了更大的灵活性,并提高了开发效率;在存储层提供了本地数据加密功能,最大化地保证了安全性。

2005 年 Sybase 公司还发布了一个部署在 Linux 上的免费限制版:Sybase ASE Express 版,采用和 Sybase ASE RDBMS 数据库同样的技术。新 ASE Express 版对开发和生产用途是免费的,但对数据库的安装和数据总存储量等有些限制。

2010 年企业管理软件供应商 SAP 公司收购了 Sybase,SAP 开始成为数据库界一颗新星。SAP 将数据库技术作为 2012 年重点发展领域之一,形成了以 SAP HANA 为核心,以 SAP Sybase 数据库为基础的大数据战略。在这一战略中,特别重要的一环就是 Hadoop。通过 SAP HANA 和 SAP Sybase IQ 与 Hadoop 的集成,增强对 Hadoop 等大数据源的获取能力,并提供深度集成的预处理基础架构。

6) Teradata 数据仓库系统

1979 年 7 月 Teradata 成立于 Calif 的 Brentwood 的一个车库里。这个名字的本意就是想支持 Tera bytes 数据的存储。那时还没有 TB 级的数据库,也算是有雄心壮志了。

1983 年,Beta 版本出现。1987 年,Teradata 开始开发 IPO。

1989 年,Teradata 与 NCR 合作,一起开发下一代数据库。

1991 年 9 月,NCR 被 AT&T 并购,同年 12 月,NCR 宣布收购了 Teradata。

1992 年,第一个 TB 级的数据库在华尔街出现,即 Teradata。

1997 年,AT&T 宣布剥离 NCR,于是 NCR 又成了独立的公司。同时,Teradata 开始做自己的 CRM 产品。

1998 年,Teradata 移植到 Windows NT 平台。

1999 年,有一个客户拥有 130TB 的数据,分布于 176 个结点上。

2000 年,Value Analyzer 产品出名,同时,NCR 又收购了 Ceres Integrated Solutions,重新打造新一款 Teradata CRM 产品。紧接着又出现了 DCM(供应链管理)产品。

2002 年,Teradata Warehouse 7.0 发布。

2003 年,提供 oracle-to-teradata 移植程序,结果很多客户选择 teradata 作为数据仓库产品。

2005 年,Teradata Warehouse 8.1 发布。

2007 年,NCR 宣布分成两个独立的子公司:NCR 和 Teradata。Teradata 又独立了。

Teradata 算是一款很好的数据仓库产品,它的市场份额快与 Sybase ASE 相抗衡,也算是数据库大厂商了。

随着大数据时代的到来,Teradata 也加入了 Hadoop 行列。

3. 开放源码数据库

事实上很多开放源码数据库从技术上来说并没有太多特别之处,人们看重它们更多的是因为其开放源码模式。该领域的竞争主要在 PostgreSQL、MySQL 和 MaxDB 之间展开,后来又加入了 Ingres 数据库。

1) Ingres 数据库

Ingres 始于 1977 年,在加州大学伯克利分校诞生,主要设计者是当时大名鼎鼎的 Michael Stonebraker 教授,他致力于关系型数据库技术项目的研究。该项目主要研究用抽象的关系语句来描述数据,大大提高了人类对数据的抽象描述能力。可以说 Ingres 数据库软件是 20 世纪 80 年代技术上最好的数据库。

Ingres 使用的是 Stonebraker 发明的 QUEL(Query Language)的查询技术,这和 IBM 的 SQL 大不相同,在某些地方 QUEL 甚至要优于 SQL。IBM 当时担心 Ingres 把 QUEL 变成标准会对自己不利,经过一番衡量,决定把自己的 SQL 提交给数据库标准委员会。而 Stonebraker 教授却不打算把 QUEL 提交给数据库标准委员会,学院派的他认为这么做实际上是扼杀了创新精神。鹬蚌相争,渔翁得利,当时的竞争对手 ORACLE 看到并抓住了这个机会,大肆宣布 ORACLE 全面与 SQL 兼容,并对 Ingres PC 上的版本进行攻击,再加上 ORACLE 公司销售上的强势,Ingres 不断丢失城池,等到后来推出支持 SQL 的数据库的时候为时已晚。

Ingres 的项目研究于 1985 年结束。其研究成果后来被一家叫 Relational Technologies 的公司拿去做成了商品软件,后来这家公司又被 Computer Associates(CA)收购,其后来又陆续发布了 Ingres II等版本。

由于 Ingres 数据库产品市场占有率较低，为提高使用率，CA 决定推出以 Ingres 数据库为核心的开放源代码产品发展计划。2004 年 5 月，CA 宣布开放 Ingres 数据库；同年 8 月，正式公布了 Ingres r3 数据库源代码。这是业界第一次大型企业软件供应商直接与开放源代码社团合作，共同提供企业级数据库技术。

Ingres r3 是一款经过验证的强大的数据库平台，为用户提供了超强的性能、可扩展性和可管理性。其新功能包括：高可用性集群；可升级数据库集群；表分区和索引功能；并行查询处理；在线表和索引识别；充分利用 64 位环境资源的能力；全面支持 Unicode 格式等。Ingres r3 可以在异构环境中与其他应用程序和数据进行无缝集成。随着 Linux 在企业 IT 环境中的渐趋流行，这一集成功能具有尤其显著的意义，而且在企业进行收购或并购时，这一集成功能尤为重要。其易于集成的特点还使它能够与多种应用开发工具一起使用。此外，Ingres 还特别适用于嵌入式应用，因为它使用的是行业标准的连接选件，支持开发人员在 J2EE 框架、.NET 环境，或者是同时在两个环境下工作。另外，Ingres r3 还将有 Windows、UNIX 和 OpenVMS 版本。

2）PostgreSQL 数据库

PostgreSQL 前身最早可追溯到 Ingres 数据库，从 1986 年开始，BSD 的 Michael Stonebraker 教授领导了称为 Postgres 的"后 Ingres"项目的研究，主要目的是数据库管理系统的更高级研究。这个项目的成果是非常巨大的，在现代数据库的许多方面都做出了大量的贡献，例如，在面向对象的数据库、部分索引技术、规则、过程和数据库扩展等方面都走在了数据库管理系统的前列。

Postgres 在 1989 年发布了第一个版本，因为是 BSD 版权，所以很快在各种研究机构和一些公众服务组织里广泛使用起来，由于众多用户使 Postgres 变得更多的是维护代码和打补丁，而日益背离了原先的数据库管理系统的研究目标，因此到了 1994 年，Postgres 在版本 4.2 的时候正式终止。

而 Postgres 的许多成果则转化到一个商业公司 Illustra 中，后来 Illustra 被 Informix 收购。

Postgres 并没有因为 Postgres 项目的终止而停止发展，而是获得了一次新生。在 1994 年，两名 BSD 的研究生 Andrew Yu 和 Jolly Chen 在做研究生课题的时候，向 Postgres 里增加了现代 SQL 语言的支持，替代了原来的 Postquel 语言。1995 年，他们把这个版本的 Postgres 命名为 Postgres 95，并且继续发布了几个版本，增强了一些特性。到了 1996 年，Andrew Yu 和 Jolly Chen 相继离开 Postgres95 的开发队伍。

在一些加拿大自由软件开发者的发起下，Postgres 项目的研究又迈入了新的历程——PostgreSQL。后来参与的人越来越多，逐渐成为了一个由近 20 个国家的近 40 名研发者组成的团体共同开发的自由软件项目。PostgreSQL 重新把版本号放到了原先 Postgres 项目的顺序中去，Postgres95 算 5.0，从 PostgreSQL 6.0 开始，经过五年多的协作开发，可以说是成为了目前世界上最先进，功能最强大的自由软件的数据库管理系统。

目前，PostgreSQL 7.3 基本稳定，具有非常丰富的特性和商业级数据库管理系统的质量。而即将到来的 7.4 版本又将是一次飞跃，将向高质量、大型数据库管理系统的方向又迈进一步。

3）MySQL 数据库

说到 MySQL，就不得不提 mSQL(mini SQL)，它是一种小型的关系数据库，性能不是太好，对 SQL 语言的支持也不够完全，但对一些小型数据库应用足够了。MySQL 是 mSQL 的一个变种，性能有较大的提高。

MySQL 1.0 于 1996 年初发布，只面向一小拨人，相当于内部发布。

MySQL 3.11 于 1996 年 10 月发布，只提供了 Solaris 下的二进制版本；一个月后，Linux 版本出现了。紧接下来的两年里，MySQL 依次移植到各个平台下。

MySQL 3.23 是历经较长时间的开发后发布的稳定版本。它增加了全文搜索、复制、事务处理等功能。这是 2000 年 6 月 MySQL 以 GPL 版权形式发布的第一个稳定版本。

MySQL 4.1 于 2004 年 10 月发布。它以先进的查询功能、更快更灵活的 Client/Server 通信及新的安装和配置工具为特色；改进了安全性；增加了国际字符和地理数据支持；子查询和导出表功能允许用户更容易地搜索复杂数据集；适用于 Linux 和 Windows 的新 GUI 安装工具和配置向导使数据库设置和优化更容易。

MySQL 5.0 于 2003 年 12 月发布，开始有存储过程、触发器和视图等。

2008 年 1 月 MySQL 被 Sun 公司收购。

MySQL 5.1 的第一个 Beta 版是于 2005 年 11 月发布的，到 2008 年 12 月终于发布了 MySQL 5.1.30 正式版。其新的特性包括：表格/索引分区，基于行的复制，新插件架构，事件调度器，可插入 API，服务器日志表，升级程序，MySQL 集群，表格空间备份，新的查询分析器以及大量的性能改进等。

2009 年，ORACLE 通过收购 Sun 获得了 MySQL 的版权，业界就担心 MySQL 的未来发展。而 ORACLE 在收购时就曾表态，会比 Sun 投入更多的精力来开发 MySQL。目前看来，至少 MySQL 社区版和第三方版本的发展并没有受到收购的影响，MySQL 的商业版本也在持续的改进和更新中。

2013 年年初，ORACLE 发布 MySQL 5.6 正式版。它通过提升 MySQL 优化诊断来提供更好的查询执行时间和诊断功能；通过增强 InnoDB 存储引擎来提高性能处理量和应用可用性；通过 MySQL 复制的新功能以提高扩展性和高可用性；并且拥有许多新增强功能，包括地理信息系统、精确的空间操作、增强的 IPv6 合规性和优化服务器的默认设置。

凭借增强的性能、可扩展性、可靠性和可管理性优势，MySQL 5.6 可帮助用户满足最苛刻的网络、云和嵌入式的应用需求。通过子查询优化、在线数据定义语言(DDL)操作、NoSQL 访问 InnoDB、新的性能架构检测以及更好的条件处理，MySQL 5.6 可极大提高开发人员的灵活性。

另外，为了迎合大数据时代，在 MySQL 5.6 正式版中，增加了一些 NoSQL 特性，并支持 Hadoop。

系统可通过 Memcached API 对 InnoDB 的 NoSQL 灵活地访问，提供了 InnoDB 数据的简单、关键值查找。由此可见 NoSQL 对关系数据库的确产生了巨大的影响，MySQL 的这一举动可以让开发人员更加方便地使用 NoSQL 和关系数据库。

MySQL 团队最新推出了 MySQL Applier for Hadoop(以下简称 Hadoop Applier)，希望

解决从非 MySQL 服务器复制数据的问题。在 Hadoop Applier 之前,还没有任何工具可以执行实时传输。而 Hadoop Applier 则会读取二进制日志,只应用 MySQL 服务器上发生的事件,并插入数据,不需要批量传输,操作更快,因此并不影响其他查询的执行速度。

总之,MySQL 是业界最优秀的一款开源关系型数据库软件,拥有大批追随者,他们不仅使用 MySQL,也为 MySQL 社区做贡献,形成一个良好的生态系统。

4)MariaDB 数据库

MariaDB 由 MySQL 的创始人 Michael Widenius 主导开发,他早前曾以 10 亿美元的价格,将自己创建的公司 MySQL 卖给了 Sun,2009 年 Sun 被 ORACLE 收购,MySQL 的所有权落入 ORACLE 手中。

据说在 ORACLE 控制下的 MySQL 开发,有两个主要问题:①MySQL 核心开发团队是封闭的,完全没有 ORACLE 之外的成员参加,很多高手即使有心做贡献,也没办法做到;②MySQL 新版本的发布速度,在 ORACLE 收购 Sun 之后大为减缓,有很多 bugfix 和新的 feature,都没有及时加入到发布版本之中。以上这两个问题,导致了各个大公司都开发了自己定制的 MySQL 版本。

MySQL 之父 Widenius 离开 Sun 之后,觉得依靠 Sun/ORACLE 来发展 MySQL,实在很不靠谱,于是决定另开分支,这个分支的名字叫作 MariaDB。MariaDB 名称来自 Michael Widenius 的女儿 Maria 的名字。

MariaDB 数据库管理系统是 MySQL 的一个分支,主要由开源社区在维护,采用 GPL 授权许可。MariaDB 跟 MySQL 在绝大多数方面是兼容的,包括 API 和命令行,使之能轻松成为 MySQL 的代替品。对于开发者来说,几乎感觉不到任何不同。在存储引擎方面,MariaDB 使用 XtraDB 来代替 MySQL 的 InnoDB。

目前 MariaDB 是发展最快的 MySQL 分支版本,其新版本发布速度已经超过了 ORACLE 官方的 MySQL 版本。

4. 国产数据库

国产数据库虽然在过去发展中一直受到国家的支持,但由于起步较晚,与国外主流数据库之间的差距还较大。前不久的"棱镜门"事件又一次让国人深刻认识到发展国产软件的重要性,也被认为是国产数据库发展的重要契机。

国产数据库相对来说起步较晚,1976 年萨师煊教授将数据库概念引入国内,此后陆续在全国讲学,并在中国人民大学开设数据库课。

20 世纪 80 年代,国外数据库技术达到成熟阶段,我国则处于学习阶段,请外国专家来华讲学,中国专家出国进修。

20 世纪 90 年代,得到国家攻关、863 高技术项目及国家自然基金的支持,我国逐步进入数据库研究、开发和应用阶段。

21 世纪以来,我国立足于应用,进入产品开发、应用集成阶段,自主开发了数据库系统,科研逐步与国际研究方向同步。

在国产数据库的阵营中,有 4 家厂商的产品不得不提,分别是北京人大金仓信息技术有限公司的通用数据库管理系统 KingbaseES、武汉达梦数据库有限公司的 DM 系列、南大通用数据技术有限公司的数据库 Gbase 和神舟通用软件公司的神通数据库。

随着大数据时代的到来,国产数据库与国外数据库站在同一起跑线上,获得同样的机遇。

1) 金仓数据库 KingbaseES

1999 年,由中国人民大学及一批最早在国内开展数据库教学、研究和开发的专家发起创立了北京人大金仓信息技术有限公司。它是中国自主研发数据库产品和数据管理解决方案的领军企业,先后获得中国电子科技集团公司(CETC)旗下普华基础软件股份有限公司和太极计算机股份有限公司的战略注资,是 CETC 的成员单位,被纳入 CETC 整体发展战略。

人大金仓公司积极与中软、红旗等国内 Linux 厂商合作,在研发的国产数据库产品"金仓数据库管理系统 KingbaseES"中专门推出了基于中软、红旗等国产 Linux 操作系统的版本,并实现了具有典型代表意义的实际应用。

人大金仓主要产品包括金仓企业级通用数据库、金仓安全数据库、金仓商业智能平台、金仓数据整合工具、金仓复制服务器、金仓高可用软件,覆盖数据库、安全、商业智能、云计算、嵌入式和应用服务等领域,在高性能、分布式处理、并行处理、海量数据管理、数据库安全、数据分析展现等数据库相关技术方面凸显优势,引领国产数据库及相关领域的发展。

KingbaseES 在研发过程中始终坚持以技术突破为核心,以产品化为重点,通过实践切实掌握了大量 DBMS 核心技术,并在一些关键技术上实现了突破和创新。SQL 语言标准全面超过国外主流产品,TPC-C/TPC-W 性能指标与国外主流产品相当。

人大金仓企业级通用数据库 KingbaseES 具有大型通用、"三高"(高可靠、高性能、高安全)、"两易"(易管理、易使用)、运行稳定等特点。

KingbaseES 面向企业级关键业务应用,充分满足数据库系统高稳定性、高可靠性以及高性能的要求,内置高可用功能,提供高效查询优化策略和多样化数据缓存机制,支持并行处理和集群架构,具备完备的数据分区支持和海量数据管理能力,提供直观易用的系统监控手段,并与第三方数据库高度兼容,广泛支持业内主流中间件及其他应用。

KingbaseES 支持的数据库高可用性技术包括物理日志/逻辑日志数据复制技术、高可用多机热备技术、容错技术和备份恢复技术。

KingbaseES 系统采用多种手段来提升系统性能,解决了诸多的关键技术,包括支持多用户并发的多线索体系结构、支持多用户并发的高性能事务处理机制、高效的磁盘 I/O 系统设计、高效的数据缓存技术、支持海量数据管理的数据紧缩技术以及支持大规模并发的并行处理技术(MPP)等。

KingbaseES 高安全版本除具有自主存取控制(DAC)功能外,还实现了强制存取控制(MAC)功能和更为完善的安全审计功能,达到了 TCSEC 标准 B2 级和中国人民解放军军 B 级认证的要求。从用户需求角度出发,KingbaseES 高安全版本还实现了"三权分立"的机制。

KingbaseES 具有海量数据管理能力,并支持云计算运算模式,支持可扩展的逻辑和物理存储结构,每个服务器可以支持多个单独运行的数据库实例,每个实例可以管理多个独立的数据库,单结点管理能力可达 10TB 以上。通过支持由多台计算机组成的并行分布式云数据集群,适应云计算环境下分布式海量数据处理场景,将数据存储和处理并行分布,为用户提供面向云计算环境下的并行分布式集群解决方案。

在产品兼容性方面,KingbaseES 支持 SQL92、SQL2003 标准数据类型,提供自动化数据迁移工具,可实现与 Oracle、DB2、SQL Server、Sybase 等国外主流数据库产品进行数据迁移,不会产生任何长度和精度损失。对服务器、接口、工具等各组件全面改进,保障了与 Oracle 等数据库产品的兼容性,缩小产品之间的差异,减少了现有应用移植和新应用开发的成本,降低了数据库系统管理员、应用开发人员等学习和使用 KingbaseES 的难度。

在产品易用性方面,KingbaseES 有多种图形化管理工具,包括企业管理器、查询分析器、控制管理器、物理备份恢复工具、逻辑备份还原工具、系统监控工具、Web 管理平台等;对各类界面工具进行独特的人性化设计,方便使用者管理;提供丰富的数据库访问接口,如 JDBC、ODBC、OLEDB、DCI、PERL、PHP、ESQL、NDP 等;具有自动安装部署、操作简便等特点,且具有良好的环境适应性。

2012 年 5 月,KingbaseES V7 率先通过公安部结构化保护级(第四级)的安全认证并获得销售许可证,成为第一家获得该标准认证的国产数据库企业,超越了国外同类数据库产品的安全级别,成为安全数据库的代表。目前,包括 Oracle、SQL Server、DB2 等在内的所有国外数据库产品,最高只达到 EAL4 级的安全级别;金仓数据库此次率先通过安全四级,意味着以金仓数据库为代表的国产数据库的安全级别已经超越了国外同类数据库产品,这对构建我国自主可控的信息安全体系具有重大意义。

为了迎接大数据时代对海量数据分析提出的技术挑战,继发布金仓数据库 KingbaseES V7 和金仓商业智能统一平台 KingbaseSmartBI V2 之后,人大金仓公司全新推出面向商业智能和在线数据分析应用领域的高性能 10TB 级海量数据库管理系统:金仓分析型数据库——KingbaseES V7 分析版。

KingbaseES V7 分析版从架构上可以分为 3 层。最底层是数据存储层,主要完成存储管理、封锁、并发控制、事务管理、日志管理等功能;第二层是执行引擎层,主要完成 SQL 接口底层实现、解析、优化和并行处理等功能;最上层是接口层,主要包括各种数据库访问接口以及数据库管理工具和开发工具的支持。

KingbaseES V7 分析版内置行、列两大数据存储和执行引擎,提供高效的透明数据压缩和并行数据装载能力。按列存储有效适应海量数据分析应用对数据列敏感的业务场景,将对列的聚集操作和更新等操作,分别转化为对磁盘的顺序读和顺序写,从而从核心层面有效降低数据 I/O,加速数据查询处理性能;同时,按列存储可以获得 $10\sim40$ 倍以上的高效透明的垂直数据压缩能力,有效降低数据存储开销,减少数据装载和 I/O 的时间,从而降低现代企业数据中心的总体构建和运维成本,提升业务运行效率。集成高性能并行处理技术和丰富的 OLAP 优化手段,可以灵活应对 OLAP+OLTP 混合业务场景。

金仓分析型数据库有效继承金仓通用数据库在数据类型、函数、SQL 以及与第三方数据库兼容性上的丰富支持能力,提供统一一致的开发接口和管理界面,有效降低学习、开发和维护成本,保证业务应用的平滑迁移。

十多年来,人大金仓一共完成了 12 个版本的产品,数据库产品有军用版、安全版、企业版、标准版、单机版、嵌入版。产品覆盖了电子政务、电子党务、国防军工、金融、保险、电力、财务、交通、审计、卫生、教育、制造业、水利、农业等多个领域。目前,人大金仓酝酿并提出了"人大金仓大数据中心一站式服务"战略,为用户提供数据的存储、管理、分析与展现及相关的服务和解决方案。

2) 达梦数据库 DM

2000 年 11 月,依托于华中科技大学达梦数据库与多媒体研究所和华中理工大学成立了武汉达梦数据库有限公司,总部位于武汉。2008 年,中国软件与技术服务股份有限公司注资达梦数据库,成为公司第一大股东。

达梦数据库是大型通用数据库管理系统,从 1988 年起,先后有多种数据库产品问世。

我国第一个具有自主版权的数据库管理系统 DM1。1988 年达梦公司研制了我国第一个具有自主版权的数据库管理系统 CRDS。以此为基础,在国家有关部门的支持下,又将数据库与人工智能、分布式、图形、图像、地理信息、多媒体、面向对象、并行处理等多个学科领域的技术相结合,研制了各种数据库管理系统的原型,这些原型系统从体系上分有单用户、多用户、集中式、分布式、C/S 结构;从功能上分有知识数据库、图形数据库、地图数据库、多媒体数据库、面向对象数据库、并行数据库、安全数据库等。

我国第一个具有自主版权的、商品化的分布式数据库管理系统 DM2 于 1996 年问世,是在 12 个 DBMS 原型系统的基础上,汇集了当时最先进的设计思想,重新设计的综合DBMS。DM2 的研制完全按软件工程的规范控制研制开发,文档资料共有 2000 多万字。在开发的关键阶段,如需求分析、概要设计和详细设计都请专家评审,此外还严格把握测试关。DM2 在混合数据模型、扩展的多媒体和 GIS 数据类型等技术上有所创新,在并发控制、共享更新、故障恢复、索引技术等方面具有特色。DM2 经过大数据量,长时间的考核运行,证明稳定性和可靠性达到了相当好的程度。

863 重大项目目标产品 DM3。2000 年,达梦公司推出达梦数据库管理系统 DM3,在安全技术、跨平台分布式技术、Java 和 XML 技术、智能报表、标准接口等诸多方面,又有重大突破。DM3 在众多行业尤其是 Internet 领域(如网站、电子支付、电子政务)和安全应用领域迅速得到应用。

技术性突破产品 DM4。2004 年 1 月,达梦公司正式推出 DM4。DM4 采用新的体系结构,重新设计了数据存储、并发控制、事务处理、查询优化和执行等核心模块。DM4 特别加强了对 SMP 系统的支持,以更好地利用多 CPU 系统的处理能力,使多用户并发处理更平稳、流畅。DM4 是大型通用的数据库管理系统软件,在功能、性能上已经赶上国外同类产品(如 Oracle 9i、SQL Server 2000 等),某些方面还具有优势。DM4 更安全、更标准、更易用,具有低成本、高性能和本地化优势,支持大规模数据存储管理,能满足大中小型应用需求(如典型的联机事务处理、电子商务、电子政务等)。

DM5.0 于 2006 年 3 月 10 日正式发布。DM5.0 在 DM4.0 已有的工作基础上,重点在系统性能、安全性、可靠性以及产品化方面进行了改进。另外,DM5.0 还根据国际上未来发展趋势和市场需求增加了一些实用的功能,经历了许多实际项目的考验,在稳定性、功能、性能、安全性和可扩展性等方面满足应用开发的需求。

DM5.6 是达梦公司于 2007 年发布的产品。它除了拥有 DM5.0 的一切良好特性之外,在标准支持、性能优化、可靠性、安全性、易用性、可扩展性等方面有更大的突破性进展和提高,在行业应用方面更加实用。

2009 年,推出了高性能数据库产品 DM6。它具有开放的、可扩展的体系结构,以及高可靠性集群、完整的数据复制、高性能等功能特性,并且具有低廉的维护成本。DM 是自主开发的产品,具有完全自主版权和较高的安全级别。DM 可以跨越多种软硬件平台,具有大型数据的综合管理能力,是高效稳定的国产数据库管理系统。

2012 年发布的 DM7,被称为"云数据库",是能够支持"云计算"的大型数据库管理系统。针对大数据时代的特征,DM7 做出很多改变,其中最为重要并最具创新性的特性有:具备大规模并行计算(MPP)技术、海量数据分析技术、大规模并发处理技术、行列混合储存和高安全性。

DM7 是在总结 DM 系列产品研发与应用经验的基础上,吸收主流数据库产品优点,学习适应 OLAP 应用的专用数据库技术,采用类 Java 的虚拟机技术,重新设计的新一代数据库产品。

DM7 特点之一是与 Oracle 兼容,具有 PL/SQL 几乎所有特性;特点之二是要具有高性能 OLTP 支持,支持传统的交易型应用,应用更广泛。现有达梦的应用多属 OLTP,DM7 擅长高并发 OLTP;特点之三是具有高性能数据分析 OLAP,重新构思 DM7 的源动力就是要支持数据分析、大规模并行计算 MP 和大数据使用等。

与此同时,为打造一个高性能的数据库,达梦还制作面向栈的 PL/SQL 指令虚拟机、多版本并发控制器 MVCC 功能,同时采用 PL 调试、大量 V 动态视图、安全特性、内存分片、复杂索引、高速装载等技术。在 DM7 MPP 系统架构中,还可以实现主备切换以及高速邮件系统中应用,还具有执行节点(EP)、交叉数据守护、灵活的数据分布方式、并行数据加载、并行执行流程、并行执行计划等多项功能。

达梦数据库是通过国家安全三级认证(2001 年)、通过 10TB 数据库容量测试(2005 年)的数据库产品,现已成为通过 100TB 数据库容量测试和中国人民解放军军 B 级认证的数据库产品。

达梦数据库产品已成功用于我国国防军事、公安、电力、电信、审计、交通、电子政务、税务、国土资源、制造业、消防、电子商务等 20 多个行业及领域,在华中、华南地区具有比较明显的优势。

3) 南大通用数据库 GBase

2004 年 5 月,南开大学下属的天津南开创元信息技术有限公司与吉林大学共同出资组建了南大通用数据技术有限公司,其总部位于天津。

南大通用以数据处理与数据安全技术为核心竞争力,依据企业自我开发和引进先进技术相结合的方针,不断开发科技含量高、附加值较大、市场急需的具有自主品牌的软件产品,为我国电子政务、电子商务、信息安全等领域提供基础产品支撑和专业服务。

南大通用 GBase 8a 分析型数据库的主要市场是商业分析和商业智能市场。产品主要应用在政府、党委、安全敏感部门、军事部门、统计、审计、银监、证监等领域,以及电信、金融、电力等拥有海量业务数据的行业。

GBase 8a 集群产品主要市场定位为满足在 10TB 到 PB 级海量数据级别中,可提供高速查询分析,同时可实现 7 * 24 高可用性,2000 至 10 000 及以上高并发,在线平滑扩展等市场需求。

GBase 8m/Altibase 是面向高并发、事务密集型业务场景,满足客户对数据高速处理需求的高性能内存数据库。GBase 8m/Altibase 满足国际 SQL92 标准,是完全标准化的关系型数据库。从应用程序开发和使用的角度,GBase 8m/Altibase 和传统的 Oracle、DB2 等关系型数据库的概念、功能和使用方法完全相同。但从软件内部设计和实现上,GBase 8m/Altibase 采用内存为存储介质,对内存中数据管理进行了革命性的设计和优化,使得业务处理速度显著提高,性能是传统磁盘数据库(Oracle、DB2 等)的 10 倍以上。

南大通用目录数据库 GBase 8d 是国产目录数据库的第一品牌,在 PKI/PMI 市场占有率达 80% 以上,在市场、技术、服务和资质等各方面处于领先地位。

GBase 8s 安全数据库系统主要适用于涉密信息系统、信息系统安全等级保护要求中规定的三级以上信息系统、国民经济支柱行业核心信息系统以及其他信息系统等对数据管理具有高安全需求的领域。

GBase ETL 工具是南大通用数据库技术有限公司开发的一款技术先进、功能强大的 ETL 工具,它可以通过图形化界面,帮助用户实现数据大集中系统中的异构数据库的定时抽取,数据的定期数据迁移,为容灾备份系统进行数据抽取、备份等。与同类产品相比较,其具有灵活部署、极易使用、应用范围广、轻量级执行的产品优势。

2013 年 3 月,南大通用发布了 GBase 8a MPP Cluster 分布式并行数据库集群,向公众展示了国内首个最大规模的行业大数据处理平台,拥有 80 台中高端服务器,5 台万兆交换机,跨 7 个机柜。测试平台无论从网络部署、测试复杂度还是数据量都堪称国内规模最大的 NewSQL 集群环境,适合 PB 级数据分析。

NewSQL 是数据库行业的三大阵营之一,其余两个是 OldSQL 和 NoSQL。OldSQL 就是传统关系型数据库;NewSQL 普遍采用列存储技术;NoSQL 普遍为 KV 模式。

传统关系型数据库不易扩展与并行,对海量数据处理不利限制了其应用;当前大量公有云和私有云数据库往往基于 NoSQL 技术,其本身的非线性、分布式及水平可扩展性,非常适合云计算和大数据处理,但应用趋于简单化;而云数据库主要解决的是行业大数据应用问题,Hadoop 在面对传统关系型数据复杂的多表关联分析、强一致性要求、易用性等方面,与分布式关系型数据库还存在较大差距。这种需求推动了基于云架构的新型数据库技术的诞生,其在传统数据库基础上支持 Shared-Nothing 集群,提高了系统伸缩性。

GBase 8a 的产品定位就是"行业大数据",并针对云架构做出创新。南大通用云架构产品是 GBase 8a MPP Cluster,它是在 GBase 8a 列存储数据库基础上开发的基于现代云计算理念和 SN 架构的并行数据库集群,为超大规模数据管理提供高性价比的通用计算平台,可广泛地用于支撑各类数据仓库系统、BI 系统和决策支持系统。

GBase 8a MPP Cluster 基于现代云架构,与传统数据库相比有五大优势:一是扩展性,云数据库基于 MPP 架构,相比传统的小型机+阵列方式,其扩展性明显增强;二是处理数据,云数据库由于拓展性强,可拓展至数十 PB,而传统的数据库达到百 TB 数据量后,性能就已经明显下降;三是灵活性,云数据库采用列存储+智能索引,极大地增加了分析灵活性,解决了传统数据库分析型场景需要大量优化工作灵活性差的问题;四是维护性,云数据库集群架构,单点故障不影响可用性,传统数据一旦出现故障整体将瘫痪;五是建设成本,云数据库基于 x86＋Linux,相比传统系统的小型机方案成本较低。

南大通用的数据库软件产品主要应用于政府、公安、安全、电信、电力和保险等行业。

4) 神舟通用的神通数据库

2008 年 11 月,由北京神舟航天软件技术有限公司、天津南大通用数据技术有限公司、东软集团股份有限公司、浙大网新科技股份有限公司 4 家公司共同投资组建了神舟通用软件公司。神舟通用公司拥有北京研发中心、天津研发中心、杭州研发中心 3 家产品研发基地。

在介绍神通数据库之前,首先对北京神舟航天软件技术有限公司的 OSCAR 数据库和东软集团股份有限公司的 OpenBASE 数据库进行简单的介绍。

(1) 北京神舟航天软件技术有限公司研发的神舟 OSCAR 数据库,是拥有完全自主知识产权的企业级大型、通用对象关系型数据库管理系统。神舟 OSCAR 数据库管理系统基于 Client/Server 架构。

服务器端的主要功能包括:①支持所有的常见数据类型,并可灵活地增加新类型及其对应的操作函数;②系统提供大对象支持,对于大对象的操作更为高效,并可支持大小达 4G 的大对象;③SQL 92 入门级标准符合度达到 100％,并部分支持 SQL 99 标准;④支持 TB 级的海量数据管理;⑤支持大规模并发处理的进程结构;⑥高效的查询处理方法和查询优化策略;⑦高性能的事务并发处理机制,支持多种事务隔离级别和多粒度的锁机制;⑧完备的数据恢复机制;⑨多层次的数据库安全机制。

客户端的主要功能包括:①嵌入式 SQL 支持;②ODBC 支持;③JDBC 支持;④可编程存储过程和触发器支持;⑤提供系统安装和卸载、DBA 工具、交互式 SQL、性能监测与调整以及作业自动调度等丰富的管理工具;⑥提供与 Oracle、SQL Server、DB2 等主要大型商用数据库管理系统以及 Excel、TXT、ODBC 数据源等标准格式之间的数据迁移工具。

神舟 OSCAR 数据库是一个在功能、性能、实用性、稳定性、安全性以及可扩展性等方面能够满足电子政务、电子商务、企业信息化以及国防工业等敏感部门信息化建设需求的大型通用数据库产品。它的性能稳定、功能完善,可广泛应用于各类企事业单位、政府机关,尤其是国防、军工等事关国家政治、军事、经济安全的各要害单位的信息化建设。

(2) 东软集团股份有限公司研制了具有自主知识产权的数据库管理系统 OpenBASE。其研究与开发从 1989 年开始。最初东软打算开发一套工程图纸的自动处理软件,而工程图纸软件需要数据库来支撑,当时一套国外的大型数据库系统的价格是 20 多万,而市场能够接受的工程图纸处理软件的价格与此相差无几,东软为此决定自己研发一套具有一定数据库功能的软件。

1990 年东软完成了 OpenBASE 1.0 的开发,该系统于 1990 年 12 月 27 日通过冶金工业部科学技术司组织的技术鉴定,其后以软件包的形式在日本软件市场上销售,取得了良好的经济效益。1992 年开发完成 OpenBASE 2.0。1996 年,东软以独立产品形式正式推出 OpenBASE 3.0,标志着我国具有自主版权的数据库系统软件产品正式走向了市场。1997 年开发出了基于 Internet/Intranet 多媒体综合信息服务体系结构及其支撑平台的

OpenBASE,同时入选国家 863 计划重大目标产品,在 863/CIMS 资助下于 1998 年 10 月开发完成了 OpenBASE 4.0。针对用户在应用过程中对数据库系统提出的新需求,东软从 2000 年开始着手研发 OpenBASE 5.0,其在性能、易用性、可用性等方面较以前版本有大幅度提高,能够满足国内客户的应用需要。

OpenBASE 是我国第一个具有自主版权的商品化数据库管理系统,经过 10 多年的研发,已逐渐形成了以大型通用关系型数据库管理系统为基础的产品系列,包括 OpenBASE 多媒体数据库管理系统、OpenBASE Web 应用服务器、OpenBASE Mini 嵌入式数据库系统、OpenBASE Secure 安全数据库系统等。

经过近 20 年的发展,OpenBASE 已经广泛应用于教育、医疗、政府、制造企业、税务、公检法、电力、房地产等众多行业领域。

(3) 神舟通用是国家"核高基"重大科技项目之数据库产品的核心研制单位。

神舟通用的核心产品"神通数据库"通过了公安部《计算机信息系统安全等级保护》第三级安全认证和中国人民解放军军用信息安全产品军 B 级认证。

神通数据库有企业版、标准版、安全版、军用版等不同版本。神通数据库标准版是神舟通用拥有自主知识产权的企业级、大型通用关系型数据库管理系统,是国家"核高基"重大专项、国家 863 计划在基础软件领域产品化所取得的一项重要成果。

神通数据库标准版采用关系数据模型作为核心数据模型,支持 SQL 通用数据库查询语言,提供标准的 ODBC、JDBC、OLEDB/ADO、.Net Provider 等数据访问接口,并具有海量数据管理和大规模并发处理能力。

基于对底层数据存储技术多年的探索和研究,神舟通用公司以神通数据库为基础融入多项先进技术,相继研发了神通 KSTORE 海量数据管理系统、神通 ClusterWare 集群套件、神通商业智能套件以及神通嵌入式数据库等产品。

目前,神舟通用推出了一系列解决方案,如神通 ETL 解决方案、神通数据库复制和同步方案、神通数据集成方案、神通数据库双机热备 HA 解决方案、神通数据库安全解决方案、神通数据库备份与恢复方案、神通数据库集群方案、神通数据库迁移方案和监控与自动化管理解决方案等。

神通数据库主要在航天、政府、电信、电力等行业得到了应用,其应用领域主要是政府 OA 系统、政府网站等电子政务领域以及航天领域。

17.1.4　面向对象数据库

随着信息技术和市场的发展,人们发现关系型数据库系统虽然技术很成熟,但其局限性也是显而易见的:它能很好地处理所谓的"表格型数据",却对技术界出现的越来越多的复杂类型的数据无能为力。20 世纪 90 年代以后,技术界一直在研究和寻求所谓的"后关系型数据库系统"。

可以说产业界一度是相当困惑的。受当时技术风潮的影响,在相当一段时间内,人们把大量的精力花在研究"面向对象的数据库系统"中。

面向对象的数据库主要有 Objectivity、ObjectStore、Versant 等,虽然大家都认可它们所采用的模型非常先进,但其实际应用并不令人满意。

值得一提的是,美国 Stonebraker 教授提出的理论曾一度受到产业界的青睐。Stonebraker 在著作《面向对象的关系型数据库系统:未来的巨浪》中,不仅对现有的数据库类型及市场进行了详尽的分析,而且提出了"面向对象的关系型数据库"的基本思想和一系列具体技术实施的方法。例如,他提出的不放弃已经非常成功的查询语言 SQL,而直接在 SQL 语言上进行功能扩展。1999 年发表的 SQL3 标准引进了面向对象关系型数据库的许多内容。而 Stonebraker 本人也在当时被 Informix 高价聘作技术总负责人。

然而,数年的发展表明,面向对象的关系型数据库系统产品的市场发展的情况并不理想。理论上的完美性并没有带来市场的热烈反应。主要原因在于,这种数据库产品的主要设计思想是企图用新型数据库系统来取代现有的数据库系统。这对许多已经运用数据库系统多年并积累了大量工作数据的客户,尤其是大客户来说,是无法承受因新旧数据间的转换而带来的巨大工作量及巨额开支。另外,面向对象的关系型数据库系统使查询语言变得极其复杂,从而使得无论是数据库的开发商还是应用客户都视其复杂的应用技术为畏途。

17.1.5　XML 数据库

随着 Internet 的飞速发展,非结构化数据的应用日益广泛,XML 语言的出现,给数据库系统的发展开辟了一片新的天地。

20 世纪 90 年代末,随着德国软件股份公司(Software AG)宣布世界上第一个"原状 XML 数据库系统(Native XML Database System)"产品——Tamino 问世,标志着数据库系统进入了一个新的发展时期。

XML 的全称是"可扩展的标识语言(eXtensible Markup Language)"。1998 年 2 月 W3C 组织公布了 XML 第一版本的标准,从此 Internet 技术进入了一个新的革命。如果说以 http 传输协议和超文本标识语言 HTML 为标志是第一代 Internet 技术的话,那么,围绕着 XML 所形成的一系列标准和技术将构成新一代的 Internet 技术。世界上几乎所有的大型 IT 公司都在跟踪和研究开发 XML 产品。XML 是跨系统平台、跨软件系统进行数据交换的基础技术。

虽然 XML 与 HTML 都属标识语言,但它们的意义却是完全不同的。HTML 文件中的标识符仅表示该文件应该如何显示(如字体的大小等),而对机器来说极难判断其表达的语义。XML 则不同,它所采用的标识符本身就代表了语义结构,文件的具体语义完全可以通过对语义结构的分解及该结构内变量值或字符的分析由机器来解释。

简要地说,XML 有下列重要特性:

XML 是一种表意而非表形的元语言,采用不同的显示页(Style Sheet)就可以做到同一数据源却有不同途径的显示结果;XML 是 Internet 的标准语言,因而具有跨系统平台、跨区域的特点;由 XML 所写的文件能为机器所解读,使得网络世界里"服务器对服务器(Server to Server)"的应用成为可能,奠定了 Internet 应用自动化的基础;XML 是一种可自我描述定义的元语言,所以它将大量用于制定行业内及行业间数据交换的标准;围绕着

XML 已经形成了一大批新的技术及标准。

XML 数据库是一种支持对 XML 格式文档进行存储和查询等操作的数据管理系统。在系统中,开发人员可以对数据库中的 XML 文档进行查询、导出和指定格式的序列化等。

目前 XML 数据库有 3 种类型。

(1) 能处理 XML 的数据库(XML Enabled Database,XEDB),其特点是在原有的数据库系统上扩充对 XML 数据的处理功能,使之能适应 XML 数据存储和查询的需要。一般的做法是在数据库系统之上增加 XML 映射层,这可由数据库供应商提供,也可由第三方厂商提供。映射层管理 XML 数据的存储和检索,但原始的 XML 元数据和结构可能会丢失,而且数据检索的结果不能保证是原始的 XML 形式。XEDB 的基本存储单位与具体的实现紧密相关。

(2) 纯 XML 数据库(Native XML Database,NXD),其特点是以自然的方式处理 XML 数据,以 XML 文档作为基本的逻辑存储单位,针对 XML 的数据存储和查询特点专门设计适用的数据模型和处理方法。

(3) 混合 XML 数据库(Hybrid XML Database,HXD)。根据应用的需求,可以视其为 XEDB 或 NXD 的数据库。

XML 数据库是一个能够在应用中管理 XML 数据和文档集合的数据库系统。XML 数据库是 XML 文档及其部件的集合,并通过一个具有能管理和控制这个文档集合本身及其所表示信息的系统来维护。XML 数据库不仅是结构化数据和半结构化数据的存储库,而且像管理其他数据一样,持久的 XML 数据管理包括数据的独立性、集成性、访问权限、视图、完备性、冗余性、一致性以及数据恢复等。这些文档是持久的并且是可以操作的。

与传统数据库相比,XML 数据库具有以下优势。

(1) XML 数据库能够对半结构化数据进行有效的存取和管理。如网页内容就是一种半结构化数据,而传统的关系数据库对于类似网页内容这类半结构化数据无法进行有效的管理。

(2) 提供对标签和路径的操作。传统数据库语言允许对数据元素的值进行操作,不能对元素名称操作,半结构化数据库提供了对标签名称的操作,还包括了对路径的操作。

(3) 当数据本身具有层次特征时,由于 XML 数据格式能清晰表达数据的层次特征,因此 XML 数据库便于对层次化的数据进行操作。XML 数据库适合管理复杂数据结构的数据集,如果已经以 XML 格式存储信息,则 XML 数据库利于文档存储和检索;可以用方便实用的方式检索文档,并能够提供高质量的全文搜索引擎。另外 XML 数据库能够存储和查询异种的文档结构,提供对异种信息存取的支持。

前面提到,随着 XML 技术的发展,一些大型数据库系统生产厂家,如 ORACLE、Microsoft 公司等纷纷发展支持 XML 的数据库产品,目前大多数传统关系数据库也都能够提供对 XML 的全面支持,所以 Tamino、TextML、XYZFind 等主要的纯 XML 数据库厂商面临着严峻的考验。

17.1.6 全文检索数据库

一般地,信息可分为结构化和非结构化两大类。对于结构化数据,关系数据库管理系统可以很好地管理,而对于非结构化数据,包括网页、电子邮件、Word 文档、PDF 文件以及没有以行列格式保存的任何内容,关系数据库很难进行有效的管理和查询。这就促使了独立的全文检索数据库系统的诞生。

因为内容检索是和本地语言密切相关的,所以对于中文的全文检索,目前国内已经涌现出许多技术领先的公司,如拓尔思(TRS)信息技术有限公司、蓝帆科技控股有限公司、天津海量科技发展有限公司等。下面以拓尔思为例,简单介绍全文检索和内容管理技术。

TRS 的全文检索功能的研发开始于 20 世纪 90 年代初,融合了中文自然语言处理的成果,包括中文按分词、字索引,内容相关性排序,基于语义辞典等语言学知识的智能检索,以及中文自动分类和自动摘要等领先技术。

TRS 全文检索系统是一款兼顾结构化和非结构化数据,兼顾查全和查准需求,适合于企业数据搜索的全文数据库系统。它针对信息内容管理和资源建设的新需求,发展了包括 Native XML、集群、Unicode 支持、自然语言及智能扩展检索等在内的众多新功能,结合 TRS 领先的结构化和非结构化数据联合查询技术,从而满足了用户对数据搜索的广泛需求。

经过 20 多年的发展,TRS 全文检索数据库系统经历了由 1.0 到 7.0 多个版本。TRS 全文数据库系统 7.0 版继承了已得到业界广泛使用的 TRS 全文检索系统的全部功能和性能,重新设计的检索和相关性算法更加高效快速。

TRS 全文数据库系统 7.0 的主要特点如下。

(1) 结构化与非结构化数据统一管理:实现结构化和非结构化数据的统一检索,回答基于元数据(Meta-Data)和全文(Full-Text)的联合查询。

(2) 实时动态索引:数据增删改时快速同步更新索引,无须重建整个索引,也无须局部重建索引,即数据增删改后立即能够被检索。

(3) 自动分库(Partitioning):充分利用多库并行检索技术,进一步提高了检索速度;使得数据加载速度保持稳定,进一步提高了数据更新速度。

(4) 支持 GB18030 和 UTF8 大字符集:便于对中文偏僻字和世界各国文字的支持。

(5) Native XML 支持:能够为更精确的检索提供存储和检索手段。XML 文件无须像关系数据库一样分解后存储,支持 XML 的全息索引,即任何标记,以及标记的任何属性,都可以用来描述检索目标。

(6) 中文字词混合索引:由于中文的特殊性,存在字词索引的问题,按字索引保证百分之百的查全率;按词检索保证一定的查准率,并且可以维护分词词典,通过对词典的训练,逐步提高检索查准精度。所以中文检索系统需要提供一种索引方式,以保证一定查准率的同时提供百分之百的查全率。

(7) 分布式与负载均衡:提供分布式检索和负载均衡集群服务器,实现分布式检索和负载均衡功能,满足大数据量和高并发的检索要求。

(8)快速返回结果:重新设计的检索算法更加高效快速,同时还具有快速返回部分检索结果的能力,使应用展现更加灵活方便。

(9)集成性:提供运行版,支持与其他产品的集成;支持第三方提供的文档过滤插件,以满足用户对非文本数据的检索要求。

(10)优化的 C/S 连接:不再需要复杂的连接池处理就能满足应用的扩展性,具有和MySQL 类似的特点。

TRS 全文检索系统将关系型数据转换为全文检索数据的方式有两种:一是将原来关系数据库中的数据转换为 TRS 全文检索数据格式载入 TRS 数据库进行全文检索;二是利用 TRS for RDBMS GATEWAY 实现关系型数据库与 TRS 全文数据库之间的数据共享以及两者之间的双向数据迁移,各种 Web 应用服务器可以透明地连接关系型数据库。因此 Oracle、SQL Server、DB2、Sybase 和 Informix 等主流数据库厂商都选择 TRS作为中文全文检索解决方案,使用户在享有主流关系型数据库卓越的数据处理功能的同时,拥有 TRS 领先的全文检索功能。

大数据是数据的爆发式增长和社会化趋势的必然结果,目前大数据已经成为一种国家竞争战略,并日益成为一种新的自然资源。从信息获取、存储、搜索、分享、挖掘到展现,大数据呈现了前所未有的复杂性:第一大数据的规模很大,一般都是 PB 级以上;第二大数据具有多样性,不仅有结构化数据,还有大量的非结构化信息;第三大数据的价值密度低,形象地说就是要从稻草堆中找到针;第四大数据具有实时性。

TRS 作为数据处理技术的服务提供商在数据的存储、检索等方面有着丰富的经验积累。TRS 系列产品已经被国内外 3000 多家企业级用户采用,覆盖了众多国家部委和省级政府部门、国家涉密单位、国内主要新闻媒体、大型企业集团等。TRS 全文数据库系统作为检索引擎,在客户的业务系统中发挥着重要作用,有的已经成为其核心业务的关键系统。为了适应大数据环境下的数据处理需求,TRS 推出了大数据管理系统 V7.0(代号海贝 Hybase)。

TRS 大数据管理系统 V7.0 具有高可靠的架构设计,是完全分布式的、多副本机制的、对等的、不共享的系统,没有单点故障或瓶颈。这使得系统能线性增长,每新增加一个节点能同时增加系统的性能和存储容量,系统主要特点如下。

(1)扁平化设计,弹性扩展:系统采取扁平化设计,节点之间完全对等,都可以对外提供服务。使用扁平化的架构,即使整个系统没有单点故障,任何一个节点的故障都不影响系统对外提供服务;同时扁平化的架构使系统具有良好的扩展性,只需在线增加新的节点就可以提高系统的容量和对外服务能力。

(2)异常感知、自动恢复:大数据管理系统将硬件异常作为常见异常来处理。系统可以自动感知服务器的异常状态,并且进行自我修复,不会因为单个节点的异常导致整个系统不可用。

(3)柔性多引擎技术:大数据管理系统使用多引擎机制,定义一个标准的引擎接口。对于不同的应用需求可以使用不同的引擎来对外提供服务,用户甚至可以构建自己的引擎来扩展系统的数据处理能力。支持异构数据,如结构化、半结构化、非结构化数据的统一搜索。

（4）高效分区索引机制：可根据应用的查询特点，将数据自动分区索引，充分发挥现代 PC 服务器多核、大内存的优势，采用并行索引，多路合并的方式，变随机读写为顺序读写，实现高速的索引创建，适应海量数据的集中索引和快速索引的应用需求。同时，分区索引还可以减少检索时的索引匹配范围，缩短检索响应时间。

（5）多副本机制：一个索引可由多个子集组成，分布在不同的节点上，实现分布式检索；索引的各个子集可在不同的节点上存储多个副本，索引子集多副本实现了容灾备份，避免单点故障，同时也实现了负载均衡，提高并发检索能力。

（6）混合索引方式：提供按词索引、按字索引和字词混合索引方式，满足不同应用场景对查全和查准的不同需求。

（7）内存表与列存储：支持在内存中建立数据表，适应数据量较少，但查询并发与响应速度要求很高的应用需求；系统支持列存储，实现特定数据列的高效访问，提高特定数据列的分类统计和排序的速度。

（8）异步检索：支持异步检索模式，适应大并发（高连接数）的应用场景要求，避免了同步检索模式时消耗太多线程资源的问题。

（9）多层次、多粒度的分布式 CACHE：系统既有单节点的检索缓存，又有合并后的整体检索缓存。多层次、多粒度的设计，大大提高了缓存的命中率，减轻高并发下的检索节点压力，从而大幅度提高系统在高并发情况下的数据检索能力。

（10）可扩展的检索模式：同根词检索、算法和词典结合的英文词根检索，准确率达到 99.9%；支持基于同义词、主题词的扩展检索。

（11）兼容 Hadoop 标准：Hadoop 是 Google 开源的 GFS 和 MapReduce 的开源实现，已经逐渐成为大数据分析的标准组件。大数据管理系统和 Hadoop 无缝集成，可以充分利用 HDFS 的可靠性，MapReduce 的引入也大大扩展了大数据管理系统在数据分析方面的扩展能力。

（12）HTTP 接口：以 HTTP 方式提供二次开发接口和开放的 HTTP GET/POST 应答规范。

（13）Web 管理：内置基于 HTTP 的管理和监控模块。

纵观技术的发展，可以看到全文检索及内容管理在国际上相对来说还处于早期阶段，中国的全文检索及内容管理软件发展几乎与世界同步或处于领先。

17.2 数据库产业的发展与展望

17.2.1 国外数据库产业的发展与展望

一个国家数据库产业的发展状况，在很大程度反映了该国信息技术和信息产业的发展水平。在 Internet 出现以前，数据库产业可以说是发展最快的信息产业，而 Internet 的迅猛发展又给数据库产业注入了新的活力，使传统的数据库产业向着为 Internet 服务的方向发展。在当今世界上,处在数据库产业前列的是以美、欧、日为代表的发达国家。

1. 美国数据库产业的发展

从 20 世纪 60 年代开始,为了适应美国和全世界科技信息的迅猛增长和与此相对应的信息需求的不断增长,美国政府的信息部门开始带头组织数据库的生产和利用。这一时期,美国生产的数据库集中在科学技术和工程领域。

随着政府数据库产量的不断提高,美国数据库产业的发展开始向商业化过渡。到了 20 世纪 80 年代,美国数据库生产者中商业公司所占的比例迅速增加,数据库内容也由以科技数据库为主向以商业、经济、金融数据库为主过渡,同时,各种面向家庭和社区生活的服务性数据库也得到迅速发展。总之,美国是世界上数据库产业起步最早的国家,它的数据库发展远远领先于其他任何国家。

美国数据库发展的特点如下。

(1)数据库产量高。从美国数据库产业起步之初,其数据库产量就一直在持续增长。随着美国数据库产业走向成熟,其数据库的增长速度会逐渐趋于稳定。目前随着大数据时代的到来,美国的数据库产量还将会持续增长。

(2)数据库容量大。当今社会,各种信息都在以指数速率迅速增长。因此,美国数据库的容量也同时在以指数速率迅速增长。

(3)数据库的主题越来越丰富,专业方向越来越细。

(4)数据库的信息含量不断丰富。美国无论在网络技术,通信技术,计算机软件和硬件技术还是数据库技术都处于世界的最前列,它在这一方面的发展也远远领先于世界其他国家。

美国数据库产业一直保持着世界领先地位的原因如下。

(1)美国数据库产业有着雄厚的技术背景的支持。

(2)美国政府大力支持数据库产业的发展。

(3)美国的数据库产业以市场为明确导向。数据库的生产商们非常重视用户需求和市场环境,使自己生产的数据库产品直接面对用户和市场的需求,在国内和国际市场范围内同时提供具有高质量和强大竞争力的数据库产品。

(4)美国的数据库产业还重视对国外优秀数据库的兼并以弥补本国生产数据库的不足。

2. 欧洲数据库产业的发展

继美国之后,经济发达的欧洲国家,尤其是以德国、法国和英国为代表的西欧国家最早认识到了数据库产业对整个社会信息化所起的重要作用,开始致力于本国的数据库产业发展。经过长时间的努力,欧洲的数据库产业终于有所成就,打破了美国数据库产业一统天下的格局。

欧洲数据库产业的发展晚于美国,并且大大落后于美国,因此欧洲的数据库发展过程中很大程度上吸收了美国的发展经验。但由于美国数据库产业的长期发展早已确立了它在国际数据库产业中稳定的霸主地位,仅仅凭借任何一个欧洲国家的努力根本不足以动摇美国数据库产品的市场垄断地位。20 世纪 90 年代初期,西欧各国的数据库生产服务商终于意识到只有联合欧洲的数据库市场,使欧洲生产的数据库首先在欧洲大陆上得到广泛使用,才有可能实现欧洲数据库产业的迅速发展。在此共识之下,欧共体建立西欧国家共同的通信和交流网络——欧洲科技情报联机网络(EURONET DIANET),共同发展欧洲的数据库产业。

与美国相似,欧洲的数据库发展也是先由政府扶植科技数据库,然后转向商业化的发展方向,形成以金融、新闻等数据库为主的面向市场的欧洲数据库产业。

欧洲数据库产业的发展也有着自己的特点。

(1)欧洲的数据库产业发展有着其信息优势。欧洲具有比美国更加悠久和丰富的历史和人文传统,在欧洲大陆上,数十种语言在同时使用。而以英语为主的美国数据库很难占领使用这些语言的国家和地区的数据库市场,只有欧洲国家自己生产的数据库才更能够满足本地区数据库用户的需求。

(2)欧洲国家联合起来发展整个欧洲的数据库产业。尽管任何单个欧洲国家都无法与强大的美国数据库产业相抗衡,但欧洲国家已经开始实行在数据库产业方面的合作。

(3)欧洲数据库产业以面对欧洲市场为主。由于国际市场被美国数据库抢占,而欧洲数据库目前还不具备同美国数据库在国际市场上竞争的实力,欧洲数据库产业在发展方向上着重面对欧洲市场。然后集中力量,以一批高质量的数据库进军国际市场,向美国数据库发起冲击。

(4)重视技术对数据库发展的作用以及展开国家间的技术合作。尽管美国的信息技术发展领先于欧洲,而欧洲也在迅速发展,加之欧共体各国在技术研究领域中展开合作,有助于弥补各国技术发展的不足和缺陷。

欧洲的数据库发展目前仍然落后于美国,但是,从 20 世纪 80 年代欧洲数据库产业开始起步到现在,欧洲数据库产业也取得了长足的发展。凭借欧洲文化等方面的固有优势和欧洲各国之间的合作,欧洲的数据库产业有可能动摇美国数据库产业的垄断地位,在国际数据库产业中占据重要地位。

3. 日本数据库产业的发展

日本数据库在 1985—1995 年 10 年间尽管取得了相当的发展,但其数据库数量还不到美国的 1/5。

与美欧相比,日本的数据库产业显得更加落后。日本的数据库产业发展基本上借鉴了美国和欧洲的经验,采取从政府支持到商业化发展的道路。但是日本的数据库产业发展中政府的作用更为明显,集中性更强。日本的数据库生产不仅仅局限于本国语言,还能够生产英语数据库面向国外市场。但是相比之下,日本更依赖于国外数据库,同时日本的数据库生产中,科技数据库的比重还占相当比例,商业化程度还不完善。

17.2.2　我国国产数据库产业的发展与展望

1. 国产数据库产业的现状与发展

从前面的描述中可知我国国产数据库的发展可以追溯到 20 世纪 70 年代末,当时在中国数据库研究专家萨师煊教授的带领下,一批专家学者开始了数据库的理论研究、开发和应用工作,此后一批批学者开始为国产数据库倾尽心力。而今,虽说与前面提到的发达国家相比,仍存在着一定的差距,但国产数据库风雨兼程30多年,仍取得了一定的成绩。

大家知道,数据库管理系统和操作系统一样,属于最重要的核心软件。在操作系统掌握于他人的情况下,数据库的安全可以说是信息安全的最为重要的保障。目前,国产数据库如前所述,主要有北京人大金仓信息技术有限公司研制的通用数据库管理系统KingbaseES、武汉达梦数据库有限公司的DM系列、南大通用数据技术有限公司的数据库Gbase和神舟通用软件公司的神通数据库等。国产数据库管理系统已经取得群体性突破,近年来根据权威机构对国产数据库的数次测评结果以及国产数据库在国防军工、制造业、电力、电子政务和教育等的成功应用表明:国产数据库不仅是可用的,而且是够用的。

而目前我国数据库市场的现状如下。

(1) 被国外主流产品所垄断,ORACLE、Microsoft、IBM几家美国企业在中国数据库市场上继续占着95%以上的份额,处于绝对垄断地位。由于长期的垄断,许多信息系统建设基础好、历史长的用户在认知程度、知识结构和使用习惯上几乎完全依附于国外产品,不容易接受新的替代品,这反过来又促进了垄断程度趋于极端。

(2) 近年来国际开放源代码的兴起也为国内用户提供了更多的选择,MySQL等数据库提供了比较标准完善的数据库功能,能够满足大多数低端应用的需要。这一形势很大程度上削弱了国产数据库的价格优势。这就需要国产数据库进一步强化自身在产品本土化、技术保障服务上的优势来弥补。

(3) 目前来看,国产数据库只是在部分市场崭露头角。近年来,国产数据库在全国的信息化热潮中找到了自己的行业立足点,在政府、军事、教育、公安、金融、电力、商业、交通、制造业等行业可以找到国产数据库的应用。但总体来说,宣传声势和品牌知名度还远远不够,还没有像国产操作系统、中间件、办公软件等产品那样,与国外的主流产品开展正面竞争,还没有引起国外厂商的重视。

造成国产数据库现状的原因如下。

(1) 客观因素。数据库是基础软件,技术难度大于其他软件。例如ORACLE和Microsoft等都是有多年IT经营经验的国际知名大企业,无论资金力量、管理水平、人才队伍,都远远胜过国内数据库厂商。

(2) 先入为主。国外数据库产品进入中国,已经占据了95%以上的市场,在很多用户的心理已经形成一种既定思维,好多用户甚至不知道我国还有国产数据库。

(3) 主观因素。长期以来,有3种观点影响着国产数据库的发展:放弃、速胜、持久。其中前两者观点都是悲观、不利的,只有最后的持久才是比较有利的。

由前面的分析可知,国产数据库要进入这个相对成熟的市场,面临着较大的压力,要改变这种劣势地位,除了加强必要的技术研发力量的投入外,必须在产品定位、价格体系、营销方式、支持服务等非研发范畴中加强能力,有所创新。目前国产数据库的目标是做到大型通用、完全知识版权。国产数据库的主要定位应该是应用和市场。整体目标分阶段,每一阶段都要把应用和市场放在第一位;各个企业不要求同一目标、同一定位,可以根据具体情况,由企业和市场来定位。

近年来,国产数据库软件产业在国家"核高基"重大专项的推动下得到了快速的发展。

例如,通过国家"核高基"专项的支持,人大金仓、武汉达梦等国产数据库厂商得到了较快发展,产品研发、成果应用、市场推广等均取得了一定成果。

从 2010 年开始,"核高基"项目开始落实,国内用户必然要支持"核高基"的政策,他们对于国产数据库产品的试用机会将比以前更多,从而也可以提升用户对国产数据库的认可度。另外,国家支持国产数据库也从当初的概念成为正式的行动,在政府和行业招标项目中,对国产产品有一定的支持。

"核高基"专项不仅对国产数据库厂商的资本运作非常有利,同时行业影响深远。一是在电子政务、农业、卫生、教育、计生领域做国产数据库软件试点;二是在试点之后,国家从给资金支持到给市场支持,地方行业项目给国产数据库软件许多试用机会。

"核高基"在创造产业生态环境方面发挥了巨大作用,使用国外数据库,需要支付巨额服务费。在本地化服务方面,国产数据库软件企业有明显优势,因为不仅服务性价比好,而且能针对客户的一些实际需求迅速响应解决问题。另一方面,信息系统离不开数据,数据库市场一直存在,随着大数据时代的到来,各行各业对数据库软件需求巨大。

根据我国数据库产业的发展特点,借鉴国外数据库发展经验,我们应清醒地认识到:①国产数据库的竞争对手是国外厂商,国产数据库厂商必须联合起来,共同造势,通过测评、交流推进共同进步;②要坚持国家支持与企业自强相结合,数据库管理系统投资大,周期长,创业初期,国家支持扶植是必要的;但企业发展,最终依靠企业自力更生,奋发图强,在市场竞争中成长;③要坚持自主开发与开放源代码相结合,坚持完全自主版权,勇创国产数据库知名品牌;同时要兼收并蓄,解放思想,学习包括开放源码在内的国外产品的先进技术和优良算法。

2. 发展国产数据库势在必行

操作系统、数据库等系统软件是信息系统的核心,是国家战略必争的高新技术。实现信息化带动工业化需要自主产权的 DBMS,提高我国企业创新能力和市场竞争力需要自主产权的 DBMS,国家信息安全离不开自己的 DBMS,我国民族 IT 产业及软件产业的发展更需要自主的 DBMS 支撑,业界对这些观点已经达成了共识。

(1) 为了更好地满足市场需求,人大金仓制定出不同的发展思路。人大金仓在 2011年开始从单一数据库产品提供商向数据管理整体解决方案提供商转变。2010 年,人大金仓发布了 KingbaseBI 统一平台,成为首个在商业智能领域提出统一平台概念的国产数据库厂商,今后将进一步完善相关产品线。除此之外,人大金仓已经在云数据库方面进行了相关产品规划。

人大金仓重视数据库专业人才培养,成立了金仓教育学院。金仓教育学院依托人民大学优秀的教学资源和人大金仓的资金、设施、管理和行业优势,联合教育部数据库与商务智能工程研究中心,共同致力于数据库人才培养和教学体系的开发。

(2) 达梦以从国外软件的垄断中寻求突破为目标,从研究到产品坚定不移地走市场化道路,在产品、技术上,由最初的学习、模仿到吸收与创新,再到取得局部功能与性能优势的策略。从 2012 年开始,达梦进入了生存发展阶段。达梦将重点发展数据库业务,弱化应用集成业务。2010 年,达梦的软件销售和系统集成业务收入比例为 7∶3,2012 年,达梦计划将软件销售和系统集成业务收入比例调整为 8∶2。

达梦正在组织力量对大规模并行处理、列存储技术、集群技术进行攻关,并取得了许多成果。达梦还积极与曙光、浪潮等硬件厂商合作,加强了软硬件一体化数据库产品的研发。达梦非常重视产品定制化工作,希望通过提供优异的本地化服务来弥补技术上的不足。达梦在数据库应用集成项目建设方面具有一定优势。达梦加入了开源及基础软件通用技术创新战略联盟,并积极与国防科技大学合作,将其数据库软件产品推广到军队。

(3) 南大通用在行业拓展方面的路线图:第一步针对电子政务服务,在为政府机关服务基础上再为大企业提供服务;第二步针对金融、电信、保险等行业领域实现新的部署;第三步针对专业部门的专业系统,提供专门的数据库整体解决方案;第四步基于行业用户的业务数据中心,提供安全数据库、内存分析数据库产品,并与传统通用数据库实行无缝对接,从而获得市场发展。

(4) 神舟通用非常重视与相关国产软硬件厂商的合作,通过产业联盟的形式开拓市场。神舟通用积极与麒麟等国产操作系统厂商合作,与龙芯、飞腾、神威三大国产 CPU 厂商合作,与中创、东方通、金蝶等三大国产中间件厂商合作,与浪潮等国产服务器厂商合作。

神舟通用主攻自主可控市场(政府、军队)和重大行业市场(电信、能源、金融等)两类市场;并选择从国产数据库容易切入的市场着手,计划用 3 年的时间,实现产品技术先进、产品线丰富、差异化竞争优势明显等目标。此外,神舟通用正在做面向大数据的产品规划。

除了资本联系的纽带,神舟通用和股东方之一南大通用保持了非常密切的合作和分工。神舟通用定位为通用数据库,南大通用更专注于专业数据库,并且两者注重在客户领域的深层次合作。如果客户有通用数据库采购需求,南大通用会推荐给神舟通用拓展;如果客户有专业数据库需求,神舟通用会推荐南大通用拓展。

数据库产业的发展水平是一个国家信息化发展水平的重要标志,而以美欧日为代表的发达国家,其数据库产业发展已经远远走在了世界的前列。在面临信息化及大数据时代冲击的今天,我国必须集中精力把自己的数据库产业发展起来,而要迅速发展我国的数据库产业,首先要依据我国自身的具体情况,同时也必须借鉴这些发达国家的数据库产业发展经验,建设具有我国民族特色的中国数据库产业。

有志于为我国数据库事业发展做出贡献的同学们,努力吧!

第四部分

实践篇——上机实验及综合训练

第**18**章

Access 上机实验

实验一　Access 2010 的启动和退出

实验目的：熟悉 Access 2010 的启动和退出；加深对 Access 2010 数据库管理系统的认识。

实验内容：

1. 打开数据库管理系统 Access 2010。

2. 打开一个系统自带的数据库文件，如"联系人"数据库文件，认识数据库的 6 个对象，了解数据库的界面和功能。

实验二　创建数据库

实验目的：熟悉 Access 2010 建立数据库的方法，加深对数据库概念的理解。

实验内容：

1. 用 Access 数据库管理系统创建一个名为"银行管理系统"的数据库。保存该数据库并练习关闭数据库。

2. 为"银行管理系统"数据库做备份。

3. 利用另一种方法建立"图书馆管理系统"数据库，保存、关闭数据库。

4. 退出 Access 数据库管理系统。

实验三　建立数据表

实验目的：熟练掌握 Access 2010 建立数据表的各种方法和数据表的各种操作。

实验内容：

1. 创建"银行管理系统"数据库文件中的表。

（1）打开实验二所创建的"银行管理系统"数据库文件。

（2）采用不同的方法建立"银行管理系统"数据库中的"客户信息"、"账户信息"和"交易明细"3个数据表结构。（表结构如表 18-1、表 18-2 和表 18-3 所示。）

表 18-1　客户信息

字段名	类型	长度
身份证号码	文本	18
姓名	文本	20
地址	文本	30
电话	文本	11
客户等级	文本	10

表 18-2　账户信息

字段名	类型	长度
账号	文本	15
身份证号码	文本	18
余额	双精度	
开户日期	日期/时间	

表 18-3　交易明细

字段名	类型	长度
账号	文本	15
交易金额	双精度	15
交易时间	日期/时间	

（3）给已建好的 3 个数据表分别输入 5 组数据。其中"客户信息"中"客户等级"不输入数据。

（4）保存所建的数据表，并做备份。

（5）利用已建立的数据表，试做如下操作：隐藏"客户信息.身份证号码"字段，按"账户信息.开户日期"列升序排序，冻结"账户信息.账号"列。

（6）对"银行管理系统"数据库做备份。

2. 创建"图书管理系统"数据库文件中的表。

（1）根据表 18-4、表 18-5、表 18-6 所列字段及数据，分析数据表的结构。

表 18-4　图书信息

书　号	书　名	作者姓名	出版日期	类型	页数	价格	出版社名称
Tp313/450	数据库原理与应用	赵杰	2002-2	编写	273	24	人民邮电
Tp311.138ac/15	轻松掌握 Access 2010 中文版	罗运模	2001-9	编写	240	24	人民邮电
Tp316/355	中文 Windows 98 快速学习手册	Jennifer Fulton	1998-8	译著	189	15	机械工业
Tp393.4/71	带你走进 Internet 整装待发——商网前的准备	于久威	1998-1	编著	107	8	人民邮电
I310/210	教育与发展	林崇德	2002-10	编著	743	36	北京师范大学
O125/78	项目采购管理	冯之楹	2000-12	编著	241	15	清华大学

表 18-5　读者信息

借书证号	姓名	性别	出生日期	学历/职称	地址	电　话
11050	张宏	女	64-5-16	副教授	海淀区	010-64900247
11069	李四	女	56-9-14	讲师	丰台区	010-67524890
21079	王五	男	78-6-2	硕士	海淀区	010-62795621
10054	郑立	男	45-9-8	研究员	东城区	010-83905580
10007	周上	男	79-10-1	大专	西城区	010-66075521

表 18-6　借阅信息

借书证号	书号	借书日期	还书日期
11050	Tp313/450	2002-1-15	2002-2-14
11069	Tp311.138ac/15	2010-5-21	
21079	Tp316/355	2010-4-18	
10054	Tp393.4/71	2001-2-19	2001-3-14
10007	I310/210	2002-8-5	2002-8-5

(2) 利用 Access 2010 创建数据表的结构,并输入 5 个记录的数据。

(3) 保存并备份数据表。

(4) 打开备份的数据库"银行管理系统",查看变化。

(5) 保存、关闭数据库,并退出 Access 数据库管理系统。

实验四　建立数据表关系

实验目的:建立数据表间的关系。

实验内容:

1. 定义"银行管理系统"数据库文件中的 3 个表之间的关系。

2. 设计并定义"图书管理系统"数据库文件中的数据表之间的关系。

实验五　利用"查阅向导"输入数据

实验目的:利用查阅向导法输入表数据。

实验内容:

1. 用"查阅向导"法输入表"账户"的数据,验证参照完整性。

2. 定义"图书管理系统"数据库文件中的 3 个表之间的关系,并利用"查阅向导"法输入表"借阅信息"的数据,验证参照完整性。

实验六　建立查询

实验目的:掌握创建查询的各种方法。

实验内容:利用"图书管理系统"数据库中的数据表,创建下列查询。

(1) 输出所有图书信息。

(2) 查询出图书借阅情况,要求输出借书证号、姓名、书名、借书日期和还书日期。

（3）查询出借阅"教育与发展"一书的读者的姓名和借书日期。

（4）查询出地址为"海淀区"的读者信息，并按"出生日期"升序输出。

（5）按出版社查询图书信息（运行时输入出版社名称）。

（6）统计每位读者的借书总数和未还图书册数。

（7）查询各出版社出版图书的平均价格，以"平均价格"为列名输出。

（8）统计出各出版社各种类型图书的总数。

（9）使用交叉表查询统计出各出版社各种类型图书的总数。

（10）查询当日借书者的姓名和书名。

（11）查询出 2002 年借阅明细，要求输出读者姓名、书名、借书日期和还书日期。

（12）新建"2000 年图书"表，该表由 2002 年出版的图书信息构成。

（13）增加一条借阅信息，包括借书证号、书号和借书日期，分别为 10054、Tp313/450、2012-9-15。

（14）进行还书操作，借书证号为 10054 借阅的 Tp313/450 一书的还书日期为 2012-11-1。

（15）将"郑立"从读者信息表中删除。

（16）查看上述查询的 SQL 查询语句。

实验七　创建窗体

实验目的：掌握利用"窗体"、"窗体向导"和"窗体设计"创建窗体的方法。

实验内容：利用"图书管理系统"数据库，按要求创建下列窗体。

（1）使用"窗体"建立纵栏式窗体——读者一览。

（2）使用"窗体向导"建立"图书一览"窗体，窗体布局和样式自定。

（3）由读者信息和借阅信息创建"借阅管理"主/子窗体，要求以读者信息为主窗体，该读者的借阅信息为子窗体。

（4）创建"读者管理"窗体，要求通过窗体可浏览读者信息，并通过添加按钮、删除按钮和关闭窗体按钮实现对数据的添加、删除和关闭窗体。对于学历/职称字段要求使用组合框，组合框的数据为教授、副教授、讲师、助教研究员、博士、硕士、本科、专科。

实验八　创建报表

实验目的：掌握使用"报表"、"报表向导"、"标签"和"报表设计"创建报表的方法。

实验内容：使用"银行管理系统"数据库，按要求创建下列报表。

（1）用"报表"建立"客户信息"报表，输出顾客身份证号、姓名、地址和电话。

（2）使用"报表向导"建立顾客账户汇总信息，要求以"账号"升序顺序输出所有顾客的身份证号、姓名、账号和余额。

（3）创建一个主/子报表，要求主报表输出账号和该账号顾客的姓名，子报表为该账户的交易明细，即每一次存款和取款的金额及日期。

（4）以顾客的地址和姓名为内容，建立邮件报表。

实验九　宏　的　应　用

实验目的：掌握创建宏和运行宏的方法。

实验内容：使用"图书管理系统"数据库完成下列任务。

（1）创建"借书管理"宏，实现借书时先判断该读者未还图书数目是否已达到 5 本，若已达到 5 本，则禁止该读者继续借书，给出"请先还书后才可借阅"的消息框；若未达到 5 本，则办理借阅手续，即在借阅信息表中增加一条借阅记录。

（2）创建"还书管理"宏，要求判断所还图书是否超期。

（3）创建"借阅管理"窗体，该窗体由"借书管理"和"还书管理"两个标签组成，双击每个标签时可分别触发"借书管理"宏和"还书管理"宏。

（4）创建图书管理系统封面，封面要求至少具有标题和以下 4 个按钮。

退出系统：关闭图书管理系统封面，退出 Access 2010。

图书管理：打开"图书一览"窗体（实验七第（2）题）。

借阅管理：打开"借阅管理"窗体（实验七第（3）题）。

读者管理：打开"读者管理"窗体（实验七第（4）题）。

实验十　模　块　应　用

实验目的：掌握创建模块和运行模块的方法。

实验内容：使用"银行管理系统"数据库完成下列任务。

（1）创建"客户及账户"查询，输出每个客户的基本信息及其所有账户的总金额。

（2）根据"客户及账户"查询创建"客户信息"窗体，要求输出每个客户的所有基本信息，窗体中设计一个按钮"更新客户等级"，按钮的单击事件是根据客户账户总金额定义出客户等级。客户等级定义规则：账户总金额在 30 万元（不含 30 万元）以下的为普通客户；账户总金额在 30 万元（含 30 万元）至 50 万元（不含 50 万元）之间的为银卡客户；账户总金额在 50 万元（含 50 万元）以上的为金卡客户。

（3）创建"更新客户等级"模块，模块功能是根据客户账户总金额定义出客户等级并将其更新到"客户信息.客户等级"。客户等级定义规则同上。

实验十一　综合训练

综合训练目的：

(1) 通过实验，掌握数据库系统开发的过程和步骤；

(2) 培养对所学知识综合运用的能力；

(3) 培养从系统的观点出发，设计和完成一个结构合理、层次分明、界面友好、清晰易懂的数据库应用系统；

(4) 掌握建立数据模型的方法；

(5) 掌握典型数据库系统软件(Access 2010)的使用和应用系统的开发方法。

主要软件：

(1) Windows 7 操作系统。

(2) Microsoft Access 2010 关系数据库管理系统软件。

综合训练步骤：

1. 确定题目

读者可以根据自己的情况、特长和兴趣选择实验题目。后面也列出一些数据库综合训练题目供同学们参考或选用。也可以通过这些题目的启发，自己设计一个题目，解决实际生活或工作中的问题。如读者可以设计一个数据库管理读者的唱片；读者也可以为一个影楼建立一个数据库管理系统，为其提供一个计算机经营管理系统。当然无论选择什么题目，下一步都要进行调研，了解用户的需求和工作流程，进行需求分析。

2. 需求分析

需求分析阶段主要是对所要建立数据库的信息要求和处理要求的全面描述。通过调查研究，收集信息，了解用户业务流程，对需求与用户取得一致认识。明确要设计的数据库系统主要具备什么功能，如"教学管理系统"的主要功能是查询学生的成绩、课程、学生和教师的基本信息等。分析需要收集和管理哪些数据，这些数据通过什么渠道获得，这些数据应如何分类等。接下来，就要把这个现实世界中的问题通过提炼转换成认识世界中的形式，即概念设计。

3. 概念设计

概念设计是分析整理需求分析工作中收集的信息和数据，确定出系统包含的实体、实体属性和实体间的关系，形成能较准确地反映用户的信息需求的概念模型。将各个用户的局部概念模型合并成一个总体的全局的概念模型，形成独立于计算机的反映用户观点的概念模型，用 E-R 图表示。分析出概念模型，或者说画出 E-R 图，下一步就应该考虑如何进一步将认识世界中的问题转化为数据世界中的问题，进一步实现用计算机解决现实世界中的问题。这就是逻辑设计阶段。

4. 逻辑设计

逻辑设计是在概念设计的基础上，导出数据库可处理的逻辑结构，即数据库表的结构，并进行优化。或者说是将概念模型转换成数据模型，并且按照数据库所需要达到的范

式要求,对数据模型进行优化(分解),从而确定数据库中所包含的数据表和各个数据表的结构。具体说,主要有这样几个关键:

概念模型向数据模型(针对这门课的要求,就是关系数据模型)的转化,并对关系模型按照"规范化理论"进行优化,最终确定数据模型。

5. 物理设计

物理设计是为逻辑数据模型选择合理的存储结构和存取方法,解决如何分配存储空间等问题。当确定之后,根据数据库管理系统 Access 2010 提供的数据描述语言把关系数据模型——逻辑设计的结果(数据库结构)描述出来。

6. 数据库实施和运行

在这一阶段的任务是运用 DBMS——Access 2010 建立数据库,编制与调试应用程序,录入数据,进行试运行。

7. 整理和编写设计说明书

说明书的编写要求:

设计说明书是综合训练作业的汇报,也是综合训练成果的展示,更是学生将完成某个数据库的设计过程进行系统的总结,进一步巩固数据库设计的方法和过程。在整理和编写设计说明书的同时可以发现自己在设计过程中的经验和问题,巩固所学习的数据库设计方法,熟练掌握设计步骤。

设计说明书的格式和内容可参考如下。

1. 设计说明书的格式要求

(1) 纸张:A4 纸。

(2) 字体:标题 4 号黑体,正文 5 号宋体。

(3) 封面内容及式样:

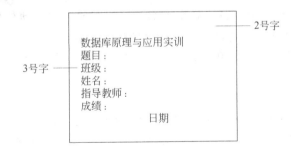

2. 设计说明书的内容

设计说明书一般包括如下内容。

(1) 综合训练题目:(数据库系统名称,如教学管理系统);

(2) 数据库系统功能;

(3) E-R 图;

(4) 关系模型;

(5) 数据库所含数据表名称及各数据表结构;

(6) 系统简介。

系统简介可以通过主界面、各个功能界面来展示系统的运行结果。

用文字描述数据库系统中包含的"表""查询""窗体""报表""页"和"宏"等对象的名称、个数和用途。

系统的特点的描述。

系统使用方法的简述。

综合训练参考题目：

题目一　专门人才档案管理系统

设计完成一个"专门人才档案管理系统"。

该系统由一个主界面窗体和部分系统工具控制,通过对"专门人才档案管理"等窗体界面的操作,实施对专门人才档案的管理,数据的输入、输出、统计、查询和报表打印等管理工作。此系统应能够管理如下信息：

编号、姓名、出生日期、性别、党员否、工资、工作简历、照片、成果名称、成果类型、成果出处、专业、专业年限、职称、英语水平等,若有必要请自行添加其他信息。

题目二　学生学籍管理系统

设计完成一个简单的"学生学籍管理系统"。

要求该系统具有一定的实用性,使用方便、功能较齐备、界面友好,应具备输入、输出、统计、查询、编辑修改、报表打印等基本功能。此系统应能够管理如下信息：

学号、姓名、班级、性别、出生日期、奖学金、照片、所学课程名称、学分、成绩、任课教师姓名、任课教师年龄、任课教师职称、备注等,如有必要请自行添加其他信息。

题目三　运动会管理系统

设计完成一个"运动会管理系统"。

假设组织一个运动会的工作过程：决定比赛日期、地点、规模、设立哪些比赛项目、报名期限等,并做出一些规定,如每人最多参加多少项目,每个项目每队最多可参加多少人等；在报名结束后,要给每个运动员编号,统计每个项目有多少运动员参加以及由哪些运动员参加,并根据每个项目的参加人数、场地等具体情况排出比赛日程表；在比赛过程中,要按各项比赛的成绩及时公布单项名次并统计团体总分；比赛全部结束后要公布团体名次。

题目四　航空售票系统

航空售票系统主要用于查询在某一段时间内从某个指定的城市到另一个指定的城市的航班是否还有可以选择的座位,是否有其他飞机型号、飞机票售票点,是否有折扣等信息。对该系统的主要更新操作包括为乘客登记航班、分配座位、选择餐饮等。任何时候都会有许多航空售票代理商访问这些数据,并且要避免出现多个代理商同时卖出同一个座位的情况。这些数据还可以自动统计出经常乘坐某一航班的乘客的信息,为这些常客提供特殊的优惠服务。

管理的主要数据如下。

座位预定信息：座位分配、座位确认、餐饮选择等。

航班信息：航班号、飞机型号、机组号、起飞地、目的地、起飞时间、到达时间、飞行状态等。

机票信息：票价、折扣、有无等。

题目五　超市业务系统

对超市销售业务系统的主要操作是记录顾客的购买信息,查询超市现有商品的结构,分析当天连锁店的销售情况,确定明天进货的内容和货物的摆放位置,提高经营者的决策水平。

主要管理的数据如下。

销售信息:连锁店、日期、时间、顾客、商品、数量、总价等。

商品信息:商品名称、单价、进货数量、供应商、商品类型、摆放位置等。

供应商信息:供应商名称、地点、商品、信誉等。

题目六　工厂的管理信息系统

在工厂的管理信息系统中,典型的查询操作包括打印雇员的工资、应收应付货款清单、销售人员的业绩、工厂的各种统计报表等。每进行一次采购和销售,收到每一个账单、收据,雇员的聘用、解聘、提职、加薪等都将导致对数据库的更新。

工厂的管理信息系统主要管理下面一些数据。

销售记录:产品、服务、客户、销售人员、时间等。

雇员信息:姓名、地址、工资、津贴、所得税款等。

财务信息:合同、应收货款、应付货款等。

第**19**章

SQL 语言实验与实训

实验一　熟悉 SQL Server 2008 工作环境

实验目的：熟悉 SQL Server 2008 工作平台，理解数据库管理系统作用。

实验内容：

（1）通过配置工具，查看 SQL Server 服务。

（2）启动 SQL Server 服务。

（3）打开 SQL Server Management Studio，熟悉各部分窗口内容。

（4）退出 SQL Server 2008。

实验二　创建数据库和数据表

实验目的：

（1）理解数据库、数据表、约束等相关概念；

（2）掌握创建数据库的 T-SQL 命令；

（3）掌握创建和修改数据表的 T-SQL 命令；

（4）掌握创建数据表中约束的 T-SQL 命令和方法；

（5）掌握向数据表中添加数据的 T-SQL 命令和方法。

实验内容：

（1）打开"我的电脑"或"资源管理器"，在磁盘空间以自己的姓名或学号建立文件夹。

（2）在 SQL Server Management Studio 中，使用 create database 命令建立"学生-选课"数据库，数据库文件存储在步骤（1）建立的文件夹下，数据库文件名称自由定义。

（3）在建立的"学生-选课"数据库中建立学生、课程和选课三个表，其结构及约束条件如表 19-1、表 19-2 和表 19-3 所示。要求为属性选择合适的数据长度。

表 19-1　学生表

属性名	数据类型	可否为空	约束要求
学号	Char	否	主键
姓名	Varchar	否	
性别	Char	否	取值男或女,默认为男
年龄	Tinyint	可	取值范围 10～50
所在系	Char	否	

表 19-2　课程表

属性名	数据类型	可否为空	约束要求
课号	Char	否	主键
课名	Varchar	否	
先行课	Varchar	可	

表 19-3　选课表

属性名	数据类型	可否为空	约束要求
学号	Char	否	外键
课号	Char	否	外键
成绩	Tinyint	可	大于等于 0,小于等于 100

（4）为选课表建立主键约束。

（5）具体数据如表 19-4、表 19-5 和表 19-6 所示。

表 19-4　学生表数据

学　号	姓名	性别	年龄	所在系
2008011101	王芳	女	21	计算机系
2008011102	李兵	男	20	计算机系
2008011103	李立	男	19	计算机系
2009021101	陈菲	女	18	数学系
2009021103	赵凡	男	20	数学系

表 19-5　课程表数据

课　号	课　名	先行课
08111201	高等数学上	
08111202	高等数学下	高等数学上
06111201	计算机基础	
06221101	数据库应用技术	计算机基础
06221102	Web 应用技术	数据库应用技术

表 19-6　选课表数据

学　号	课　号	成　绩	学　号	课　号	成　绩
2008011101	06111201	90	2008011102	06111201	75
2008011101	06221101	85	2008011102	06221101	88
2008011101	06221102	80	2008011102	06221102	
2008011101	08111201	86	2009021101	08111201	85
2008011101	08111202	77	2009021103	08111201	55

实验三 数据库的查询

实验目的：

(1) 掌握 select-from-where 语句结构及使用；

(2) 掌握各种查询操作方法。

实验内容：

针对"学生-选课"库实现以下查询。

(1) 查询"计算机系"学生的学号和姓名；

(2) 查询选修了课程的学生的学号；

(3) 查询选修"计算机基础"课程的学生学号和成绩，并要求对查询结果按"成绩"的降序排列，如果成绩相同则按"学号"的升序排列；

(4) 查询选修"数据库应用技术"课程且成绩在 90～100 之间的学生学号和成绩，并将成绩乘以系数 0.7 输出；

(5) 查询"数学系"或"计算机系"姓"王"的学生的信息；

(6) 查询缺少了成绩的学生的学号和课程号；

(7) 查询每个学生的情况以及他们所选修的课程；

(8) 查询学生的学号、姓名、选修的课程名及成绩；

(9) 查询每一门课程的间接先行课；

(10) 查询选修了"数据库应用技术"的学生学号和姓名；

(11) 查询"计算机基础"课程的成绩高于某学生成绩的学生的学号和成绩；

(12) 查询其他系中比计算机系某一学生年龄小的学生；

(13) 查询其他系中比计算机系中学生年龄都小的学生；

(14) 查询选修了"高等数学上"课程的学生姓名；

(15) 查询没有选修"高等数学上"课程的学生姓名；

(16) 查询选修了全部课程的学生的姓名；

(17) 查询选修了学号为某值的学生所选修的全部课程的学生学号和姓名；

(18) 统计选修了课程的学生人数；

(19) 统计各课程选修该课程的人数，并输出课程名称；

(20) 统计选修课超过三门的学生学号。

实验四 使 用 索 引

实验目的：

(1) 掌握索引的建立方法；

(2) 加深对索引作用的理解。

实验内容：

在"学生-选课"库中，用 Transact-SQL 完成以下有关索引的操作。

（1）为学生表按"学号"升序建立索引；

（2）为课程表按"课程号"升序建立索引；

（3）为选课表按"学号"升序和"课程号"降序建立索引；

（4）删除某个索引。

实验五　使用视图

实验目的：

（1）熟练掌握创建视图的 Transact-SQL 命令、使用视图和删除视图的方法；

（2）加深对视图作用的理解。

实验内容：

在"学生-选课"库中，用 Transact-SQL 命令完成以下对视图的操作。

（1）建立"计算机系学生"视图；

（2）由学生、课程和选课三个表，定义一个计算机系的学生成绩视图，其属性包括学号、姓名、课程名和成绩；

（3）将学生的学号、总成绩、平均成绩定义成一个视图；

（4）查看"计算机系学生"视图的内容；

（5）删除"计算机系学生"视图。

实验六　使用默认和规则

实验目的：

（1）理解规则和默认的作用；

（2）掌握创建、使用规则和默认的 SQL 命令。

实验内容：

（1）建立数据库"学生-选课 2"，重新建立学生表、课程表、选课表，不包括各约束条件。

（2）定义一个默认值"计算机系"，并将该默认值绑定在数据库"学生-选课 2"中"学生表"的"所在系"属性；

（3）向"学生表"插入两条记录，分别给出和不给出所在系属性的值，并查看学生表数据；

（4）删除该默认；

（5）定义一个满足 0～100 的规则，将该规则绑定在数据库"学生-选课 2"中"选课表"的"成绩"属性；

(6) 向"选课表"分别插入成绩为 97 和 120 的记录,观察运行结果;

(7) 删除该规则。

实验七　使用触发器

实验目的:

(1) 掌握利用 Transact-SQL 命令创建触发器的方法;

(2) 掌握运行触发器的方法。

实验内容:

在"学生-选课 2"数据库中,为"选课表"建立一个插入触发器,利用触发器来保证选课表中"学号"和"课号"的参照完整性。

实验八　使用存储过程

实验目的:

(1) 掌握利用 Transact-SQL 命令创建存储过程的方法;

(2) 掌握运行存储过程的方法。

实验内容:

(1) 在"学生-选课"库中,创建一个存储过程,输出选修了"数据库应用技术"课程的学生的学号、姓名和成绩,并运行该存储过程;

(2) 创建一个存储过程,输出学生个人成绩单,包括学号、姓名、所在系、课名、成绩,要求以学生学号为输入参数,并运行该存储过程。

实验九　数据安全性

实验目的:

(1) 掌握 SQL Server 中有关用户、角色及权限的管理方法;

(2) 加深对数据安全性的理解。

实验内容:

(1) 建立一个服务器用户、数据库用户和数据库角色;

(2) 将"学生-选课"库中"学生表"的 select、insert、update 操作权授予用户;

(3) 验证授予用户的权限情况。

实验十　数据库备份和恢复

实验目的：

(1) 了解数据库的备份和恢复机制；

(2) 掌握中数据库备份和恢复的方法。

实验内容：

(1) 创建一个备份设备；

(2) 在创建的备份设备上为"学生-选课"数据库执行一个完整备份；

(3) 为"课程"表添加一条记录；

(4) 在创建的备份设备上为"学生-选课"数据库执行一个差异备份计划；

(5) 利用完整备份恢复"学生-选课"数据库，并查看"课程"表数据；

(6) 利用完整备份文件及差异备份恢复"学生-选课"数据库。

实验十一　综合实训

实训目的：

(1) 掌握数据库基本原理，理解关系数据库的设计方法和设计思路；

(2) 掌握数据库的概念设计、逻辑设计与物理设计；

(3) 设计和开发一个数据库应用系统；

(4) 掌握 SQL Server 2008 的操作与使用；

(5) 掌握数据库的建立与管理，数据表的建立与操作等；

(6) 掌握查询语言的使用与编程；

(7) 培养对所学知识的综合运用的能力；

(8) 学会编写实训报告。

实训内容：

用 SQL Server 2008 实现一个管理信息系统的数据库设计与应用。

(1) 需求分析。要求全面描述管理信息系统的信息要求和处理要求。

(2) 数据库的概念设计、逻辑设计与物理设计。要求掌握对管理信息系统进行需求分析，绘制 E-R 图的方法。

(3) 数据库和数据表的创建。要求掌握将 E-R 图转换成关系模式的方法；掌握对关系模式进行规范化的方法；掌握建立数据库的方法；掌握表的建立；掌握主键约束、外键约束、校核约束和默认约束的建立和使用；掌握表记录的插入、修改与删除；掌握关系图的创建。

(4) 数据查询。要求掌握简单查询和条件查询；掌握联接查询、嵌套查询和组函数的用法。

（5）数据库对象的设计。要求掌握视图的建立和查询。通过对常用系统存储过程的使用，了解存储过程的类型。通过创建和执行存储过程，了解存储过程的基本概念，掌握使用存储过程的操作技巧和方法。通过对已创建的存储过程的改变，掌握修改、删除存储过程的操作技巧和方法。掌握触发器的建立与使用。

（6）数据库的用户与权限管理。要求掌握建立数据库用户的方法，能够进行权限管理。

（7）数据库的备份。要求掌握数据库的备份技术。

实训报告的格式参见第18章。

实训参考题目

1. 工资管理系统

（1）系统功能的基本要求为：

① 员工每个工种基本工资的设定；

② 加班津贴管理，根据加班时间和类型给予不同的加班津贴；

③ 按照不同工种的基本工资情况、员工的考勤情况产生员工的月工资；

④ 员工年终奖金的生成，员工的年终奖金＝（员工本年度的工资总和＋津贴的总和）/12；

⑤ 企业工资报表，能够查询单个员工的工资情况、每个部门的工资情况、按月的工资统计。

（2）基本情况：

① 员工考勤情况；

② 员工工种情况，反映员工的工种、等级、基本工资等信息；

③ 员工津贴信息情况，反映员工的加班时间、加班类别、加班天数、津贴情况等；

④ 员工基本信息情况，包括姓名、年龄、性别；

⑤ 员工月工资情况，包括年、月、职工号、姓名、部门名、基本工资、病假扣款、事假扣款、应发工资、实发工资。

2. 人事管理系统

（1）系统功能的基本要求：

① 员工各种信息的输入，包括员工的基本信息、学历信息、婚姻状况信息、职称等；

② 员工各种信息的修改；

③ 对于转出、辞职、辞退、退休员工信息的删除；

④ 按照一定的条件，查询、统计符合条件的员工信息，至少应该包括每个员工详细信息的查询、按婚姻状况查询、按学历查询、按工作岗位查询等，至少应该包括按学历、婚姻状况、岗位、参加工作时间等统计各自的员工信息；

⑤ 对查询、统计的结果输出。

（2）基本信息：

① 员工基本信息；

② 员工婚姻情况，反映员工的配偶信息；

③ 员工学历信息，反映员工的学历、专业、毕业时间、学校、外语情况等；

④ 企业工作岗位情况；

⑤ 企业部门信息。

3. 选课管理系统

(1) 基本情况：

① 学生基本情况包括学号、姓名、年龄、专业；

② 课程情况包括说明课程名、开课教师、总学时、学分；

③ 必修课情况包括说明学习各门必修课的专业；

④ 选课。

(2) 系统功能的基本要求如下。

① 能够进行如下简单查询：

- 列出全部学生的信息；

- 列出应用专业全部学生的学号(XH)、年级(NJ)及姓名(XM)，并且用中文名称替代显示的列标题名；

- 列出所有必修课的课号(KH)；

- 求 1 号课成绩小于 80 分的学生学号(XH)及成绩(CJ)，并按成绩由高到低输出；

- 求缺少成绩的学生的学号(XH)和课程号(KH)；

- 查找成绩在 70～80 分之间的学生选课得分情况(用两种方法)；

- 列出 13 级和 14 级全体学生的学号(XH)和姓名(XM)(用两种方法)；

- 列出所有 90 级学生的学习情况；

- 列出所有姓王的学生的情况。

② 能够进行如下复杂 SQL 查询：

- 列出选修 1 号课的学生姓名(XM)及成绩(CJ)；

- 求 1 号课某些学生的学号(XH)及成绩(CJ)，该部分学生的成绩要高于"陈莉"该门课的成绩；

- 求软件专业 14 级学生的姓名(XM)；

- 列出选修程序设计的所有学生的学号(XH)；

- 求选修 1 号课的学生，这些学生的成绩比选修 2 号课的最低成绩要高；

- 求选修 1 号课的学生，这些学生的成绩比选修 2 号课的任何学生的成绩都要高(用 all)；

- 应用专业所有必修课的设置情况(用 in)；

- 列出选修汇编语言的学生名单(多重子查询)；

- 列出各门课的平均成绩、最高成绩、最低成绩和选课人数；

- 查询软件专业的学生人数(用 count(*))。

③ 建立索引与视图：

- 用 T-SQL 语句创建如表 19-7 所示的索引(用 create index 语句)；

表 19-7 索引

索引类型	名称	表	列	FILLFACTOR
聚簇索引	XS_XH_LINK	XS	XH	50
非聚簇索引	XS_CSRQ_LINK	XS	CSRQ	75
唯一性非聚簇索引	KC_KM_LINK	KC	KM	0
复合非聚簇索引	XK_XH_KH_LINK	XK	XH,KH	0
非聚簇索引	XK_KH_LINK	XK	KH	50

- 在 XS 表上选择软件专业只有 XS、XM、NJ 三列的查询,建立名为"RJXS"的视图,并查看视图;
- 在 XS 表上选择应用专业只有 XS、XM、NJ 三列的查询,建立名为"YYXS"的视图,且在视图中取不同的列名,并查看视图;
- 建立触发器和存储过程(内容自定)。

4. 学生学籍管理系统(内容自定)

5. 图书馆图书管理系统(内容自定)

6. 自拟题目(内容自定)

参 考 文 献

[1] 张俊玲,王秀英.数据库技术[M].北京:人民邮电出版社,2004.

[2] 黄维通,汤荷美.SQL Server 简明教程[M].北京:清华大学出版社,1999.

[3] 苗雪兰.数据库系统原理及应用教程[M].北京:机械工业出版社,2002.

[4] 陈通宝.我国数据库资源现状及"九五"期间对策建议[J].中国信息导报,1996(2):22.

[5] 谢新洲.欧美数据库产业的发展现状[J].情报学报,1997(6):434.

[6] 汤兆魁.世界数据库产业发展趋势[J].国外图书情报工作,1993(4):20.

[7] 周智佑.日本的数据库产业概况和发展前景[J].情报资料工作,1998(6):32.

[8] 石竹.非主流数据库的兴衰荣辱[J].计算机世界报,第26期,G26.

[9] 杜小勇.谁给国产数据库机会?[J].计算机世界报,第04期,B3、B4.

[10] 庞引明.XML数据库:最新进展和发展方向[J].计算机世界报,第36期,B2、B3.

[11] 网站:TT数据库;兰州理工大学技术论坛.

[12] 科教工作室.Access 2010数据库应用(第2版)[M].北京:清华大学出版社,2011.

[13] 米红娟.Access数据库基础及应用教程(第3版)[M].北京:机械工业出版社,2014.

[14] 刘东,刘丽.Access数据库基础教程[M].北京:科学出版社,2012.